海缆工程技术丛书

# 海缆路由勘察技术

中国人民解放军海缆通信技术研究中心　组编

蒋俊杰　贺惠忠　陈　津　王瑛剑　陆　茸

钱立兵　吕修亚　杨文丰　杨　阳　陈　静　编著

周普志　于　刚　尹　飞　乔小瑞　舒　畅

机 械 工 业 出 版 社

本书是"海缆工程技术丛书"的一个分册，系统地介绍了海缆工程路由勘察的目的和内容以及相关的程序流程，并结合实例较为系统地论述了路由勘察的主要技术方法。读者通过本书能够了解海缆路由勘察的相关内容和技术。

本书可作为海缆工程技术领域的工具书和教材，供海缆通信专业的工程设计、施工、维护和管理人员使用，也可供从事海缆工程专业的科研教学人员参考。

## 图书在版编目（CIP）数据

海缆路由勘察技术/蒋俊杰等编著；中国人民解放军海缆通信技术研究中心组编. —北京：机械工业出版社，2017.6
（海缆工程技术丛书）
ISBN 978-7-111-57260-2

Ⅰ.①海… Ⅱ.①蒋…②中… Ⅲ.①海底-光纤通信-工程地质勘察 Ⅳ.①TN913.332

中国版本图书馆 CIP 数据核字（2017）第 149171 号

机械工业出版社（北京市百万庄大街 22 号　邮政编码 100037）
策划编辑：付承桂　责任编辑：付承桂　责任校对：佟瑞鑫
封面设计：鞠　杨　责任印制：李　昂
北京宝昌彩色印刷有限公司印刷
2017 年 9 月第 1 版第 1 次印刷
169mm×239mm · 18 印张 · 338 千字
标准书号：ISBN 978-7-111-57260-2
定价：69.00 元

凡购本书，如有缺页、倒页、脱页，由本社发行部调换
电话服务　　　　　　　　　　　　网络服务
服务咨询热线：010-88361066　　　机 工 官 网：www.cmpbook.com
读者购书热线：010-68326294　　　机 工 官 博：weibo.com/cmp1952
　　　　　　　010-88379203　　　金 书 网：www.golden-book.com
**封面无防伪标均为盗版**　　　　　教育服务网：www.cmpedu.com

# 编 委 会

（排名不分先后）

# 丛书序

在信息技术飞速发展的今天，海量数据的传输需求迅猛增长，海底光缆扮演着不可或缺的角色。如今，全球已建成数百条海底光缆通信系统，总长度超过 100 万 km，已经把除南极洲外的所有大洲以及大多数有人居住的岛屿紧密地联系在一起，构成了一个极其庞大的具有相当先进性的全球通信网络，承担着全世界超过 90% 的国际通信业务。因此海底光缆已成为全球信息通信产业飞速发展的主要载体，是光传输技术中的尖端领域，更是各大通信巨头争相抢夺的制高点。

而海底光缆通信是集海洋工程、海洋调查、船舶工程、航海技术、机械工程、通信工程、电力电子以及高端装备制造等于一体的多专业、多领域交叉的学科，因此海缆工程被世界各国公认为是世界上最复杂的大型技术工程之一。

本丛书是一套完整覆盖海缆工程各技术领域的工具书。中国人民解放军海缆通信技术研究中心在积累了 20 余年军地海缆建设工程实践经验，并结合多年承担全军海缆工程技术培训任务的基础上，组织国内海缆行业各相关领域领先的技术团队编写了本套丛书，包括《海底光缆工程》《海底光缆——设计、制造与测试》《海底光缆通信系统》《海缆工程建设管理程序与实务》《海缆路由勘察技术》《海缆探测技术》六本书，覆盖海缆工程从项目论证到桌面研究，从路由勘察到工程设计，再到海缆线路和相关设备制造、传输系统和关键设备集成，乃至工程实施及运行维护等各方面，以供海缆专业的工程设计、施工、维护和管理人员使用，也可供从事海缆工程专业的科研教学人员参考。

当前，我国海洋事业已进入历史上前所未有的快速发展阶段，"海缆工程技术丛书"的编著和出版，对我国海缆事业的长远规划和可持续发展具有重要意义，对推进我国海洋信息化建设、助力国家"一带一路"战略实施也将产生积极促进作用。

我国已迈出从海洋大国向海洋强国转变的稳健步伐，愿各位海缆人坚定信念、不忘初心、勇立潮头、继续奋进，为早日实现中国梦、海洋梦、强国梦贡献更大力量！

# 前　言

　　海底光缆通信系统是国际通信、洲际通信的重要基础设施，具有超远距离传输、大容量、高可靠等特点，是实现全球互联的重要通信手段。1988年，世界上第一条跨洋海底光缆建成，经过20多年的发展，已在全球语音和数据通信骨干网中占据了主导地位，其他技术无法与之媲美。目前，海底光缆已跨越全球六大洲，总长度超过130万km，构成了一张不间断的巨型网络，提供国际通信90%以上的业务量，在世界经济发展、文化交流和社会进步的进程中正发挥重要的作用。

　　截至目前，我国已经出版的若干研究海底光缆工程、海洋工程勘察等方面的专著和论文专辑，其中虽然有部分内容涉及了海缆路由勘察，但尚无完全针对海缆路由勘察技术进行系统介绍的专著。编写组中国家海洋局南海调查技术中心多年来参与了众多类型海缆路由勘察，例如国际光缆勘察、大型跨海峡超高压电缆路由勘察以及南海国防建设大型海缆路由勘察等，相关技术人员也因此积累了丰富的经验。本书即是在这一背景下，专门针对海缆工程路由勘察的特殊性并结合多年的经验形成的成果。

　　本书是"海缆工程技术丛书"的一个分册，系统地介绍了海缆工程路由勘察的目的和内容以及相关的程序流程，并结合实例较为系统地论述了路由勘察的主要技术方法。读者通过本书能够了解海缆路由勘察的相关内容和技术，可作为海缆工程各技术领域的工具书和教材，供海缆通信专业的工程设计、施工、维护和管理人员使用，也可供从事海缆工程专业的科研教学人员参考。

　　本书共分12章。第1章为概述，简要介绍了海缆路由勘察的目的、主要技术和相关程序，回顾了海缆路由勘察发展过程并展望了路由勘察技术的趋势。第2章为路由勘察的基础技术——导航定位，首先阐述了导航定位的基础知识，之后分别对水面导航技术和水下导航技术进行详细的论述。第3章讲述了地形测量的主要技术，地形测量作为最基础的勘察内容，包括陆地测量以及水下地形测量，书中除了介绍传统陆地测量技术，还对水下地形测量常用技术多波束水深测量和单波束水深测量从基本原理、系统组成、设备以及实际应用做了全面的描述。第4章则是探测海底面状况和障碍物中的主要技术——侧扫声呐探测，分别介绍了传统侧扫声呐和合成孔径声呐相关原理和系统组成，并总结了侧扫声呐探测的作业流程和实际应用。第 5 章是海底地层剖面探测，通过对该技术的原理、作业流程和应用的介绍，解释了通过该探测技术如何获取路由区浅部地层的发射特征、产状特征和层理结构等，同时结合地质取样和浅部地层的声学反射特征，获取浅部地层的岩性特征分布，为设计提供依据。第 6 章是工程地质取样测试，作为海缆路由勘察不可缺少的重要方法，详细阐述了工程地质取样测试技术方法，获取海缆路由区沉积物的物理力学性质指标的原理、过程。第 7 章是已有管线探测，针对海底管线通常具有直径小，材料声反射强度弱的特点，介绍了传统利用磁法探测确定管线位置走向和利用管线仪确定埋深的技术方法，同时也对搭载 ROV 平台使用管线追踪系统的新技术进行了说明。第 8 章是海洋水文气象环境调查，通过对潮汐、海流、波浪、风等海洋水文气象环境因子的基础知识介绍，阐述了通过对水文气象条件各要素的分析评价，掌握了研究区海洋环境的时空变化特征，为海缆工程的规划、设计、施工和营运提供了技术保障的过程。第 9 章为腐蚀性环境调查，主要介绍了底层海水及沉积物腐蚀性环境参数测定目的和方法，然后评价路由区底层海水及沉积物等腐蚀性环境的过程。第 10 章是海洋规划和开发活动评价，主要介绍了海缆勘察过程中海缆路由与国家、省、市等级别的海洋功能区划、海洋开发相关规划的符合性，评述路由区的渔捞、交通、油气开发、已建海底电缆管道、海洋保护区等海洋开发活动与路由的交叉和影响，为海缆设计、施工及维护提出相应对策或建议。第 11 章和第 12 章为实例介绍，结合深海国际光缆路由勘察和超高压电缆路由勘察两个实例，对海缆路由勘察的主要技术方法做了回顾和实际综合应用。

本书撰写过程中，蒋俊杰、贺惠忠、王瑛剑、尹飞、于刚负责第 1 章的编写工作，钱立兵、舒畅负责第 2 章的编写工作，贺惠忠、钱立兵、陈津负责第 3 章的编写工作，于刚、贺惠忠、乔小瑞负责第 4 章的编写工作，吕修亚、陈津负责第 5 章的编写工作，杨文丰、王瑛剑负责第 6 章的编写工作，周普志、乔小瑞负责第 7 章的编写工作，杨阳、王瑛剑负责第 8 章的编写工作，陆茸负责第 9 章的编写工作，陈静、陈津负责第 10 章的编写工作，贺惠忠、舒畅负责第 11 章的编写工作，吕修亚、乔小瑞负责第 12 章的编写工作。

上述人员来自国家海洋局南海调查技术中心和中国人民解放军海军工程大学，他们均是多年从事海缆路由勘察工程和教学的技术骨干，参与众多类型的海缆路由勘察，具有丰富的勘察经验。

贺惠忠、陆茸和陈津负责对全书文稿的归纳整理。由于本书的编写时间紧迫，编写人员的水平有限，难免有不妥或错误之处，还望读者批评指正。在本书的编写过程中得到了中国人民解放军海军工程大学相关负责人的大力支持和协助，中国地质调查广州海洋地质调查局郑志昌教授也对本书的撰写提出了宝贵的建议，在此一并致谢。

编　者

# 目　录

# 第 1 章

# 概述

海缆路由勘察是一种沿着预选路由专门针对海缆工程而进行的海洋工程勘察。海底光缆勘察中的路由走廊指的是海底光缆在海底从起点到终点的路径，它的宽度一般在 0.5～2.0km 之间，呈条带状。海缆路由勘察与其他海洋工程勘察的区别主要有：①区域跨度大。海缆路由勘察区域为条带状，路由越长，条带越明显，跨度就越大。②比较注重表层的浅地层结构。海缆路由勘察主要是针对海缆建设，大部分需要埋设的海缆深度一般在 5m 以内，因此海缆路由勘察更关注表层的浅层结构。

海缆路由勘察的目的是为海缆工程的选址、设计、施工以及维护提供基础资料和科学技术依据。勘察的任务是查明海底电缆管道路由区的海底工程地质条件、海洋气象水文环境、腐蚀性环境参数和海洋规划与开发活动等方面的工程环境条件。海缆路由勘察是海缆工程发展到一定阶段的产物，依托于海缆工程而存在。

## 1.1　海缆路由勘察发展过程

### 1.1.1　海底光缆的建设发展

海底电缆（Submarine Cable，简称海缆）是用绝缘材料包裹的导线，敷设在海底，用于电信传输。海底电缆分为海底通信电缆和海底电力电缆。海底通信电缆主要用于通信业务，费用昂贵，但保密程度高。海底通信电缆主要用于长距离通信网，通常用于远距离岛屿之间、跨海军事设施等较重要的场合。海底电力电缆主要用于水下传输大功率电能，与地下电力电缆的作用等同，只不过应用的场合和敷设的方式不同。海底电力电缆敷设距离比通信电缆要短得多，主要用于陆岛之间、横越江河或港湾、从陆上连接钻井平台或钻井平台间的互相连接等。由于海缆工程被世界各国公认为复杂困难的大型工程，从桌面研究，到路由勘察，以及海缆的设计、制造和施工，都应用复杂技术，因而有海缆工程建设能力的国家在世界上为数不多，以前主要有挪威、丹麦、日本、加拿大、美国、英国、法国、意大利等国，这些国家除制造外还提供敷设技术等整个海缆工程的建设。而我国经过多年海缆工程各个领域专业人员的努力和积累，不断促进海缆工程建设相关技术的发展，目前也具备了完全自主进行海缆工程建设的能力，特别是最近几年，我国的海底光缆产业有了长足的进步和发展，产品质量已赶上国际先进水平，甚至某些关键指标还有所突破。

### 1. 国际海缆的发展概况

自 1851 年世界第一条海底通信电缆问世以来，海底通信工程已经走过了160 余年的发展历程。1980 年，英国铺设了世界第一条实验海底光缆；1984 年，英国标准电话公司铺设了第一条实用海底光缆；而 1988 年世界第一条跨洋海底光缆（TAT-8）建成，标志着国际通信进入了一个崭新的历史时期。海底光缆以其大容量、高可靠性和优异的传输质量等优势，在通信领域，尤其是国际通信中起到了重要的作用，从此，海底光缆就在跨越海洋的洲际海缆领域取代了同轴电缆，远洋洲际间不再敷设同轴电缆。随着光纤技术的进步，海底光缆通信也得到了突飞猛进的发展，20 世纪 90 年代以来，掺铒光纤放大器（EDFA）与波分复用技术（WDM）的飞速发展推动了长距离、大容量、低成本无中继海底光缆通信系统的研制，而前向纠错、拉曼放大、遥泵光放等技术的综合利用，使得超大容量超长距离无中继海底光缆通信系统的研制有了突破性的进展，并已进入实用化阶段。

由于全球经济一体化发展及互联网对宽带的需求，海底光缆建设的热度从来就没降过。历经了多年的发展，全球海底光缆建设的累计投资估计已超过 600 亿美元，光缆建设的累计总长度已超过 150 万 km，形成了覆盖全球海底、连接 170余个国家和地区的国际海底光缆网络系统，据不完全统计，目前全球在运行中的国际海底光缆有 230 余个系统。海底光缆在传输、施工、维护、监测和路由调查等技术领域均取得了长足的进步，其市场与行业结构亦发生了深刻的变化。但与陆上光缆供应商相比，海底光缆供应商数量要少得多，目前世界上较大的海底光缆供应商有 TyCom、NSW、KDD、NEC、NEXANS 等。

### 2. 中国海缆的建设情况

我国是一个海洋大国，大陆海岸线长达 1.8 万多 km，500m$^2$ 以上的岛屿6500 余座，拥有 300 多万 km$^2$ 的海洋面积，还在太平洋拥有 7.5 万 km$^2$ 的国际海洋专属开发权。因此我国的海缆建设空间和前景十分广阔。

我国的海底光缆研发始于 20 世纪 80 年代中期，与国际上基本是同步的。从20 世纪 90 年代起，我国陆地公用和专用光纤通信线路建设取得了重要成就，而海底光缆通信技术在我国也得到了实际运用和快速发展。1990 年 11 月，我国在青岛邻近海域建成了第一条无中继实用化海底光缆；1993 年 12 月 15 日我国建成了第一条海底光缆通信系统——中日海底光缆系统（C-J），该海底光缆连接上海南汇和日本九州宫崎，全长约 1252km，由中日美三国电信企业联合投资建设，系统通信总容量相当于 1976 年建成的中日海底同轴通信电缆系统容量的 15 倍以上。中日海底光缆通信系统的建成对我国海底光缆通信的快速发展起到了十分重要的示范和推动作用。在此后，我国先后建设了多条国际海底光缆，比如中韩海底光缆通信系统、亚欧海底光缆通信系统、中美海底光缆通信系统、亚太 2 号海底通信系统、跨太平洋之大海底光缆通信系统，还有近年的亚洲快线海底光缆系统、东南亚日本海底光缆系统和亚太直达国际海底光缆系统等，并且除了我国香港、澳门和台湾登陆点外，也在上海南汇和崇明、青岛及汕头建立了国际海底光缆登陆站。这些光缆将极大地加强我国与亚太周边国家及地区彼此之间的经济、文化联系，对扩大我国对外开放，提高香港、汕头信息港的国际地位具有重要的作用，同时满足话音、数据、视频等高可靠性带宽业务的需求。而以此同时，自 20 世纪 70 年代以来，我国沿海地区的陆岛间和岛屿间也建设了众多的海缆。另外，随着海洋经济和技术的发展，近年来海缆在非电信领域的应用也日益广泛，比如海上油气开发工程和海底观测网的应用。

## 1.1.2 我国海缆路由勘察发展

随着海缆工程的快速发展，相应的高精度施工需求也越来越受到重视，而海缆路由勘察就是社会经济发展、科学技术水平提高以及海缆工程建设进入新阶段的共同产物。20 世纪中期，欧美等世界发达国家开始施工的高精度需求，从而开始认识到海缆路由勘察的重要性，并开始在海缆建设工程中进行海缆路由勘察以满足施工的精度。而我国的海缆路由勘察开展较晚，在 20 世纪 70 年代以前，我国海缆工程建设基本还是不专门进行实地路由勘察，仅仅简单通过海图上了解路由区的地形地貌、底质和海流等路由自然环境条件便确定路由走向，类似现在的海缆工程的桌面论证。而且当时也没有和国外进行太多的交流学习，导致这段时期的我国海缆工程建设比较落后和封闭，因此也未对专门的路由勘察形成比较成熟的需求，未能和国际主流模式接轨。

而从 20 世纪 70 年代开始，我国的海缆工程开始得到发展，首先是我国开展的中日（CJ）和蓬莱莱州湾—辽东复州湾海缆（432）的路由勘察，开启了我国海缆工程路由勘察的新时代。特别是我国第一条国际海底光缆——中日海底同轴通信电缆系统于 1973 年开始建设，标志着我国之前封闭的海缆建设模式被打破，采用了国际合作模式，开始了和国际接轨。这条国际海缆工程开启了我国海缆建设进行路由勘察的先例，是由国家海洋局第二海洋研究所与日方 KDD 公司共同开展了路由勘察。而紧接着，国家海洋局第一海洋研究所承担了 1974 年开始的蓬莱莱州湾-辽东复州湾海缆（432）工程的路由勘察，该海缆工程为国内第一条自主进行路由勘察的海缆。这两条海缆的路由勘察开启了我国海缆工程路由勘察的新阶段，虽然当时海缆路由勘察存在缺失经验、资料和仪器设备等问题，但是由于海缆路由勘察的内容都是属于海洋调查，因此当时国内进行海缆路由勘察的单位一般都是国家海洋局所属的相关海洋调查研究单位，不同于现在国内海洋工程勘察单位越来越多，甚至有越来越多的民营企业也开始进入路由勘察的领域。

在 20 世纪 70~80 年代，我国海缆路由勘察处于起步发展阶段。当时的海缆为模拟同轴结构，多采用表层敷设，路由勘察的设备受当时条件所局限，一般只能采用单波束测深仪进行水深测量，采用蚌式采泥器获取海底表层样，使用印刷海流计进行近岸段测流。但是进入 90 年代后，随着海洋调查设备技术的提高和应用，特别是数字化设备的广泛应用，例如进行海底微地貌扫测的侧扫声呐、可穿透海底浅层的浅地层剖面仪以及多波束测深系统的出现，大大提高了路由勘察的质量和效率。而与此同时，我国也完成了多条国内海缆系统，如辽东半岛至山东半岛海缆和琼州海峡海缆工程，另外参加的国际海缆工程建设也越来越多，我国海缆路由勘察也逐步国际化，实现国际接轨。

进入 21 世纪以后，随着全球信息化建设速度的加快，国际海底光缆建设也高速发展，同时其他类型的海缆建设也越来越多，因此海缆工程建设的需求也大增长。而另一方面，海洋调查设备又进一步发展，越来越高精度和高效率的设备被成熟应用到路由勘察中，如高分辨率多波束、中深水多波束、侧扫声呐和浅剖等高精度声学设备，还有静力触探取样（CPT）的广泛应用，这些新技术的应用使得我国的海缆路由勘察也进入了高速发展阶段，和国外主流海缆建设承包商的合作越来越多，基本已经走向世界并融入其中，为全球海缆建设发挥越来越重要的作用。以国家海洋局南海调查技术中心（广州三海海洋工程勘察设计中心）为代表的新一代国内海缆勘察队伍也日益成长，通过多年的发展和积累，已经摆脱了以前需和境外勘察公司合作共同勘察的模式，现在已经实现了单独承担全海深的国际光缆路由勘察能力。如亚非欧国际海底光缆系统（AAE-1）中国南海段路由勘察、南海国防海防光缆路由勘察，南方主网与海南电网第二回联网工程海底电缆路由勘察，这些勘察运用了大量的先进勘察技术和手段，保证了勘察的效率和质量。勘察海域不仅有浅海区也包括了深海区，勘察技术能力已经能完全满足国际海缆勘察的主流技术需求。但是受限于体制，相应的管理、质量体系与国际成熟的勘察公司仍然存在不小的差距。因此，目前国内的路由勘察还需要更多企业的参与，以便能真正地实现全方位与世界接轨。

## 1.1.3　海底光缆的路由勘察发展趋势

近 30 年来，海洋调查相关技术均取得了长足的进步，因此路由勘察也得到了高速的发展，主要在以下方面：

### 1. 调查技术要求的规范化趋势

国际上并无统一的海底光缆工程勘察标准，而世界上主要国际海底光缆系统供应商和海底光缆运行商也未公开出版过相关的勘察规范或标准，因此目前国际海底光缆勘察一般的做法都是针对特定工程项目编制相应的路由勘察技术要求，而这些路由勘察技术要求一般都是基于以往经验的基础上编制，经过多年的积累，这些路由勘察技术要求（包括调查项目、内容、作业程序、技术标准、仪器性能指标、用船要求、成果报告格式等）也越来越趋于一致，勘察技术要求也越来越成熟、规范。

我国在总结以往路由调查实践以及广泛收集国外相关规范和标准的基础上，制订了第一部《海底电缆管道路由勘察规范》（GB 17502—1998），作为强制性国家标准于 1998 年 4 月实施，第一次全面而系统地对海底电缆管道路由勘察做出了科学规定。这对我国海底电缆管道路由调查的标准化和规范化起到了重要作用，亦为海域管理提供了重要的技术依据。2009 年，在充分吸收国内外勘察实践经验的基础上，修订颁布了《海底电缆管道路由勘察规范》（GB/T 17502—2009），是目前国内进行海底光缆路由勘察工程的主要技术依据。

**2. 新技术的应用**

20 世纪 90 年代以来，由于海洋调查和海底探测技术的进步以及海缆路由调查专门技术的不断成功研发，许多新的技术手段在海缆路由调查中得到了广泛应用，使资料的处理更为快速、高效，调查技术要求更加规范化。调查的内容、方法和技术手段亦均有所改进和提高。

（1）高精度定位技术

差分 GNSS 的采用使调查船只的定位提高到优于 5m 的精度，而目前近岸的 RTK 技术以及远岸的星载差分 GNSS 和高精度单点定位技术（PPP）的应用，可以使勘察定位精度从米级提高到分米级甚至是厘米级。而水下定位系统超短基线（USBL）的应用则是大幅提高了拖曳式水下传感器采集的水下定位精度，也提高了侧扫声呐、浅地层剖面仪和磁力仪等数据的可靠性。

（2）海底高分辨率数字式地球物理探测技术

多波束测深技术的发展和成熟，并广泛用于海洋地形调查，使得海缆路由调查可以获取全覆盖、高精度的水深地形测量数据，从而可以实现高精度的海底地形模型应用；而侧扫声呐、合成孔径声呐和三维声呐的应用大大提高了对海底面状况和海底目标物探测的分辨率，并使声呐记录的镶嵌图得到广泛应用；地层剖面仪从模拟式发展到数字式，还有 Chirp 技术、参量阵技术的应用大大提高了浅部地层探测的精度和效果；磁法和侧扫声呐探测的组合对铁磁性目标物的探测可获得理想的效果。

上述海底数字式、高分辨率的地球物理探测技术的综合应用，实现了对海底光缆路由走廊带全程的大比例尺、全覆盖的测量，可以获得连续的高质量的海底各类信息。同时，结合一系列先进软件（如 Caris、Triton、Sonarwiz、Qinsy、Fle-

dermaus 和 ACRGIS 等）的采用，达到了资料处理的快速、高效和实时显示。

（3）数字成果

原来的海缆路由勘察的最终成果一般只有纸质成果图或者基于 AutoCAD 文件格式的线划数字电子图，而高分辨率数字式勘察技术和软件的大量应用，使得数字成果得到了实现，丰富了海缆路由勘察的成果数据。随着计算机技术的发展，地理信息系统（Geographic Information System，GIS）的应用越来越广泛，而地理信息系统技术在海缆路由勘察的应用，可以使海缆路由勘察的数据得到更全面、更高效的应用。

数字成果可以实现多源数据的融合分析，比如多波束、侧扫声呐、浅地层剖面、采样和磁力等勘察数字成果通过地理信息位置的匹配实现多源数据融合，从而方便进行分析和数据挖掘，提高效率和质量。图 1-1 为侧扫声呐和浅地层剖面数据融合分析示意图。

图 1-1　侧扫声呐和浅地层剖面数据融合分析示意图

数字成果可以很方便进行共享，因此海缆工程设计方和施工方可以直接利用数字成果数据进行相关的工作，相比原来纸质成果图或者线划数字电子图，可以更方便地获取到需要的信息，也可以根据自己的需求从数字成果进行进一步挖掘数据，更大化利用成果数据。图 1-2 和图 1-3 分别为勘察获取到的地形数字成果示意图和利用地形数据计算出来的坡度数字成果示意图，通过计算，可以很直观地得到整个路由区域的坡度情况，可以很方便地进行设计等工作。

（4）海底原位测试技术

海底原位测试技术由于是在原位进行测试，受影响的因素比较少，因此得到的数据更接近真实值，对于工程设计的参考意义更大。目前用于海缆调查的海底原位测试设备主要有静力触探仪（CPT）、电阻率测试系统和海底介质声速测试

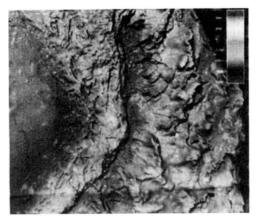

图 1-2　地形数字成果示意图

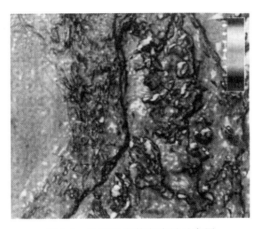

图 1-3　地形坡度数字成果示意图

系统等。

　　20 世纪 80 年代 CPT 就开始用于海洋调查。它由小型锥型贯入仪、带有压重物的放到海底的基架、推力器和数据采集处理器等部分组成，微型电子锥体用于测量锥端阻力、锥侧摩阻力。近 20 年来，用于海底光缆和管道路由调查的 CPT 的研发方向是多功能和小型化，即 MCPT，它可以同时测得土的贯入阻力、孔隙水压力和贯入的倾斜度等，得到一系列以图示形式给出的各种测量值和推导得出的参数与贯入深度的关系曲线，用于解释和确定土的分层和土质状况、粒状土的相对密度、黏性土的超固结化和灵敏度等。

　　近年来，测量海底介质声速的 SHRIMP 系统、测量海底电阻率剖面的 REDAS 系统、RHOBAS 系统相继研发成功，并已用于埋设评价调查。例如测量电阻率剖面的 RHOBAS 系统由带有资料采集器、传输器、多电极电缆的雪橇式拖体、电极资料处理器、连接甲板资料处理器和拖体的多路电缆等3部分组成。调查成果反映在沿路由的视电阻率剖面曲线。用于解释海底底质的土工性质，预测海缆海底安全线的深度，分析得到不同条件路由的埋设保护指数（BPI）等。

（5）新勘察平台

传统的海缆路由勘察采用的平台的水面调查船搭载调查设备的模式进行，但近几年出现的无人艇（Unmanned Surface Vessel，USV）、水下遥控机器人（Remote Operated Vehicle，ROV）、水下自控机器人（Autonomous Underwater Vehicle，AUV）以及无人机（Unmanned Aerial Vehicle，UAV）等新平台技术的逐渐成熟，也丰富了勘察的手段，并且提高了勘察的效率。在近岸勘察中，无人艇的便利性越来越得到认可，而利用ROV、AUV作为平台，把海洋测量各类传感器或采样器、摄像仪等安装于其上，进行近海底、近距离、近目标的高精度综合检测已成为海底精细观测的有效手段。

1）无人艇（Unmanned Surface Vessel，USV）　无人艇（USV），近年来受到国内外越来越多的关注。目前，船舶自动化水平较高，但船舶的正常运行始终离不开人的参与。即使是无人值班机舱，当有紧急情况发生时仍需要船员来处理。船舶驾驶虽有卫星导航、电子罗盘、电子航道图和自动舵的辅助，但驾驶台还未实现无人化。船舶无人化不仅能提高船舶的自动化和智能化水平，也能减少船舶发生危险的风险。国内外有很多研究机构和公司开展了船舶无人化方面的研究，无人艇（USV）是研究中的热点，在军事和民用都有广阔的应用前景。军事领域，出于保护人身安全的目的，在执行扫雷、侦察等危险系数高的任务时，USV具有很大的优势。民用领域，USV能有效减少人员费用的支出和提高船舶航行的安全性。

在海洋调查领域，可采用USV作为平台，搭载单波束测深仪（或多波束测深仪）、侧扫声呐和星站差分GPS，构建面向超浅水区（5m以浅）、航道岸边滩涂等水域的水下地形测量系统；可搭载多波束测深仪、侧扫声呐、浅地层剖面仪、光纤罗经、星站差分GPS、表面声速仪等构建面向浅水水下地形测量系统；可搭载ADCP等定点海流观测系统；还可构建搭载采水器、水质分析仪器等的海洋环境监测系统。面向浅水水下地形测量工作，USV平台具备以下四方面的优势：①具备无人驾驶、油电混合推进等功能，采用电推时航行噪声非常小，涂装保护色后，非常适合用于特殊海域的海洋环境要素调查；②船体小、吃水浅，可抵达礁盘、滩涂等浅水区域开展海洋环境要素调查；③具备自主路径规划功能，可按设定测线自主航行并开展海洋环境要素调查，航行测线与设定测线间的误差远小于人工驾驶船舶；④具备自主避障功能，可适应复杂的海洋作业环境。图1-4为南海无人艇调查技术联合实验室研发的M80无人艇。

2）水下遥控机器人（Remote Operated Vehicle，ROV）　又称有缆水下机器

图 1-4 南海无人艇调查技术联合实验室研发的 M80 无人艇

人、无人遥控潜水器。ROV 是一种由水面控制，可以在水下三维空间自由航行的高科技水下工作系统。其基本工作方式是由水面母船上的工作人员通过连接ROV 的脐带缆提供动力并控制 ROV，利用水下摄像机、成像声呐等专用设备进行水下观察，或者通过机械手等工具进行水下作业。目前工作型 ROV 应用最为广泛，并且已经发展到第 5 代产品。石油工程是其主要的应用领域，覆盖油气田开发、生产和弃置的各个过程，包括钻井支持、工程建造支持（导管架安装、管缆铺设、水下设施安装连接、工程前后调查），特别是生产期间的检测/修理和维护（Inspection，Repair and Maintenances，IRM），比如海底管线的检测。而同样在海缆工程中，ROV 的应用也是非常广泛，以 ROV 为载体，搭载多种专业调查及检测设备，如侧扫声呐、多波束测深系统、磁力探测仪等，可以对勘察路由区进行高精度的勘察，包括已有地形、微地物，特别是海底管线探测，可以得到已有海底管线的位置坐标、地形、涂层、节点、异常、损坏、腐蚀、垃圾、牺牲阳极、悬空、掩埋、交叉跨越、是否进水、泄漏等影响海底管线运行安全的所有外部情况，因此ROV 也经常用于海底管线的运营后的检测技术。与常规地球物理调查方法相比，它可以通过摄像系统直接反映海底管线的外观以及现状，并进行高精度测量。图1-5 为作业型 ROV。

　　3）水下自控机器人（Autonomous Underwater Vehicle，AUV）也称无缆水下机器人。AUV 自带动力系统，可进行路线设计自动前行，活动能力较好。AUV 是一种非常适合海底搜索、调查、识别和打捞作业的工具。与载人潜水器相比较，它

图 1-5 作业型 ROV

具有安全（无人）、结构简单、重量轻、尺寸小、造价低等优点。而与 ROV 相比，它具有活动范围大、潜水深度深、不怕电缆缠绕、可进入复杂结构中等优点。AUV 代表了未来水下机器人技术的发展方向，是当前世界各国研究工作的热点。AUV 在军事上的应用比较广泛，比如水雷对抗、反潜战、情报收集、监视与侦查、目标探测和环境数据收集。而和 ROV 一样，AUV 也可以通过配置不同类型的搭载调查设备完成不同的海洋调查任务，如海洋矿产资源和海洋生物资源等的勘察、海洋测绘、海洋环境监测、潜水支援、海洋科学研究等。

目前，AUV 还处于一个发展阶段，还没有广泛应用到海缆路由勘察中，但是 AUV 的优势将在高精度的勘察中得到淋漓尽致的体现。首先，AUV 可以得到更好的数据质量。相对于使用深拖系统进行深海地形测量时，由于拖缆较长，拖鱼很难保持在要求的航线上，特别是在有海流的情况下，拖鱼往往偏离航线非常远。而 AUV 却能够通过调整舰向，以较高的位置精度保持在设定航线之上，即使有海流影响也不会偏离航线多远，从而保证了数据质量。另外 AUV 能够自动跟踪海底起伏变化，随时调整自身距海底的高度，从而获得安全而又高质量的数据。另外，与船载多波束系统相比，AUV 由于离底更近，因此可以得到更高分辨率的多波束数据。其次，更高的作业效率。深拖系统作业时速度要求很高，一般低于 2.5kn，而 AUV 能够达到 4kn 的速度。另外深拖系统在完成一个设定航线的探测后转入下一个设定航线时，为保证拖鱼不与海底相碰，必须通过绕半径几十千米大弯的方式回转，或者回收电缆再掉头的方式，所以测线间掉头时间很长，水深的区域可能要达到 6h。而 AUV 却能够快速转弯，仅需要几分钟的时间就可进入下一个设定航线，大大提高了调查效率。图 1-6 为挪威 Kongsberg 生产的 HUGIN3000 型 AUV；图 1-7 为利用 AUV 获取的深水人工残骸影像。

图 1-6　挪威 Kongsberg 生产的 HUGIN3000 型 AUV

4）无人机（Unmanned Aerial Vehicle，UAV）　UAV 是一种机上无人驾驶的航空器，其具有动力装置和导航模块，在一定范围内靠无线电遥控设备或计算机预编程序自主控制飞行。无人机遥感（UAV Remote Sensing，UAV-RS）是利用先进的无人驾驶飞行器技术、遥感传感器技术、遥测遥控技术、通信技术、POS 定位定姿技术、GPS 差分定位技术和遥感应用技术，具有自动化、智能化、专业化快速获取国土、资源、环境、事件等空间遥感信息，并进行实时处理、建模和分析的先进新兴航空遥感技术解决方案。无人机遥感系统（UAV Remote

图 1-7 利用 AUV 获取的深水人工残骸影像

Sensing System，UAV-RSS）即是一种以 UAV 为平台，以各种成像与非成像传感器为主要载荷，飞行高度一般在几千米以内（军用可达10km 之上），能够获取遥感影像、视频等数据的无人航空遥感与摄影测量系统。而 UAV 在海缆路由勘察中主要是针对登陆段调查的应用，具体比如可以通过 UAV 搭载摄像系统进行高空拍摄完成登陆点踏勘工

图 1-8 六旋翼无人机

作，另外也可以利用 UAV-RS 技术完成复杂、人工难进入的困难登陆点测量。图 1-8 为六旋翼无人机，图 1-9 为固定翼无人机。

图 1-9 固定翼无人机

# 1.2 海缆路由勘察相关程序

根据我国目前的海缆路由勘察相关法律法规，海缆路由建设的相关程序有：路由桌面研究、路由勘察、海域使用论证、海洋环境影响评价、铺设施工等。

## 1.2.1 海缆路由勘察相关法律法规

海洋法律法规是我国海洋法制化管理的重要基础，是落实党和国家各项基本政策的重要依据。建立健全的海洋法律法规，有助于确立国家关于海洋管理各项基本制度和管理措施，有助于部门和地方各种规章制度的制定、理顺各制度之间的关系，有助于各类工作流程的制定。

现行的一系列海洋法律法规如下：

1982 年 8 月 23 日，第五届全国人大常委会第二十四次会议通过《中华人民共和国海洋环境保护法》。这是中国第一部综合性的保护海洋环境的法律，适合于中国管辖的一切海域。《中华人民共和国海洋环境保护法》的公布和实施，标志着我国海洋环境立法工作进入了一个新的历史时期。该法于 1983 年 3 月 1 日施行，后经过 1999 年、2013 年和 2016 年三次修订。

1985 年 3 月 6 日，国务院发布《中华人民共和国海洋倾废管理条例》，严格控制向海洋倾倒废弃物，防止对海洋环境的污染损害。随着《中华人民共和国海洋倾废管理条例》、《中华人民共和国防止船舶污染海域管理条例》、《中华人民共和国防治海岸工程建设项目污染损害海洋环境管理条例》《海洋石油勘探开发化学消油剂使用规定》《疏浚物海洋倾倒分类标准和评价程序》的相继出台，初步形成了以《中华人民共和国海洋环境保护法》为主体，以防止海岸工程、海洋石油勘探开发、船舶排污、海洋倾废、陆源排污等污染海洋环境的 6 个管理条例为基础，部门和地方规章为补充的海洋环境保护法规体系。

1992 年 2 月 25 日，第七届全国人大常委会第二十四次会议审议通过《中华人民共和国领海及毗连区法》，确定中国的领海宽度从领海基线量起为 12 海里，领海基线采用直线基线法划定，由各相邻基点之间的直线连线组成，毗连区为领海以外邻接领海的一带海域，宽度为 12 海里。外国非军用船舶，享有依法无害通过中华人民共和国领海的权利，外国军用船舶进入中华人民共和国领海，须经中华人民共和国政府批准。《中华人民共和国领海及毗连区法》首次以立法形式提出了海洋权益的概念，首次以立法形式提出钓鱼岛等岛屿属于中华人民共和国的岛屿，为维护领海主权奠定了完整的法律基础。该法自公布之日起施行。

1996 年 6 月 18 日，国务院令第 199 号发布《中华人民共和国涉外海洋科学研究管理规定》，以加强对在中华人民共和国管辖海域内进行涉外海洋科学研究活动的管理，促进海洋科学研究的国际交流与合作，维护国家安全和海洋权益。该规定适用于国际组织、外国的组织和个人为和平目的，单独或者与中华人民共和国的组织合作，使用船舶或者其他运载工具、设施，在中华人民共和国内海、领海以及中华人民共和国管辖的其他海域内进行的对海洋环境和海洋资源等的调查研究活动。但是，海洋矿产资源（包括海洋石油资源）勘查、海洋渔业资源调查和国家重点保护的海洋野生动物考察等活动，适用中华人民共和国有关法律、行政法规的规定。该规定自 1996 年 10 月 1 日起施行。

1998 年 6 月 26 日，第九届全国人大常委会第三次会议审议通过《中华人民共和国专属经济区和大陆架法》，确立了专属经济区和大陆架基本制度。其中包括：专属经济区范围为从测算领海宽度的基线量起延至 200 海里；大陆架范围为陆地领土的全部自然延伸，扩展到大陆边外缘的海底区域的海床和底土，如果从测算领海宽度的基线量起至大陆边外缘的距离不足 200 海里，则扩展至 200 海里。与邻国的专属经济区和大陆架界限按照公平原则以协议划定。《专属经济区和大陆架法》确定的权利，与《联合国海洋法公约》的有关规定是一致的，包括勘探开发自然资源的主权权利，以及人工岛屿、设施和结构的建造、使用管辖权，海洋科学研究管辖权，海洋环境保护和保全的管辖权，还拥有授权和管理在大陆架上进行钻探的专属权利。该法自公布之日起施行。

2001 年 10 月 27 日，第九届全国人大常委会第二十四次会议审议通过《中华人民共和国海域使用管理法》。《中华人民共和国海域使用管理法》确立了三项基本制度，即海域权属管理制度、海洋功能区划制度和海域有偿使用制度。这三项制度构成了整部法律的核心框架，它的确立是对传统海洋管理理论的历史性突破。该法的颁布实施，是国家在海域使用管理方面的重大举措，是我国确立海域使用管理污染制度的明确标志，对我国海洋事业的发展具有深远的意义。该法自 2002 年 1 月 1 日起施行。

1989 年 1 月 20 日，国务院第三十二次常务会议通过《铺设海底电缆管道管理规定》，1989 年 2 月 11 日国务院令第 27 号发布，自 1989 年 3 月 1 日起施行。该规定明确了在中华人民共和国内海、领海及大陆架上铺设海底电缆、管道以及为铺设所进行的路由调查、勘测及其他有关活动。

2009 年 10 月 30 日，中华人民共和国国家质量监督检验检疫总局、中国国家标准化管理委员会发布了新版的《海底电缆管道路由勘察规范》，进一步完善了海底路由勘察的技术细则，于 2010 年 4 月 1 日实施。

## 1.2.2　海底管线铺设相关流程

按照海缆路由建设的相关程序及政府部门的审批程序，海底管线路由铺设的相关流程分为以下几个阶段，详见表 1-1 和图 1-10。

表 1-1　海缆路由铺设相关流程

| 序号 | 工作内容与审批程序 | | 相关部门 | 工作内容 |
|---|---|---|---|---|
| 第一阶段 | 海底管线路由桌面预选研究 | | 海洋行政管理部门、军事部门、周边利益相关者等 | 编写《海底管线路由桌面研究报告》 |
| | | | | 建设方做好与军事部门、周边等利益相关部门的路由协调、确认 |
| | | | | 海洋行政管理部门组织协调会 |
| | | | | 海洋行政管理部门组织《海底管线路由桌面研究报告》专家评审会 |
| 第二阶段 | 路由勘察 | 路由勘察前办理相关手续 | 用海申请人、海洋行政管理部门 | 向海洋行政管理部门申报路由勘察许可 |
| | | | 报告编制单位、海事管理部门、用海申请人 | 编制《通航安全论证（勘察阶段）报告》 |
| | | | | 海事管理部门组织《通航安全评估报告》评审 |
| | | | | 海事管理部门发布航行公告 |
| | | | | 办理《水上水下作业许可证》 |
| | | | 海关、边防 | 如涉及外方的调查船及人员，还须在海关、边防和检疫等相关部门办理相关手续 |
| | | 路由勘察实施 | 勘察承担单位 | 路由勘察并按技术要求提交《海底管线路由勘察报告》、相关图件 |
| | | | 海事管理部门 | 派遣警戒船现场警戒 |
| | | 勘察报告审批 | 海洋行政管理部门 | 对成果文件进行保密审查（如有） |
| | | | 海洋行政管理部门 | 对《海底管线路由勘察报告》、相关图件初审 |
| | | | 海洋行政管理部门 | 海洋行政管理部门组织《海底管线路由勘察报告》专家评审会 |
| | 海域使用 | 用海申请 | 用海申请人、海洋行政管理部门 | 向海洋行政管理部门提交《海域使用申请书》及相关材料 |
| | | 海域使用论证报告 | 报告编制单位 | 编制《海域使用论证报告书》 |
| | | | 海洋行政管理部门 | 海洋行政管理部门组织《海域使用论证报告书》专家评审会 |
| | | 用海批复 | 海洋行政管理部门、地方政府部门、军事部门等 | 征求相关单位意见后，海洋行政管理部门会对用海申请进行批复 |
| | | 获取海域使用权证及缴纳海域使用金 | 海底管线权属人 | 按规定缴纳海域使用金 |

（续）

| 序号 | | 工作内容与审批程序 | 相关部门 | 工作内容 |
|---|---|---|---|---|
| 第二阶段 | 海洋环境影响评价 | 海洋环境影响评价报告 | 报告编制单位 | 编制《海洋环境影响评价报告书》 |
| | | | 海洋行政管理部门 | 对《海洋环境影响评价报告书（送审稿）》初审 |
| | | | 海洋行政管理部门 | 海洋行政管理部门组织《海洋环境影响评价报告书》专家评审会 |
| | | 海洋渔业资源补偿 | 渔政管理部门 | 业主完成海洋渔业资源赔偿和补偿等事宜 |
| | | 取得环评批复 | 海洋行政管理部门 | 完成海洋渔业资源补偿后海洋行政管理部门会对环评进行批复 |
| 第三阶段 | | 办理管线敷设施工许可 | 海底管线权属人 | 向海洋行政管理部门提出施工申请 |
| | | | 海洋行政管理部门 | 在取得用海批复及环评批复，同时海洋行政管理部门征求相关单位意见后，发放施工许可 |
| | | | 报告编制单位、海事管理部门、海底管线权属人 | 编制《通航安全论证（施工阶段）报告》 |
| | | | | 海事管理部门组织《通航安全评估报告》评审 |
| | | | | 海事管理部门发布航行通告 |
| | | | | 办理《水上水下作业许可证》 |
| | | | 海关、边防 | 如涉及外方的调查船及人员，还须办理海关、边防和检疫等相关部门的手续 |
| 第四阶段 | | 敷设施工 | 施工单位 | 敷设施工 |
| | | | 海事管理部门 | 派遣警戒船现场警戒 |
| | | | 海洋行政管理部门 | 海洋行政管理部门对施工期间的监督管理 |
| 第五阶段 | | 报备 | 海洋行政管理部门 | 对铺设的最终路由进行报备，并酌情考虑是否换发海域使用权证书 |
| | | | 海事管理部门 | 向海事管理部门报备，在海图上进行标注 |

## 1.2.3 路由桌面预选研究

路由桌面研究是不进行一手资料的实地调研和采集，而直接通过对现有二手资料进行分析和研究的方法，对拟建管线路由进行初步的选择并比对，遵循选择相对安全可靠、经济合理、便于施工和维护的海底电缆管道路由的原则，从而得出一条或多条在不进行实地勘察情况下最优路由的过程。路由桌面研究的任务是根据电缆管道的总布局选择登陆点及海域路由位置。预选路由应提出两个以上路由方案，并进行比选。

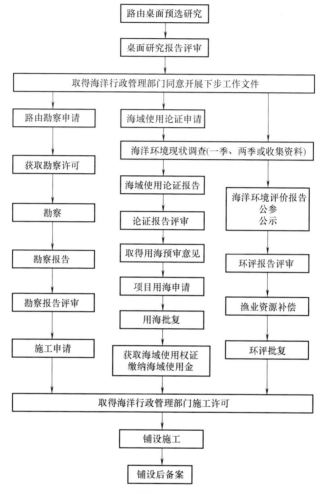

图 1-10　海缆路由铺设流程图

　　路由桌面预选研究不仅是铺设海底管线前最早的技术支撑材料，同时也是海洋行政管理部门对项目进行审批的重要依据。

### 1.2.3.1　路由预选的原则

**1. 预选海缆路由登陆点选择**

预选海缆登陆点选择选择的主要原则有：

1）符合海洋功能区划，与其他海洋规划与开发活动兼容。

2）至海缆登陆站距离较近的岸滩地点。

3）避免有岩石，选择登陆潮滩较短以及有盘留余缆区域的岸滩地区。

4）全年风浪比较平稳，海潮流比较小的岸滩地区。

5）沿岸流沙少，地震、海啸及洪水灾害等不易波及的地段。

6）登陆滩地附近没有其他设施或海底障碍（如电力电缆、水管、油管及其他海缆等）。

7）便于今后海缆登陆作业和建成后维护的地点。

8）将来不会在沿岸进行治水、护岸和修建港湾的地点。

**2. 海域预选海缆路由选择**

1）预选海缆路由应避开斜面、陡崖、深槽、海沟和海山等地形陡峭区域，选择海底地形平坦、坡度较小的区域。

2）预选海缆路由应避开裸露基岩和海床冲淤强烈区域，选择细粒海底底质区域。

3）预选海缆路由应避开海底自然障碍物（基岩、砾石、沙波、沙脊、浅层气区）和人工障碍物（沉船、废弃建筑物、抛弃贝壳堆等）。

4）预选路由应避开海底滑坡、浊流、活动断裂等灾害地质因素及地震活动多发区。

5）预选海缆路由应减少与其他海底管线的交越，尽可能避免与海底已有海底管线交越，确需交越时，应尽可能垂直交越，如确需交越时角度应不小于60°，且与已有海底光中继器、光缆分支器的间距不小于3倍水深。

6）当预选海缆路由与已有海底管线近平行延伸时，相互间距最好不小于3倍水深，以免由于路由勘察、海缆施工特别是海缆后期维修时破坏已有海底管线。

7）预选海缆路由应避开捕捞作业区，特别是底层渔捞作业海域，以及各类锚地和其他特殊作业区。

8）预选海缆路由应尽可能避开海洋油气田、含油气构造、砂矿开采区、输油气管道、码头、锚地、自然保护区、军事用海区等区域，应尽可能地与航线垂直穿越。

#### 1.2.3.2 路由预选的步骤

在以上选址原则的基础上，海缆路由桌面预选研究分为三个步骤：收集资料、现场踏勘、编制报告。

**1. 收集资料**

路由预选应收集路由区的地形地貌、地质、地震、水文、气象等自然环境资料，尤其要收集灾害地质因素资料，预选路由应尽可能避开这些灾害地质因素分布区；应尽可能收集路由区已有的腐蚀性环境参数，并评估它们对电缆管道的腐蚀性；应尽可能收集路由区的海洋规划和开发活动资料，主要包括渔业、矿产资源开发、交通运输、通信、电力、水利、市政、海洋自然保护区、海底人为废弃物、旅游区、倾废区、科学研究试验区、军事活动区等。

### 2. 现场踏勘

现场踏勘应对各比选路由方案的登陆场址进行踏勘，主要包括：登陆点附近的村镇分布、土地利用情况、海岸性质及周边的海洋开发活动情况；登陆场址的自然条件及已有工程的登陆情况。现场踏勘完成后应编制现场踏勘报告，内容包括但不仅限于：登陆场址的现场描述，包括现场照片、登陆点位置及相关图件；登陆点周边的基础设施建设、海洋开发活动情况；当地的调访情况及支持条件等。

### 3. 编制报告

在广泛收集资料、调研和现场踏勘的基础上，进行路由条件的综合评价以及路由方案的必选，编制海缆路由的选址《路由桌面研究报告》。报告中应包括但不仅限于：概述、登陆点地理位置及其周边环境、路由区工程地质条件、路由区海洋水文气象要素、路由区海底腐蚀性环境、路由区海洋开发活动、预选路由条件评价及建议等内容。

桌面预选研究工作流程如图 1-11 所示。

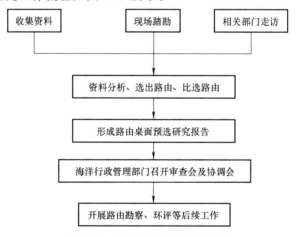

图 1-11　桌面预选研究工作流程

## 1.2.4　路由勘察

路由勘察是在路由桌面预选研究的基础上进行的海上现场调查，是海底路由建设前期的关键环节之一，其目的是使用专业的工程地球物理、工程地质及海洋水文气象等设备和方法，为海底电缆和管道路由工程的选址、设计、施工以及维护提供详实的海洋基础资料和科学技术依据。路由勘察的任务是查明海底电缆管道路由区的海底工程地质条件、海洋气象水文环境、腐蚀性环境参数和海洋规划与开发活动等方面的工程环境条件。路由勘察不仅是海底管线设计最重要的技术支撑文件，同时也是海洋行政管理部门对工程项目进行审批的重要依据。

勘察主要的内容主要包括：水深和海底地形、海底面状况以及自然的或人为的海底障碍物、海底浅部地层的结构特征、空间分布及其物理力学性质、海底灾害地质、地震因素、海洋水文气象动力环境、腐蚀性环境参数、海洋规划和相关开发活动等。

勘察的程序应按实施方案制订、海上外业勘察、实验室测试分析、资料处理解释、图件与报告编制、成果验收等步骤进行。

路由勘察工作流程如图1-12所示。

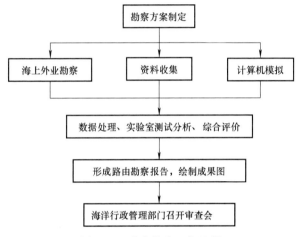

图1-12　路由勘察工作流程

## 1.2.5　海域使用论证

海域是指中华人民共和国内水、领海的水面、水体、海床和底土。其中，内水是指中华人民共和国领海基线向大陆一侧至海岸线的海域；领海是沿海国主权管辖下与内水相邻的一定宽度的海域，是国家领土的组成部分，其上空、海床和底土均属沿海国主权管辖。我国领海的宽度自领海基线向外延伸12n mile。

海域使用是一个特定含义的法律概念，根据《中华人民共和国海域使用管理法》，单位和个人使用海域，必须依法取得海域使用权。在中华人民共和国内水、领海持续使用固定海域3个月以上的排他性用海活动被称为海域使用，需进行海域使用论证工作。

**1. 海域使用论证的重要性**

海域作为重要的自然资源，是海洋经济发展的主要载体。我国海域辽阔，领海面积达38万$km^2$，大陆岸线和岛屿岸线长达3.2万km。新中国成立以来，特别是改革开放后，我国海洋经济飞速发展，海洋开发也从传统的航运、盐业、捕捞等转型为海水养殖、海洋油气开采、海洋旅游和海洋能源开发等多种综合利用的新型产业局面。由此，海域使用也会伴随一系列的问题出现。为维护海域的国家所有权，保护海域使用权人的合法权益，促进海域的合理开发和可持续利用，应该依法、合理、全面、统一、科学地对海域的分配、使用、开发等过程进行严谨的海域使用论证。

**2. 海域使用论证的内容及工作流程**

海域使用论证工作应遵循科学、客观、公正的原则。坚持开发与保护并重，实现经济效益、社会效益、环境效益的统一；坚持集约节约用海，促进海域合理开发和可持续利用；坚持统筹兼顾，促进区域协调发展；坚持以人为本，保障沿海地区经济社会和谐发展；坚持国家利益优先，维护国防安全和海洋权益。

海域使用论证报告所使用的数据和资料应根据《海域使用论证技术导则》和《海洋调查规范》等标准规范和相关法律法规的要求获取，结合《路由勘察报告》编制完成，其内容主要包括：项目用海必要性分析、项目用海资源环境影响分析、海域开发利用协调分析、项目用海与海洋功能区划及相关规划符合性分析、项目用海合理性分析、海域使用对策措施分析，其中项目用海的可行性、面积合理性、生态用海措施等内容是重点论证环节。

海域使用论证工作流程如图 1-13 所示。

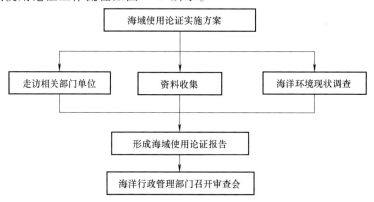

图 1-13　海域使用论证工作流程

根据我国现行行政管理手续，对海域使用论证报告编制单位不再进行资质要求，用海申请人可自行编制海域使用论证报告；大部分项目海域使用论证报告必须与《路由勘察报告》分开，单独出版报告，并独立进行评审，但也有一些项目依项目所属海域海洋行政管理部门实际要求，可不必单独出版报告，海域使用论证可作为一独立章节并于《路由勘察报告》中，并在《路由勘察报告》评审会中一并评审。

## 1.2.6　海洋环境影响评价

为贯彻《中华人民共和国海洋环境保护法》《中华人民共和国海域使用管理

法》《中华人民共和国环境影响评价法》《建设项目环境影响评价技术导则　总纲》等法律法规，防治海洋工程对海洋环境的污染，维护海洋环境、资源的可持续开发利用，维护海洋生态平衡和保障人体健康，国家法律规定海洋工程需进行海洋环境影响评价。海底光（电）缆路由工程属于海洋工程范畴，故海底缆线敷设前需进行海洋环境影响评价工作，并编制《海洋环境影响报告书》，作为海洋行政主管部门核准海洋环境影响的依据。

海洋环境影响评价工作的评价内容主要包括：海水水质环境、海洋沉积物环境、海洋生态和生物资源环境、海洋地形地貌与冲淤环境、海洋水文动力环境、环境风险等。

海洋环境影响评价工作流程如图 1-14 所示。

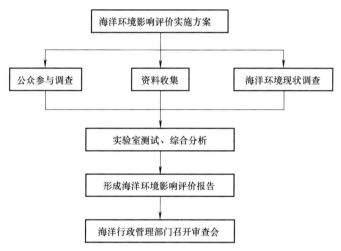

图 1-14　海洋环境影响评价工作流程

据最新的国家海洋局通知，《海洋环境影响报告书》不再设置公众参与章节，工程项目建设单位作为《海洋环境影响报告书》公众参与的唯一责任主体，对未附有海洋工程环境影响评价公众参与说明的，各级海洋部门一律不予受理。

## 1.2.7　铺设施工

海缆的铺设施工，简单来说，就是把海缆放在敷设船上，然后船慢慢开动的同时把海缆平铺沉入海底。

海底光缆的铺设工程是世界上各国公认的最复杂又大型的工程之一，其施工的主要设备包括海缆船、接续与测试设备、水下施工设备等。海缆船是一个特殊的海洋工作平台，除了船舶本身外，现代化的布缆船还要求：①具有较大的吨位，才能满足海底光缆和中继器的装载量；②配备动力定位系统，保证铺缆过程中船舶的准确位置，实时准确地记录海缆施工中的经纬度、有效地控制船速等；

③布缆设备，鼓轮型布缆机、直线型布缆机；④先进的埋设设备，海底光缆埋设机和水下机器人；⑤专业的施工控制管理软件，协调船舶速度和布缆机速度，进行余量控制计算。

由于海缆路由的水深、海底地质条件及海缆保护方式的不同，海缆铺设施工常采用不同的技术和方法。按施工的区段划分，海缆路由的施工常分为登陆段施工、埋设段施工和敷设段施工。

**1. 登陆段施工**

登陆段施工是将海缆从海缆船牵引至岸边登陆点区段的施工作业过程，水深一般在 15m 以内，具体可以分为直接登陆、间接登陆和平底海缆船登陆三种施工方法。

**2. 埋设段施工**

埋设段施工是为了保证海缆不遭受外界损害而对海缆进行埋设的施工过程，水深要求一般小于 500m，特殊区域可达 1500m。海缆埋设前需对海缆路由进行扫海清障作业，然后采用埋设犁或水下机器人对海缆进行埋设作业。

**3. 敷设段施工**

敷设段施工是在水深大于 1000m 的深海海域，为了降低工程造价和施工成本，利用海缆船将海缆按照设计路由及余量的控制要求，布放在海底表面的作业过程。由于海底地形起伏不平，海底两点间的实际曲面距离和海缆路由上相应两点的距离不同，敷设海缆的长度必然大于路由长度，因此，余量控制是海缆敷设施工中最为关键的环节。

# 1.3 海缆路由勘察方法

## 1.3.1 海缆路由勘察内容

勘察的目的是为海底电缆工程的选址、设计、施工以及维护提供基础资料和科学技术依据。而勘察的任务是查明海缆路由区的海底工程地质条件、海洋气象水文环境、腐蚀性环境参数和海洋规划与开发活动等方面的工程环境条件。因此，勘察主要包括下列内容：

1）登陆点地形和海底地形；

2）海底面状况以及自然的或人为的海底障碍物；

3）海底浅部地层的结构特征、空间分布及其物理力学性质；

4）海底灾害地质、地震因素；

5）海洋水文气象动力环境；

6）腐蚀性环境参数；

7）海洋规划和开发活动。

## 1.3.2　海缆路由勘察主要技术

### 1. 海缆路由勘察范围

根据《海底电缆管道路由勘察规范》定义，将路由勘察的工作区域划分为登陆段、近岸段、浅海段和深海段四部分，如图 1-15 所示。每部分的路由调查区的调查范围（走廊宽度）、技术手段与调查内容都略有差别。

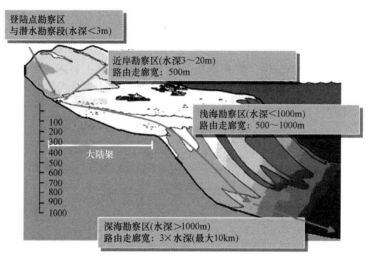

登陆点勘察区
与潜水勘察段(水深<3m)

近岸勘察区(水深3~20m)
路由走廊宽: 500m

浅海勘察区(水深<1000m)
路由走廊宽: 500~1000m

100
200
300　大陆架
400
500
600
700
800
900
1000

深海勘察区(水深>1000m)
路由走廊宽: 3×水深(最大10km)

图 1-15　路由勘察工作区域划分

登陆段指海底电缆登陆点附近水深小于 5m 的路由走廊带，以预选路由为中心线的勘察走廊带宽度一般为 500m，自岸向陆延伸至 100m 处，向海至水深 5m 处。一般主要用到陆地地形测量、单波束水深测量、侧扫声呐探测、底质采样等技术，工程需要时可采用人工潜水、水下摄像及插杆试验等手段。

近岸段是指登陆段外至水深 20m 的路由海区，勘察走廊带宽度一般为 500m。一般采用单/多波束水深测量、侧扫声呐探测、海底地层剖面探测和工程地质取样等技术，工程需要时可采用人工潜水。

浅海段为水深 20~1000m 的路由海区，勘察走廊带宽度一般为 500~1000m。通常海缆埋设结束点位于该路由海区。海缆埋设路由海区内一般采用多波束水深测量、侧扫声呐探测、海底地层剖面探测和工程地质取样等技术，但是由于该海区水下拖体一般距离母船较远，因此水下拖体定位需采用水下声学定位技术。而海缆敷设路由海区由于一般只进行海底地形测量，所以一般采用深水多波束水深测量技术为主。

深海段是指水深大于 1000m 的路由海区，海缆一般只进行敷设，不进行埋设，勘察走廊带宽度一般为水深2～3倍。该海区受人类活动影响较小，但海底形态一般都比较复杂，量程范围大，对深水调查设备要求很高。

**2. 海缆路由勘察技术**

海缆路由勘察技术主要是针对海缆路由区海底工程地质条件、海洋气象水文环境、腐蚀性环境参数和海洋规划与开发活动等工程环境条件采用的相应的勘察调查技术。一般海缆路由勘察主要方法有：导航定位、地形测量、海底面状况及障碍物探测、海底地层剖面探测、工程地质取样测试、已有管线探测、海洋水文气象环境调查和腐蚀性环境调查，而海洋规划和开发活动评价虽然主要以资料收集和评价为主，基本不涉及实地勘察，但由于该内容也是勘察需了解的一个主要内容，因此在本书中也将海洋规划和开发活动评价归为一种勘察技术。实际上，勘察是一项综合分析的工作，勘察的每一项内容一般不止利用一种技术进行，往往需要多种勘察技术的交互勘察，互相验证分析，从而获得更准确的勘察结果。海缆路由勘察内容及主要相关技术如表1-2所示。

表1-2　海缆路由勘察内容及主要相关技术

| 序号 | 勘察内容 | 采用技术 |
|---|---|---|
| 1 | 登陆点地形和海底地形 | 地形测量(包括陆地地形测量、单波束水深测量和多波束水深测量) |
| 2 | 海底面状况以及自然的或人为的海底障碍物 | 侧扫声呐测量、已有管线探测(磁法探测和声学探测)、工程地质取样 |
| 3 | 海底浅部地层的结构特征、空间分布及其物理力学性质 | 海底地层剖面探测和工程地质取样测试(底质采样、工程地质钻探和工程地质测试) |
| 4 | 海底灾害地质、地震因素 | 工程地球物理勘察(水深测量、侧扫声呐探测和地层剖面探测)、工程地质勘察和资料收集综合评价 |
| 5 | 海洋水文气象动力环境 | 海洋水文气象动力环境(海洋气象调查和海洋水文调查) |
| 6 | 腐蚀性环境参数 | 腐蚀性环境调查(底层水和海底土参数测试) |
| 7 | 海洋规划和开发活动 | 海洋规划和开发活动评价 |
| 8 | 勘察辅助技术 | 导航定位技术(水上导航定位和水下导航定位) |

（1）导航定位

导航定位是海缆路由勘察所有其他技术的基础，也是完成勘察顺利进行的基本保证，没有导航定位技术的保障，路由勘察只能像盲人一样没有方向，所以导航定位精度的好坏直接关系到整个路由勘察的数据质量。路由勘察中的导航定位主要使用全球导航卫星系统（GNSS）和水下声学定位系统，全球卫星导航系统主要用于水上载体的导航和固定安装的换能器的定位，水下声学定位系统则是为水下拖体或者采样器在水下的定位。

（2）地形测量

地形测量是海缆路由勘察的基础内容也是最重要的内容，通常分为登陆点地形测量和水深地形测量。登陆点地形测量为陆地地形测量，而水深地形测量通常采用回声测深技术为测量手段。通过对路由勘察区的地形测量，获取勘察区的精细地形成果数据，从而准确反映出区域的实际地形地貌特征，特别是特殊地形地貌，如陡坎、斜坡、海山、沙波以及洼地等，同时也能获取勘察区域内坡度较大的地方。地形测量的目的是为设计和施工提供基础地形信息，以使得在勘察后可以在地形数据基础上对海缆路由进行优化，避开不良地形区域，另外也为施工提供航行保障。

（3）侧扫声呐探测

海底面状况及海底障碍物的存在直接关系到路由选择和施工安全，是海缆路由勘察要重点查明的内容。海底面状况和障碍物探测一般采用侧扫声呐探测技术进行。分析和研究海底表层的工程地质条件，对于海缆的敷设均有着十分重要的应用价值。随着侧扫声呐在海洋工程勘测中的广泛应用，通过对声呐图像的判读，结合底质采样结果，对勘测区域海底表层底质类型及分布、海底人工地物和不良地质现象进行分析和定性，从而绘制海底面状况图，将为海缆工程的设计和施工提供依据。

（4）海底地层剖面探测

海底地层特征是海缆路由勘察的重要内容，重点要查明路由区域浅部地层结构与浅部地层的岩性特征。而且，通过海底地层剖面探测也能探测是否存在浅部灾害地质因素，如浅层天然气、古河道、海底滑坡以及活动断层等。海底地层剖面探测一般利用海洋地球物理的勘探方法来探测海底地质信息，通过探测获取路由区浅部地层的发射特征、产状特征和层理结构等，同时结合地质取样和浅部地层的声学反射特征，可以区分浅部地层的岩性，为设计提供依据。

（5）已有管线探测

已有管线探测主要是确定路由区海底已建海缆和管道的位置和分布，主要技术为磁法探测和声呐探测。海洋磁法勘探是海洋地球物理调查的一项传统内容，在海洋油气勘探、海底构造研究等方面曾发挥了重要的作用。近年来，随着海洋磁力仪灵敏度和探测精度的提高，海洋磁法探测技术在海洋工程中得到了新的应用，例如在光缆路由调查、海底油气管线调查，海湾大桥、海底隧道工程的可行性研究，找寻海底磁性物体等方面均取得了一些成功的经验。声呐探测则包括侧扫声呐探测和浅地层剖面仪探测。侧扫声呐可以对裸露于海底的海底管线进行位置和状态扫测，而对于埋设的金属结构的海底管道，可利用浅地层剖面仪或者管线仪进行位置和埋深情况探测。

（6）工程地质取样测试

工程地质取样测试是海缆路由工程地质勘察实际工作中不可缺少的重要方法。因为仅仅用海洋工程物探法是不够的，海缆铺设要求做定性和定量全面的工程地质评价，而仅仅采用海洋工程物探法只能做出定性和区域性的评价，而生产实践要求定量评价，为了对海缆路由进行全面评价，必须采用定量研究的方法。因此，海缆路由勘察实践中广泛采用工程地质取样测试方法。

海缆路由勘察工作中的工程地质取样，分为底质取样和工程地质钻探两种方式。而底质取样又分为柱状采样和表层采样两种，以柱状采样为主。一般海缆路由勘察不需要开展工程地质钻探，若工程设计单位提出相关要求，则按设计要求开展海洋工程地质钻探工作。

在海缆路由勘察工作中，海底沉积物的测试方法分为原位测试、船上土工测试和实验室土工测试三大类。通过这三类测试取得勘察路由区海底沉积物的各种物理与力学指标，这些指标是海缆工程设计和施工不可缺少的重要科学依据。原位测试工作常采用的方法有静力触探试验（CPT）、标准贯入试验（SPT）等；船上土工测试常用方法有小型十字板剪切试验、小型贯入仪试验、泥温、热阻率等；室内土工测试主要是将海上取得的沉积物样品在实验室内做沉积物的物理力学性质的常规试验和特殊项目的试验。海缆路由区沉积物的物理力学性质指标，一方面可作为海缆工程设计不可缺少的重要参数，另一方面可作为在海缆施工过程和竣工数年后的长期观测分析中，为防止出现各种事故采取防范措施的指导。总之，对海缆路由区海底沉积物工程性质的研究和综合分析，有助于对海缆路由各段海底沉积物进行对比研究，便于划分沉积环境和掌握海洋沉积物的空间分布、变异规律及对海底底坡稳定性的预测等，因此，具有重大的实际意义。

（7）海洋水文与气象环境调查

利用潮汐、海流、波浪、风等海洋水文气象环境因子的现场观测和历史资料，统计分析海缆路由区的海洋水文气象参数，同时，水文气象各要素极值参数是海缆工程的规划、设计、施工和营运必须提供的基础资料，为安全、科学、合理的工程设计提供环境数据支撑。众所周知，在海缆工程的勘探和海上施工作业等均需要长时间的海上风、浪、流极值序列作为设计参数以保障安全。然而往往在海上，特别在海缆路由区这些资料严重缺乏，海上浮标实测资料也非常稀少。数据资料的缺乏，严重影响着海缆工程中的安全保障工作。特别是要建设海上平台设施，更加离不开海上水文气象环境工程极值条件参数和一般作业条件参数。此时，需要采用先进的风、浪、流后报数值模拟方法，系统地进行风、浪、流数值模拟，从而得出海洋水文气象工程环境区划极端设计参数。通过对水文气象条件各要素的分析评价，掌握了研究区海洋环境的时空变化特征，为海缆工程的规划、设计、施工和营运提供了技术保障，并为选择最佳工期提供依据，这已成为海缆工程中不可缺少的工作。

（8）腐蚀性环境调查

海缆敷设或埋设于海底，而海底腐蚀性主要来自于底层海水及沉积物的腐蚀作用，因此在海缆路由勘察工作中，需要对海缆所在海域的底层海水及沉积物进行腐蚀性环境参数的测定。根据《海底电缆管道路由勘察规范》（GB/T 17502—2009）的要求，对底层海水腐蚀性环境参数主要测定 pH 值、$Cl^-$、$SO_4^{2-}$、$HCO_3^-$、$CO_3^{2-}$、侵蚀性 $CO_2$；沉积物测试参数则包括 pH 值、$Cl^-$、$SO_4^{2-}$、$HCO_3^-$、$CO_3^{2-}$、氧化还原电位、电阻率。一般来说海底管道路由勘察应进行腐蚀性环境参数测定，海缆由于已经具有较完善的保护措施而大大降低了底层海水和沉积物对其的腐蚀，故其路由勘察中腐蚀性环境参数的测定可根据工程设计要求确定。

对于海缆来说，海底腐蚀主要发生在沉积物粒径较大的埋设路由区和深水敷设段。海水一般对金属具有很强的腐蚀性，由于海缆的生产技术以及海洋防腐技术已经比较成熟，且近岸大都进行了掩埋，因此腐蚀性影响一般较小。海缆实际敷设或埋设后，海底腐蚀对海缆具有实质性的影响主要为：①不同沉积物类型以及海底流对海缆的磨蚀；②埋设层中硫酸盐还原菌等微生物的活动会加速海缆保护层（中密度聚乙烯护套）老化、粉化的速度。

目前，对于海底腐蚀性环境对海缆腐蚀影响的评价还没有相应标准，根据《海底电缆管道路由勘察规范》（GB/T 17502—2009）的要求，应按《岩土工程勘察规范》（GB 50021—2001）相关要求进行。但是，《岩土工程勘察规范》（GB 50021—2001）中腐蚀性评价标准主要是针对土壤和水对混凝土及钢筋的腐蚀性评价，并不完全适用于底层海水及沉积物对海缆的腐蚀性评价。虽然当前已有部分学者如李祥云等提出了海底沉积物腐蚀性评价方法，并有部分学者如孙永福等对这一方法进行了修正，但他们提出的方法均基于泥质沉积物而言，因此也不一定适用于其他类型的沉积物。

总之，在海缆路由勘察工作中进行海底腐蚀性调查与评价有助于海缆的选型设计以及保护，具有一定的实际意义。

（9）海洋规划和海洋开发活动

这部分内容虽然不用实际外业进行调查，但也是海缆路由勘察报告的主要组成内容，主要是进行分析路由与海洋功能区划、海洋开发规划的符合性，评述路由区的渔捞、交通、油气开发、已建海底电缆管道、海洋保护区等海洋开发活动与路由的交叉和影响，为电缆管道设计、施工及维护提出对策或建议。

海洋功能区划包括：省、市、县级海洋功能区划，相关的城市发展规划，港口航道发展规划及其他涉海部门的发展规划。分析项目用海是否符合海洋功能区划，就是给出与项目用海选址、布局和平面布置相关的规划图件，分析论证项目用海与相关规划的符合性。

海洋开发活动包括：渔业活动、海上交通、已建海底管线、海岸工程建设、海底矿产资源开发、海洋自然保护区、倾废区、旅游区、科学实验区、军事活动区等。

# 第 **2** 章

# 导航定位

## 2.1 概述

导航定位自古以来都是人类海洋活动的双眼，它决定着海洋活动的安全、海洋生产的质量等，作为海洋调查最基本的要素，在不同的历史阶段，海洋导航定位发展了不同的导航定位方式，主要定位方式有天文定位、光学定位、无线电定位和水声定位等手段。

### 1. 天文定位

天文定位（Celoposition）是一套利用天体导航定位的系统，借助于天文观测，以太阳、月球、行星和恒星等自然天体作为定位信标，以天体的地平坐标（方位或高度）作为观测量，进而确定测量点地理位置（或空间位置）及方位基准的技术和方法。其原理如图 2-1 所示。这种方法主要局限于观测条件，阴天或云层覆盖比较严重时，该方法无法实施。同时，因观测手段的局限，该方法很难实现实时连续定位，目前海上路由勘察作业中，很少采用这种定位方式。但天文定位作为一种航海上最基本最可靠的定位方法，也有其不可忽略的作用。天文定位使用的工具有记时计、六分仪、天历、天文计算表等，具有设备简单、可靠，观测目标不受人为控制，隐蔽性强等优点，在实际工作中有着重要的意义，目前主要用作海上航行的辅助定位手段。

### 2. 光学定位

光学定位只能用于沿岸和港口测量，一般使用光学经纬仪进行前方交会，求出船位，也可使用六分仪在船上进行后方交会测量。由于六分仪受环境和人为因素的影响较大，观测精度低，现已很少使用。随着电子经纬仪和高精度红外激光测距仪的发展，全站仪按方位-距离极坐标法可为近岸动态目标实现快速跟踪定位。由于其自动化程度高，使用方便、灵活，在 GPS（全球定位系统）出现以前，在沿岸、港口、水上测量中使用较多。同样由于观测手段的局限，该方法也很难实现连续实时导航定位，且只适用于近岸。

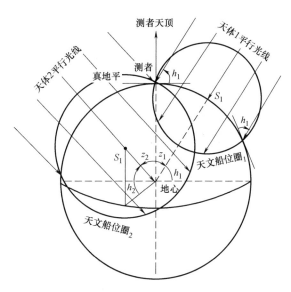

图 2-1　天文定位原理图

### 3. 无线电定位

无线电定位分为陆基无线电定位和空基无线电定位，是目前海洋勘察和航海中的主要导航定位手段。

陆基无线电定位即传统意义上的无线电定位。无线电定位通过在岸上控制点处安置无线电收发机（岸台），在载体上设置无线电收发、测距、控制、显示单元，测量无线电波在船台和岸台间的传播时间或相位差，利用电波的船舶速度，计算船台至岸台的距离或船台至两岸台的距离差，进而求得船位。无线电定位多采用圆-圆定位或双曲线定位方式，无线电定位系统按作用距离可分为远程、中程和近程定位系统。远程定位系统，其作用距离大于 1000km，一般为低频系统，精度较低，适合于导航，如罗兰 C；中程定位系统，其作用距离在 $300 \sim 1000km$，一般为中频系统，如 Argo 定位系统；近程定位系统，其作用距离小于 300km，一般为微波系统或超高频系统，精度较高，如三应答器（Trisponder）、猎鹰 IV 等。这些定位系统因定位精度低以及空基无线电定位系统的出现而逐渐被淘汰，我国目前已基本关闭了沿海陆基无线电定位系统台链。

空基无线电定位即卫星定位，用导航卫星发送的导航定位信号引导运动载体安全到达目的地的导航手段，为目前海洋上定位的主要手段。以 GPS 为代表的星基无线电导航系统采用伪噪声编码连续波信号体制，工作于微波波段，采用直达波传播方式，具有可实现全球、全天候、高精度、连续导航等优点。卫星定位系统由导航卫星、地面站和用户设备三大部分构成。目前世界上应用比较成熟广泛的是美国的全球定位系统（GPS）、我国的北斗双星定位系统、俄罗斯的格洛

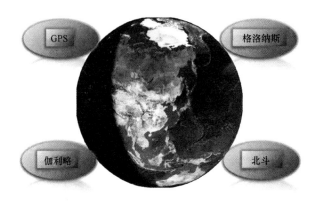

图 2-2　全球卫星导航定位系统

纳斯定位系统以及欧洲的伽利略定位系统，如图 2-2 所示。

**4. 水声定位**

上述三种定位类型解决的是水面目标定位问题，而水声定位系统解决的是水下目标的定位与导航。水声定位系统利用声呐原理，是建立在超声波传播技术基础之上的一种水下定位技术和方法，通过测距以及相位测量等手段来实现水下目标的相对定位，水声定位必须结合水面定位才能实现水下目标物绝对地理位置（大地坐标）的测量。水声定位具有可同时满足定位的高精度及远距离要求，并能弥补因无线电波在水中衰减快，而不能用于水下载体定位的缺点。水声定位系统一般由船台设备和水下设备组成，船台设备包括一台具有发射、接收和测距功能的控制、显示设备，置于船底或船后的"拖鱼"内的换能器以及水听器阵列；水下设备主要是固定于水下载体上的应答器或固设于海底并且位置已准确测定的应答器阵列。

## 2.2　导航定位基础知识

海缆路由勘察工作中乃至所有海洋调查中，首要确定的就是采用的坐标系统、投影方式以及高程和深度基准，这关系到所有调查数据位置信息的正确表达。

### 2.2.1　坐标系与投影

首先简单介绍一下地理坐标系、投影坐标系以及地图投影的概念：

**地理坐标系**为球面坐标，参考平面是椭球面，坐标表示为经纬度；

**投影坐标系**为平面坐标，参考平面是水平面，坐标单位为米、千米等；

**地图投影**是将地理坐标转换到投影坐标的过程，即将不规则的地球曲面转换为平面的工作。

### 1. 坐标系

一个完整的坐标系统是由坐标系和基准两个方面要素所构成的。坐标系指的是描述空间位置的表达形式，而基准指的是为描述空间位置而定义的一系列点线面。在大地测量中的基准一般是指为确定点在空间中的位置，而采用的地球椭球或参考椭球的几何参数和物理参数，及其在空间的定位、定向方式，以及在描述空间位置时所采用的单位长度的定义。

理解地理坐标系之前，首先要了解对不规则的抽象即地球空间模型（见图2-3）。地球是一个不规则的球形，自然表面是崎岖不平的，地理课本中对地球形状的描述：地球是一个两极稍扁，赤道略鼓的不规则球体。不难看出在地球的自然状态下，其表面并不是连续不断的，高山、悬崖的存在使得地球表面存在无数的凸起和凹陷。因此，对地球表面的第一层抽象——大地水准面，即得到了一个连续、闭合的地球表面。大地水准面的定义是：假设当海水处于完全静止的平衡状态时，从海平面延伸到所有大陆下部，而与地球重力方向处处正交的一个连续、闭合的曲面，这就是大地水准面，它是重力等位面。在大地水准面的基础上可以建立地球椭球模型。大地水准面虽然十分复杂，但从整体来看，起伏是微小的，且形状接近一个扁率极小的椭圆绕短轴旋转所形成的规则椭球体，这个椭球体称为地球椭球体。其表面是一个规则数学表面，可用数学公式表达，所以在测量和制图中用它替代地球的自然表面，地球椭球体有3个参数：长半轴、短半轴和扁率（见图2-4）。

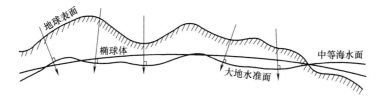

图 2-3　地球空间模型示意图

接下来介绍一些常用的参考椭球体，见表2-1。我国在1952年以前采用海福特椭球体，从1953年起采用克拉索夫斯基（Krasovsky）椭球体，我国1954年北京坐标系（BeiJing54）采用的就是该椭球。1978年我国决定采用新椭球体GRS（1975），并以此建立了我国新的、独立的大地坐标系——1980西安坐标系（Xian80）。

有了参考椭球体就可以建立地理坐标系了，但是这里存在一个问题，参考椭球体是对地球的抽象，因此其并不能与地球表面完全重合。在设置参考椭球体的时候必然会出现有的地方拟合得好（参考椭球体与地球表面位置接近），有的地方拟合得不好的问题，因此这里还需要一个大地基准面（Geodetic Datum）来控制参考椭球和地球的相对位置。

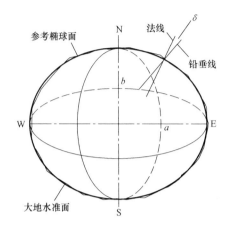

图 2-4　地球椭球表示方法

表 2-1　我国历史沿用椭球参数表

| 椭球体名称 | 年代 | 长半轴/m | 短半轴/m | 扁率 $f$ |
|---|---|---|---|---|
| 海福特<br>（美国，Hayford） | 1910 | 6378388 | 6356912 | 1/297 |
| 克拉索夫斯基<br>（苏联，Krasovsky） | 1940 | 6378245 | 6356863 | 1/298.3 |
| 1975 国际椭球<br>（1975 年国际第三个推荐值） | 1975 | 6378140 | 6356755 | 1/298.257 |
| 1980 国际椭球<br>（1979 年国际第四个推荐值） | 1979 | 6378137 | 6356752 | 1/298.257 |

大地基准面根据原点设置的不同分为以下两类：

● 地心基准面：由卫星数据得到，使用地球的质心作为原点，使用最广泛的是 WGS84。

● 区域基准面（参心基准面）：特定区域内与地球表面吻合，大地原点是参考椭球与大地水准面相切的点，例如 BeiJing54、Xian80。每个国家或地区均有各自的大地基准面。我们通常称谓的 BeiJing54、Xian80 坐标系实际上指的是我国的两个大地基准面。相对同一地理位置，不同的大地基准面，其经纬度坐标是有差异的。椭球体与大地基准面之间的关系是一对多的关系，因为基准面是在椭球体的基础上建立的，但椭球体不能代表基准面，同样的椭球体能定义不同的基准面。

地球椭球体和大地基准面确定完之后，就可以定义坐标系了。大地坐标系可分为参心大地坐标系和地心大地坐标系。

● 参心大地坐标系：指经过定位与定向后，地球椭球的中心不与地球质心重合而是接近地球质心。区域性大地坐标系是我国基本测图和常规大地测量的基础，如 BeiJing54、Xian80。

● 地心大地坐标系：指经过定位与定向后，地球椭球的中心与地球质心重合，如 CGCS2000、WGS84。

### 2. 地图投影

地球椭球体为一不可展曲面，地理坐标为球面坐标，不方便进行距离、方位、面积等参数的量算；而我们常用的地图为平面表达，符合视觉心理，并易于进行距离、方位、面积等量算和各种空间分析。

将地球椭球面上的点映射到平面上的方法，称为地图投影。从地理坐标到投影坐标是将不规则的球面展开为平面的过程，因此也是一个将曲面拉平的过程。从生活经验中可以看出这是一个无法精确处理的问题（例如，在剥橘子的时候，如果不破坏橘子皮是无法从原来的"曲面"展开为平面的），要把这样一个曲面表现到平面上，就会发生裂隙或褶皱。在投影面上，可运用经纬线的"拉伸"或"压缩"（通过数学手段）来加以避免，以便形成一幅完整的地图。但不可避免会产生变形，这便涉及了投影方法的问题。

地图投影的变形通常有长度变形、面积变形和角度变形。在实际应用中，根据使用地图的目的，限定某种变形。

地图学中将地图投影按变形性质分为

● 等角投影：角度变形为零；

● 等积投影：面积变形为零；

● 任意投影：长度、角度和面积都存在变形。

其中，各种变形相互联系相互影响：等积投影与等角投影互斥，等积投影角度变形大，等角投影面积变形大。

地图学中将地图投影按投影面类型分为

● 横圆柱投影：投影面为横圆柱；

● 圆锥投影：投影面为圆锥；

● 方位投影：投影面为平面。

地图学中将地图投影按投影面与地球位置关系分为

● 正轴投影：投影面中心轴与地轴相互重合；

● 斜轴投影：投影面中心轴与地轴斜向相交；

● 横轴投影：投影面中心轴与地轴相互垂直；

● 相切投影：投影面与椭球体相切；

● 相割投影：投影面与椭球体相割。

各种投影方式示意如图 2-5 所示。

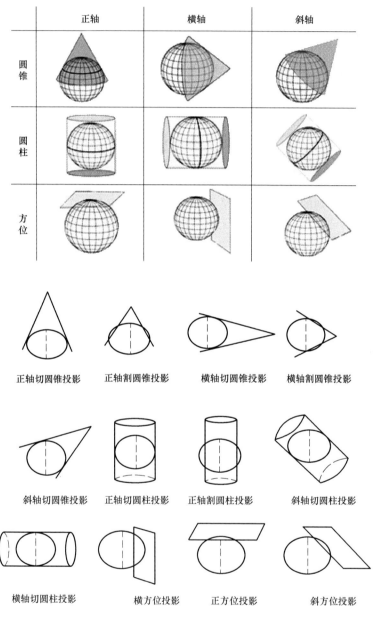

图 2-5　各种投影方式示意图

　　我国基本比例尺地形图（1：100 万、1：50 万、1：25 万、1：10 万、1：5万、1：2.5 万、1：1 万、1：5000）除 1：100 万以外均采用高斯-克吕格（Gauss-Kruger）投影［横轴等角切圆柱投影，又叫横轴墨卡托（Transverse Mercator）投影〕为地理基础。1：100万地形图采用兰伯特（Lambert）投影（正轴等角割圆锥投影），其分幅原则与国际地理学会规定的全球统一使用的国际百万分之一地图投影保持一致。海上小于50万的地形图多用墨卡托（Mercator）投影（正轴等角圆柱投影）。下面介绍几种我国海洋调查中常用的几种投影方式及其特点。

（1）高斯投影

高斯投影是目前海缆路由勘察中使用最普遍的投影方式。高斯投影是高斯-克吕格（Gauss-Kruger）投影的简称，由高斯于19世纪20年代拟定，后经克吕格于1912年对投影公式加以补充，故称为高斯-克吕格投影，是地球椭球面和平面间正形投影的一种。高斯-克吕格投影是一种等角横轴切椭圆柱投影，它是假设一个椭圆柱面与地球椭球体面横切于某一条经线上，按照等角条件将中央经线东、西各3°或1.5°经线范围内的经纬线投影到椭圆柱面上，然后将椭圆柱面展开成平面而成的，如图2-6所示。

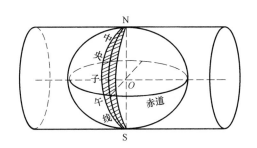
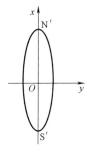

图 2-6　高斯-克吕格投影方式

这种投影将中央经线投影为直线，其长度没有变形，与球面实际长度相等，其余经线为向极点收敛的弧线，距中央经线越远，变形越大。赤道线投影后是直线，但有长度变形。除赤道外的其余纬线，投影后为凸向赤道的曲线，并以赤道为对称轴，经线和纬线投影后仍然保持正交。所有长度变形的线段，其长度变形比均大于1。随远离中央经线，面积变形也愈大，为解决这一问题，采用分带投影的方法，可使投影边缘的变形不致过大。我国各种大、中比例尺地形图采用了不同的高斯-克吕格投影带。其中大于1：1万的地形图采用3°带；1：2.5万至1：50万的地形图采用6°带，图2-7为高斯-克吕格投影的分带。

为了便于地形图的测量作业，在高斯-克吕格投影带内布置了平面直角坐标系统，具体方法是，规定中央经线为 X 轴，赤道为 Y 轴，中央经线与赤道交点为坐标原点，x 值在北半球为正，南半球为负，y 值在中央经线以东为正，中央经线以西为负。由于我国疆域均在北半球，x 值均为正值，为了避免 y 值出现负

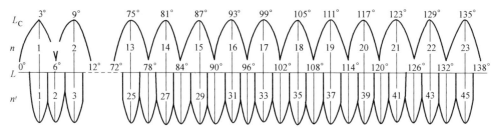

图 2-7　高斯-克吕格投影的分带

值，规定各投影带的坐标纵轴均西移 500km，中央经线上原横坐标值由 0 变为 500km，如图 2-8 所示。为了方便带间点位的区分，可以在每个点位横坐标 $y$ 值的百千米位数前加上所在带号。

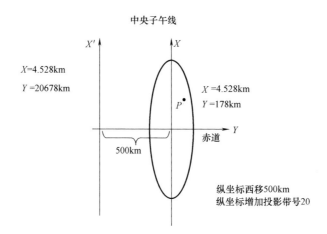

图 2-8　高斯-克吕格投影坐标系的偏移

（2）墨卡托投影

墨卡托（Mercator）投影，是正轴等角圆柱投影，由墨卡托（G. Mercator）于 1569 年创立。假想一个与地轴方向一致的圆柱切或割于地球，按等角条件，将经纬网投影到圆柱面上，将圆柱面展为平面后，即得本投影。墨卡托投影在切圆柱投影与割圆柱投影中，最早也是最常用的是切圆柱投影，又称等角圆柱投影，为地图投影方法中影响最大的，

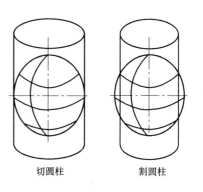

图 2-9　墨卡托投影方式示意图

其投影方式示意如图 2-9 所示。

假设地球被围在一中空的圆柱里，其基准纬线与圆柱相切（赤道）接触，然后再假想地球中心有一盏灯，把球面上的图形投影到圆柱体上，再把圆柱体展开，这就是一幅选定基准纬线上的"墨卡托投影"绘制出的地图。墨卡托投影没有角度变形，由每一点向各方向的长度比相等，它的经纬线都是平行直线，且相交成直角，经线间隔相等，纬线间隔从基准纬线处向两极逐渐增大，如图 2-10 所示。墨卡托投影的地图上长度和面积变形明显，但基准纬线处无变形，从基准纬线处向两极变形逐渐增大，但因为它具有各个方向均等扩大的特性，保持了方向和相互位置关系的正确。在地图上保持方向和角度的正确是墨卡托投影的优点，墨卡托投影地图常用作航海图和航空图，如果循着墨卡托投影图上两点间的直线航行，方向不变可以一直到达目的地，因此它对船舰在航行中定位、确定航向都具有有利条件，给航海者带来很大方便。

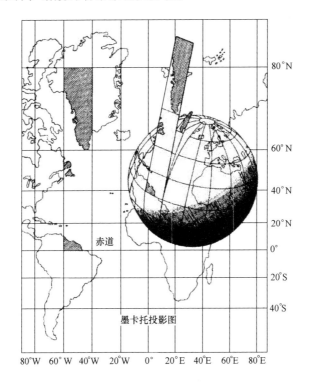

图 2-10　墨卡托投影效果示意图

我国标准《海底地形图编绘规范》（GB/T 17834—1999）中 5.1.3.1 款规定 1：25 万及更小比例尺图采用墨卡托投影，基本比例尺图（即 1：5 万，1：25 万，1：100 万）采用统一基准纬线 30°，非基本比例尺图以制图区域中纬为基准

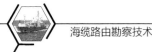

纬线，基准纬线取至整度或整分。

## 2.2.2 常用坐标系

坐标系根据其原点位置的不同可划分为参心坐标系、地心坐标系和站心坐标系，下面介绍几种测量中常用的坐标系统。

### 1. 2000 国家大地坐标系

2000 国家大地坐标系（China Geodetic Coordinate System 2000，CGCS2000）是根据《中华人民共和国测绘法》，经国务院批准，自 2008 年 7 月 1 日起启用的我国新一代三维大地坐标系，属于地心坐标系。该坐标系是通过中国 GNSS（全球导航卫星系统）连续运行基准站、空间大地控制网以及天文大地网与空间地网联合平差建立的地心大地坐标系统。坐标系的原点为包括海洋和大气的整个地球质量中心，坐标系以 ITRF 97 参考框架为基准，参考框架历元为 2000.0，该历元的指向由国际时间局给定的 1984.0 历元作为初始指向推算而来，定向的时间演化保证相对于地壳不产生残余的全球旋转。坐标系 $X$ 轴由原点指向格林尼治参考子午线与地球赤道面（历元 2000.0）的交点，$Z$ 轴由原点指向历元 2000.0 的地球参考极方向，$Y$ 轴与 $Z$ 轴、$X$ 轴构成右手正交坐标系。该坐标系的椭球体与 WGS 84 椭球体参数一致，2000 国家大地坐标系的大地测量基本常数分别为

长半轴 $a = 6378137\mathrm{m}$；

地心引力常数 $G_\mathrm{M} = 3.986004418 \times 10^{14} \mathrm{m}^3/\mathrm{s}^2$；

扁率 $f = 1/298.257222101$；

地球自转角速度 $X = 7.292115 \times 10^{-5} \mathrm{rad/s}$。

根据我国相关法规最新要求以及海洋行政主管部门的要求，海洋调查的所有测量数据强制采用 CGCS2000 坐标系。

### 2. WGS84 世界大地坐标系

WGS84 坐标系是美国国防部研制确定的大地坐标系，是一种协议地球坐标系，属于地心坐标系。WGS84 坐标系的定义是：原点是地球的质心，空间直角坐标系的 $Z$ 轴指向 BIH（1984.0）定义的地极（CTP）方向，即国际协议原点 CIO，它由 IAU 和 IUGG 共同推荐。$X$ 轴指向 BIH 定义的零度子午面和 CTP 赤道的交点，$Y$ 轴和 $Z$ 轴、$X$ 轴构成右手坐标系。WGS84 椭球采用国际大地测量与地球物理联合会第 17 届大会测量常数推荐值，采用的两个常用基本几何参数：长半轴 $a = 6378137\mathrm{m}$；扁率 $f = 1/298.257223563$。WGS84 不是一个严密的坐标系统，它缺少历元的约束，WGS84 坐标应该是指某个历元的坐标。

WGS84 坐标系是卫星导航定位系统（GPS）采用的地理坐标系，也是海洋测量中最常用的坐标系，GPS 类设备接收的数据最原始的坐标系。

### 3. 1954 年北京坐标系

1954 年北京坐标系是将我国大地控制网与苏联 1942 年普尔科沃大地坐标系相连接后建立的我国过渡性大地坐标系，属于参心大地坐标系，采用了苏联的克拉索夫斯基椭球体。其长半轴 $a = 6378245$，扁率 $f = 1/298.3$。1954 年北京坐标系虽然是苏联 1942 年坐标系的延伸，但也还不能说它们完全相同。我国早期地形图测量采用的主要坐标系，也是国家大地坐标系。

### 4. 1980 西安坐标系

1978 年，我国决定建立新的国家大地坐标系统，并且在新的大地坐标系统中进行全国天文大地网的整体平差，这个坐标系统定名为 1980 西安坐标系。属参心大地坐标系。1980 西安坐标系采用 1975 国际椭球，以 JYD 1968.0 系统为椭球定向基准，大地原点设在陕西省泾阳县永乐镇，采用多点定位所建立的大地坐标系。其椭球参数采用 1975 年国际大地测量与地球物理联合会推荐值，它们为：长半轴 $a = 6378140\text{m}$，扁率 $f = 1/298.257$。1980 西安坐标系是在 1954 年之后我国主要使用的大地坐标系，同为国家大地坐标系。

### 5. 地方独立坐标系

在我国许多城市测量与工程测量中，若直接采用国家坐标系下的高斯平面直角坐标，则可能会由于远离中央子午线，或由于测区平均高程较大，而导致长度投影变形较大，难以满足工程上或实用上的精度要求。另一方面，对于一些特殊的测量，如大桥施工测量、水利水坝测量、滑坡变形监测等，采用国家坐标系在实用中也会很不方便。因此，基于限制变形，以及方便实用、科学的目的，在许多城市和工程测量中，常常会建立适合本地区的地方独立坐标系。建立地方独立坐标系，实际上就是通过一些元素的确定来决定地方参考椭球与投影面。地方参考椭球一般选择与当地平均高程相对应的参考椭球，该椭球的中心，轴向和扁率与国家参考椭球相同。其椭球半径 $a_1$ 增大为：$a_1 = a + \Delta a_1$，$\Delta a_1 = H_\text{m} + \zeta_0$，其中 $H_\text{m}$ 为当地平均海拔高程，$\zeta_0$ 为该地区的平均高程异常。而地方投影面的确定中，选取过测区中心的经线或某个起算点的经线作为独立中央子午线。以某个特定方便使用的点和方位为地方独立坐标系的起算原点和方位，并选取当地平均高程面 $H_\text{m}$ 为投影面。

此类坐标系在海缆路由勘察中使用较少。

## 2.2.3 坐标系转换

BeiJing54、Xian80 相对 WGS84 的转换参数至今也没有公开，实际工作中可利用工作区内已知的 3 个以上 BeiJing54 或 Xian80 坐标控制点进行与 WGS84 坐标值的转换。GPS 的测量结果与我国的 54 系或 80 系坐标相差几十米至一百多米，随区域不同，差别也不同，经粗略统计，我国西部相差 70m 左右，东北部

140m 左右，南部 75m 左右，中部 45m 左右。

当前，在海缆路由勘察中涉及最多的坐标系转换是 WGS84 坐标系向 CGCS2000 坐标系进行转换，勘察过程中由 GNSS 类设备接收的数据基于 WGS84 坐标系（当前历元），而勘察成果要求使用的是 CGCS2000 坐标系。CGCS2000 所采用的参考椭球赤道半径、地球自转速度 $a$、地心引力常数 $G_M$ 均与 WGS84 一致，椭球扁率存在的微小差异，仅在赤道上导致 1mm 误差，可以认为 GCGC2000 坐标和 WGS84 坐标是一致的，其主要差别是历元和参考框架的不一致，而这里又以历元导致的差别明显，由当前历元转换至 2000.0 历元。因此，当前 WGS84 坐标与 CGCS2000 在历元引起坐标上的差别不能忽略，差别在分米（dm）级，据实测，在广东省境内，两坐标系相差 2dm 左右。在大比例尺调查中需考虑坐标之间的差异，而在小比例尺的调查中，如深水的路由勘察工作中，由于缺乏坐标转换的条件，可以认为 WGS84 与 CGCS2000 坐标系一致。

## 2.3  水面导航定位

GNSS 的全称是全球卫星导航系统（Global Navigation Satellite System），它是泛指所有的卫星导航系统，包括全球的、区域的和增强的。如美国的 GPS（运行高度 20200km，24 颗）、俄罗斯的 GLONASS（运行高度 19100km，24 颗）、欧洲的 Galileo（运行高度 23222km，27 颗）、中国的北斗（运行高度 21500km，35 颗），以及相关的增强系统，如美国的 WAAS（广域增强系统）、欧洲的 EGNOS（欧洲静地导航重叠系统）和日本的 MSAS（多功能运输卫星增强系统）等，还涵盖在建和以后要建设的其他卫星导航系统。

下面主要介绍几种国际主流的 GNSS。

### 2.3.1  全球定位系统（GPS）

GPS 是英文 Global Positioning System（全球定位系统）的简称，其前身是美国军方研制的一种子午仪卫星定位系统（TRANSIT）。GPS 是由美国国防部研制建立的一种具有全方位、全天候、全时段、高精度的卫星导航系统，以全球 24 颗定位人造卫星为基础，能为全球用户提供低成本、高精度的三维位置、速度和精确定时等导航信息，是卫星通信技术在导航领域的应用典范，它极大地提高了地球社会的信息化水平，有力地推动了数字经济的发展。GPS 导航定位系统由三部分构成：一是地面控制部分，由主控站、地面天线、监测站及通信辅助系统组成。二是空间部分，由 24 颗卫星组成（21 颗工作卫星，3 颗备用卫星），分布在 6 个轨道平面，轨道倾角为 55°。卫星的分布使得在全球任何地方、任何时间都可观测到 4 颗以上的卫星。三是用户装置部分，由 GPS 接收机和卫星天线组成。民用的定位精度可达 10m 内。GPS 是全球第一个卫星导航定位系统，也是近些年海洋调查使用的最主要的定位系统。表 2-2 给出了子午卫星星座及 GPS 卫星星座的基本参数。

表 2-2 子午卫星星座及 GPS 卫星星座的基本参数

| 内 容 | 星座名称 | |
|---|---|---|
| | TRANSIT | GPS |
| 卫星数量 | 6 | 24 |
| 轨道数量 | 6 | 6 |
| 在轨高度/km | 1100 | 20200 |
| 载波频率/MHz | 400150 | 15751227 |
| 运行周期/min | 107 | 720 |

## 2.3.2 北斗卫星导航系统（BDS）

北斗卫星导航系统［BeiDou（COMPASS）Navigation Satellite System，缩写 BDS］是中国正在实施的自主发展、独立运行的全球卫星导航系统。系统建设目标是建成独立自主、开放兼容、技术先进、稳定可靠、覆盖全球的北斗卫星导航系统，促进卫星导航产业链形成，形成完善的国家卫星导航应用产业支撑、推广和保障体系，推动卫星导航在国民经济社会各行业的广泛应用。

北斗卫星导航系统由空间段、地面段和用户段三部分组成，空间段包括 5 颗静止轨道卫星和 30 颗非静止轨道卫星，地面段包括主控站、注入站和监测站等若干个地面站，用户段包括北斗用户终端以及与其他卫星导航系统兼容的终端。

### 1. 发展历程

卫星导航系统是重要的空间信息基础设施。中国高度重视卫星导航系统的建设，一直在努力探索和发展拥有自主知识产权的卫星导航系统。2000 年，首先建成北斗导航试验系统，使我国成为继美、俄之后的世界上第三个拥有自主卫星导航系统的国家。该系统已成功应用于测绘、电信、水利、渔业、交通运输、森林防火、减灾救灾和公共安全等诸多领域，产生显著的经济效益和社会效益。特别是在 2008 年北京奥运会、汶川抗震救灾中发挥了重要作用。为更好地服务于国家建设与发展，满足全球应用需求，我国启动实施了北斗卫星导航系统建设。

### 2. 建设原则

北斗卫星导航系统的建设与发展，以应用推广和产业发展为根本目标，不仅要建成系统，更要用好系统，强调质量、安全、应用、效益，遵循以下建设原则：

1）开放性。北斗卫星导航系统的建设、发展和应用将对全世界开放，为全球用户提供高质量的免费服务，积极与世界各国开展广泛而深入的交流与合作，促进各卫星导航系统间的兼容与互操作，推动卫星导航技术与产业的发展。

2）自主性。中国将自主建设和运行北斗卫星导航系统，北斗卫星导航系统可独立为全球用户提供服务。

3）兼容性。在全球卫星导航系统国际委员会（ICG）和国际电信联盟（ITU）框架下，使北斗卫星导航系统与世界各卫星导航系统实现兼容与互操作，使所有用户都能享受到卫星导航发展的成果。

4）渐进性。中国将积极稳妥地推进北斗卫星导航系统的建设与发展，不断完善服务质量，并实现各阶段的无缝衔接。

3. 发展计划

目前，我国正在实施北斗卫星导航系统建设。根据系统建设总体规划，2012年左右，系统初步具备覆盖亚太地区的定位、导航和授时以及短报文通信服务能力；2020年左右，将建成覆盖全球的北斗卫星导航系统。

4. 服务

北斗卫星导航系统致力于向全球用户提供高质量的定位、导航和授时服务，包括开放服务和授权服务两种方式。开放服务是向全球免费提供定位、测速和授时服务，定位精度10m，测速精度0.2m/s，授时精度50ns。授权服务是为有高精度、高可靠卫星导航需求的用户提供定位、测速、授时和通信服务以及系统完好性信息。

### 2.3.3 GLONASS 卫星导航系统

GLONASS（格洛纳斯），是俄语"全球卫星导航系统（Global Navigation Satellite System）"的缩写。该系统是苏联紧跟美国GPS空间计划平行发展、研制、组建的第二代卫星导航定位系统，后由俄罗斯负责管理和维持。该系统于2007年开始运营，当时只开放俄罗斯境内卫星定位及导航服务，截至2009年，其服务范围已经拓展到全球。该系统主要服务内容包括确定陆地、海上及空中目标的坐标及运动速度信息等。

GLONASS星座共由30颗卫星组成，其中27颗工作星、3颗备份星。27颗星均匀地分布在3个近圆形的轨道平面上，这三个轨道平面两两相隔120°，每个轨道面有8颗卫星，同平面内的卫星之间相隔45°，轨道高度2.36万km，每颗卫星需要11h 15min完成一个轨道周期，轨道倾角64.8°。

目前，GLONASS 系统存在较多问题，一是卫星工作不稳定，工作寿命短，在轨正常运行卫星只有 12 颗；二是 GLONASS 用户设备发展缓慢，生产厂家少，设备体积大而笨重；三是由于 GLONASS 采用的是 FDMA，所以用户接收机中频率综合器复杂。在 GNSS 用户接收机市场上，目前较少有专门针对 GLONASS 开发的设备，主要集成在多星设备上。

### 2.3.4　Galileo 卫星导航系统

伽利略卫星导航系统（Galileo Satellite Navigation System），是由欧盟研制和建立的全球卫星导航定位系统，该计划于 1999 年 2 月由欧洲委员会公布，欧洲委员会和欧空局共同负责。系统由轨道高度为 23616km 的 30 颗卫星组成，其中 27 颗工作星，3 颗备份星。位于 3 个倾角为 56°的轨道平面内。

伽利略首批两颗卫星于 2011 年发射成功，2014 年 8 月，伽利略全球卫星导航系统第二批一颗卫星成功发射升空，目前太空中已有的 6 颗正式的伽利略系统卫星，可以组成网络，初步发挥地面精确定位的功能。

### 2.3.5　差分增强系统

#### 1. 沿海无线电指向标（RBN-DGPS）

沿海无线电指向标差分全球定位系统（RBN-DGPS）是中国海事局在我国"九五"期间建成的当时新型、高精度、全天候的海上导航定位系统，也是我国目前沿海作业在用的一套差分改正系统，有效提高了我国沿海地区海上生产作业的导航定位精度。

1995~2000 年，中国海事局组织天津海事局等 15 个所属单位，在我国的渤海、黄海、东海和南海四大海域，建立了由 20 个航海无线电指向标（RBN）播发台构成的"中国沿海 RBN-DGPS 系统"，各台站信息见表 2-3；该系统中的每一个 RBN 播发台处，均设置了 GPS 基准站，测定各颗在视 GPS 卫星的伪距差分改正数，并将该 DGPS 数据传送到 RBN 播发台；以最小频移控（MSK）调制到无线电信标载波频率（283.5~325.0kHz）上，而发向各个 GPS 动态用户，该用户只需持有一台能够同时接受 DGPS 数据的 GPS 信号接收机，便可实现 DGPS 测量，而获得不低于 ±5m 的在航定位精度（见表 2-4）；从表 2-4 可见，用户定位精度随着 DGPS 距离的增长而降低。图 2-11 标识各个 RBN 播发台的 DGPS 播发信号覆盖（最远可达 300km）和台站分布。该系统于 2002 年 1 月 1 日零时起全面开通，正式向公共用户无偿提供服务，而广泛应用于海域定位、航道测量、航道疏浚、船舶进出港及狭窄水道导航定位、海上交通安全管理、航标定位、海上石油勘探、海洋资源调查、海上救助打捞、海洋渔业及其他海上作业。

表 2-3　中国沿海信标 RBN-DGPS 台站信息表

| 序号 | 辖区 | 台站名 | 台站位置 | | 频率/kHz | 所属地区 | 建成年份 |
|---|---|---|---|---|---|---|---|
| | | | 北纬 | 东经 | | | |
| 1 | 北方海区 | 大三山 | 38°51.8′ | 121°49.5′ | 301.5 | 大连 | 1997 |
| 2 | | 老铁山 | 38°44′ | 121°08′ | 307.5 | 大连 | 2002 |
| 3 | | 秦皇岛 | 39°55′ | 119°37′ | 287.5 | 秦皇岛 | 1997 |
| 4 | | 北塘 | 39°06′ | 117°43′ | 310.5 | 天津 | 1997 |
| 5 | | 成山角 | 37°24′ | 122°41′ | 317 | 烟台 | 2002 |
| 6 | | 王家麦 | 36°04′ | 120°26′ | 313.5 | 青岛 | 1997 |
| 7 | 东海海区 | 燕尾港 | 34°29′ | 119°47′ | 291 | 连云港 | 1999 |
| 8 | | 蒿枝港 | 32°01′ | 121°43′ | 304 | 连去港 | 2002 |
| 9 | | 大戢山 | 30°49′ | 122°10′ | 307 | 上海 | 1997 |
| 10 | | 定海 | 30°01′ | 122°04′ | 310 | 宁波 | 2002 |
| 11 | | 石塘 | 28°15.7′ | 121°36.8′ | 295 | 温州 | 1999 |
| 12 | | 天达山 | 25°28′ | 119°42′ | 313 | 福州 | 2002 |
| 13 | | 镇海角 | 24°16.15′ | 118°7.9′ | 320 | 厦门 | 1999 |
| 14 | 南海海区 | 鹿屿 | 23°20′ | 116°45′ | 317 | 汕头 | 1999 |
| 15 | | 三灶 | 22°00′ | 113°24′ | 291 | 珠海 | 1999 |
| 16 | | 硇洲岛 | 20°54′ | 110°36′ | 301 | 湛江 | 1999 |
| 17 | | 防城 | 21°35′ | 108°19′ | 287 | 广西 | 2002 |
| 18 | 海南海事局 | 抱虎角 | 20°00′ | 110°55′ | 310.5 | 海南 | 1999 |
| 19 | | 三亚 | 18°17′ | 109°21′ | 295 | 海南 | 1999 |
| 20 | | 洋浦 | 19°43′ | 109°12′ | 313 | 陵水 | 2002 |

注：各台站信息及技术参数均以中华人民共和国海事局正式公布为准。

表 2-4　RBN-DGPS 系统的用户定位精度及其置信度

| 距台站距离 | 用户定位精度 | | | | | |
|---|---|---|---|---|---|---|
| | ≤1m | ≤2m | ≤3m | ≤4m | ≤5m | >5m |
| | 精度置信度 | | | | | |
| ≤100km | 35.42 | 79.17 | 90.62 | 95.83 | 100 | 0.00 |
| 100~200km | 13.59 | 55.34 | 75.73 | 89.32 | 95.15 | 4.85 |
| 200~300km | 00.00 | 41.18 | 76.47 | 94.12 | 94.12 | 5.88 |
| 300km 覆盖范围内 | 19.20 | 61.60 | 81.60 | 92.80 | 96.80 | 3.20 |

　　这些信标站 24h 发送 RTCM 差分校正信息，而且免费供使用，其基本覆盖范围在海上是 300km。信标差分 RBN-DGPS 技术原理如图 2-12 所示。

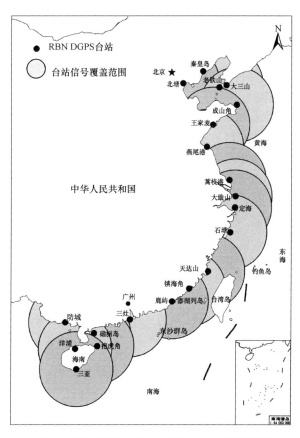

图 2-11 中国沿海 RBN-DGPS 系统的 DGPS 播发信号覆盖和台站分布图

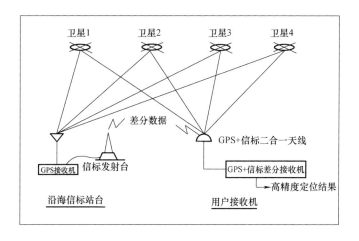

图 2-12 信标差分 RBN-DGPS 技术原理图

## 2. 广域差分增强系统（SBAS）

SBAS（Satellite-Based Augmentation System），即星基增强系统的缩写，通过地球静止轨道（GEO）卫星搭载卫星导航增强信号转发器，可以向用户播发星历误差、卫星钟差、电离层延迟等多种修正信息，实现对于原有卫星导航系统定位精度的改进，从而成为各航天大国竞相发展的手段。

SBAS 主要由四部分组成，分别为地面参考基站、主控站、上传站和地球同步卫星等，其原理如图 2-13 所示。目前全球已经建立起多个 SBAS，欧空局接收卫星导航系统 EGNOS（European Geostationary Navigation Overlay Service），覆盖欧洲大陆；美国的 DGPS（Differential GPS），美国雷声公司的广域增强系统（Wide Area Augmentation System，WAAS），覆盖美洲大陆；日本的多功能卫星增强系统（Multi-functional Satellite Augmentation Syste，MSAS），覆盖亚洲大陆；印度的 GPS 辅助型静地轨道增强导航（GPS Aided Geo Augmented Navigation，GAGAN），各差分系统覆盖范围分布如图 2-14 所示，四者具有完全兼容的互操作性。

SBAS 系统的主要特点如下：

1）通过 GEO 卫星发布包括 GPS 卫星星历误差改正、卫星钟差改正和电离层改正信息；

2）通过 GEO 卫星发播 GPS 和 GEO 卫星完整的数据；

3）GEO 卫星的导航载荷发射 GPS L1 测距信号。

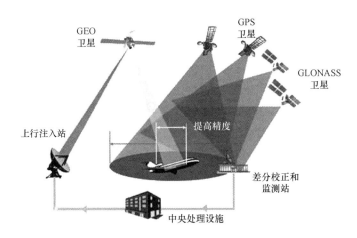

图 2-13　广域差分增强系统原理图

## 3. 星站差分系统

星站差分系统是一个全球性的网络，为用户提供差分改正值，由于差分值通过国际海事卫星组织（INMARSAT）同步卫星传播，所以用户不需要建立本地基

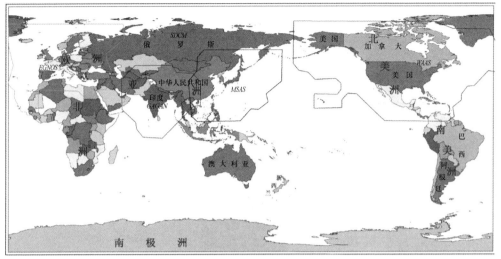

图 2-14　广域差分增强系统全球分布图

准站，即可在全球范围内获得较高精度的定位数据。

星站差分系统是一个全球性的网络，主要由五个部分组成：

1）参考站。安装有双频 GPS 接收机，实时接收 GPS 卫星信号；

2）数据处理中心。根据参考站坐标和 GPS 观测值，计算 GPS 卫星的星历修正量、时钟修正量和电离层延迟参数；

3）注入站。接收各数据处理中心发送来的数据并传输给地球同步卫星；

4）地球同步卫星。接收注入站发送来的卫星差分信号并发送给全球用户；

5）用户站。用户站的 GPS 接收机实际上同时有两个接收部分，一个是 GPS 接收机，一个是 L 波段的通信接收器，GPS 接收机跟踪所有可见的卫星，然后获得 GPS 卫星的测量值，同时 L 波段的接收器通过 L 波段的卫星接收改正数据。

星站差分系统通过利用 GPS 卫星、L 波段通信卫星和一个全球范围的参考站网络来实现高精度定位，其原理如图 2-15 所示。地面参考站网络由高性能的双频 GPS 接收机构成，不断地接收 GPS 卫星信号，并将数据传输到数据处理中心，演算出唯一一组 GPS 差分改正值，网络内的双频接收机利用这一组改正数据在网络内部进行折射改正计算，这种差分改正值利用冗余、独立的数据通信链分别传输到各个卫星注入站，再由各注入站传输到对应的地球同步卫星。这些卫星将差分改正信号发送给全球用户。装备了能够同时兼容 GPS 卫星和 L 波段的 INMARSAT 卫星信号的双频接收机的用户，可在全球范围内获得高精度实时定位数据。

目前，市场上已经得到广泛应用的星站差分系统主要有三家：美国的

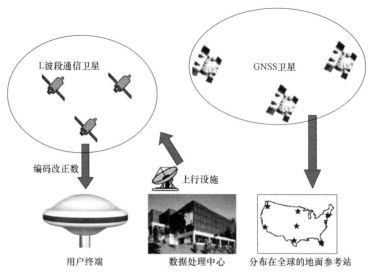

图 2-15　星站差分原理图

StarFire 系统、荷兰的 OmniSTAR 系统、挪威的 Veripos 系统，可实现分米级甚至厘米级实时定位，但需要专门的 GNSS 接收机和用户缴纳相关费用方能使用。

（1）StarFire 系统

StarFire 系统是美国 NAVCOM 公司在 1999 年建立的在全球范围内提供 GPS 差分信号发布服务广域差分系统，它提供了极高的可靠性和分米级的定位精度，具备很高的联机可靠性。StarFireTM DGPS 包括 10 通道（双频 GPS 信号接收），另外两个独立的通道，一个用于接收 SBAS 信号，另外一个用于接收 L 波段差分改正信号。设备通过两个 115kbps 数据传输口，原始数据的输出可达 50Hz，PVT 数据输出可达 25Hz。改正信号通过 INMARSAT 卫星进行广播，无需建立测区的基准站或进行后处理。

StarFire 系统自从 1999 年 4 月开始运行以来，基本上覆盖了全世界。在北纬 76°到南纬 76°的任何地球表面，都能提供同样的精度。目前 NAVCOM 提供 SF3050 系列和 SF3040 系列星站差分接收机，其中 SF3040 系列集成了天线和接收机，方便安置。StarFire 采用四颗高频通信卫星进行通信，在国内没有基准站。

（2）OmniSTAR 系统

OmniSTAR 系统原属 Fugro 公司运营，于 2011 年 3 月出售给 Trimble 公司，是一套可以覆盖全球的高精度 GPS 增强系统。在通过卫星提供增强的 GPS 数据方面，OmniSTAR 为世界市场的领先者，该系统通过分布在世界各地的 70 个地面参考站来测定 GPS 系统的误差，由分别位于美国、欧洲和澳大利亚的三个控制中心站对各参考站的数据进行分析和处理，并将经分析确认后的差分改正数据通过同步卫星广播给用户，实现高精度的实时定位。OmniSTAR 提供测量、定位、环境，以及包括陆地和近海的卫星服务。OmniSTAR 提供了空前的实时 DGPS 定位服务，它能够改善 GPS 接收机的精度，将其提高约 100 倍。OmniSTAR 在国内有一个基准站。

OmniSTAR 系统比市场上其他竞争的部分系统能提供更大地理覆盖。目前，在 OmniSTAR 信号覆盖范围内，可最高实现单机 10cm（CEP）的实时定位精度。

OmniSTAR 系统的应用横跨了众多工业，包括农业（精密耕作）、采矿业和大地测量等。OmniSTAR 系统提供三种 GPS 差分等级的服务：VBS、HP 和 XP。OmniSTAR VBS 是一个亚米级的服务。一个典型的 24h 的 VBS 采样显示的 $2\sigma$（95%）置信度下的水平位置偏差小于 1m，而 $3\sigma$（99%）的位置偏差接近于 1m。

新的 OmniSTAR HP 服务在 $2\sigma$（95%）的置信度下的水平位置偏差小于 10cm，$3\sigma$（99%）的水平位置偏差小于 15cm。其在农业机械引导和许多的测量任务方面，有着独特的应用。它操作实时，不需要当地基准站或遥感链路。在利用向前发展的精密定位方面，OmniSTAR HP 比较超前。

新的 OmniSTAR XP 服务提供短期几英寸和长期重复性优于 20cm（95% CEP）的精度，它特别适合农业自动化操纵系统，其精度比 HP 稍低，在全世界范围内可用；在测量方面，与地域性差分系统（如 WAAS）相比，精度有所提高。用户在购买具有 OmniSTAR 功能的 GPS 接收机后，可向 OmniSTAR 的服务商缴纳服务费用，申请开通服务。目前在中国可支持 VBS 和 XP 两种服务。

（3）Veripos 系统

Veripos 系统由 Subsea7 公司建立，在全球建立了超过 80 个参考站，并在英国 Aberdeen 和新加坡拥有两个控制中心。控制中心监控 Veripos 通信系统的整体性能，也能为用户提供有关系统性能的实时信息，同时具有开启和关闭 Veripos 增强系统的权限。所提供的定位服务有以下几类：Veripos Apex，Veripos Ultra，Veripos Standard Plus，Veripos Standard，Veripos Glonass。Veripos 在 76°N 到 76°S 之间可以获得 10cm（95%）的水平精度。

Veripos Apex 是最新的全球高精度 GNSS 定位服务，能满足海上定位导航应用。Apex 使用 PPP（Precise Point Positioning，绝对定位）技术，对所有 GNSS 误差源建模和校正，如 GPS 卫星轨道误差、钟差、电离层、对流层误差、多路径效应等，Apex 能提供分米级精度。Veripos 运营独有的轨道时钟确定系统，能通过独有算法实时校正所有在轨 GPS 卫星。

Apex 通过 6 颗高功率海事卫星（INMARSAT 25E, 98W, 109E, AORE, AORW, IOR）和 1 颗低功率卫星 INMARSAT POR 发布信息。Veripos 采用 7 颗海

事卫星进行信号广播，其中 4 颗高频的、3 颗低频的。3 颗低频的，为用户提供另一个高精度的数据备份。Veripos 在上海、深圳、塘沽等地建有基准站。通常水平精度为 10cm（95%）；通常垂直精度为 20cm（95%）。

### 4. 陆基差分系统

陆基差分系统目前主要包括基站式 RTK 和网络 RTK 两种，网络 RTK 又称为连续运行参考站（CORS 系统）。基站式 RTK 定位精度高，作用范围小，一般在 30km 范围左右，随着距离基站的距离远，定位精度有所下降；网络 RTK 是由一系列 GNSS 连续运行参考站组网而成的系统，作用范围广，定位精度高，定位误差均匀，不随距离而变化。目前网络差分信号主要通过手机移动网络进行传输，在移动网络信号不好的区域，定位精度会受到一定的影响。基站式 RTK 和网络 RTK 均可实现厘米级平面和垂直定位精度。

RTK 是海缆路由勘察中登陆段测量的主要手段，可以用来导航定位，可以进行地形地貌的测量。在大陆近岸，一般可以直接使用网络 RTK 进行测量；在远离大陆的海岛登陆点，可以使用基站式 RTK 进行作业。

（1）基站式 RTK

载波相位差分技术（Real-Time Kinematic），是实时处理两个测量站载波相位观测量的差分方法，将基准站采集的载波相位发给用户接收机，

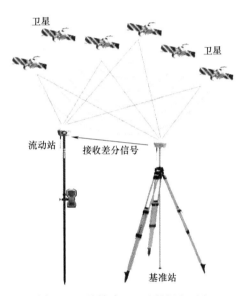

图 2-16 基站式 RTK 测量原理图

进行求差解算坐标。这是一种新的常用的 GNSS 测量方法。其测量原理如图 2-16 所示。

主要硬件构成为基站加移动台—加一方式，有主机、基座、差分天线、延长杆、三脚架、手簿、对中杆等。

RTK 的工作原理是将一台接收机置于基准站上，另一台或几台接收机置于载体（称为流动站）上，基准站和流动站同时接收同一时间、同一 GNSS 卫星发射的信号，基准站所获得的观测值与已知位置信息进行比较，得到 GNSS 差分改正值。然后将这个改正值通过数据传输传递给共视卫星的流动站，精化其 GNSS 观测值，从而得到经差分改正后流动站较准确的实时位置。

RTK 具有如下技术优点：

1）作业效率高；

2）定位精度高，数据安全可靠，没有误差积累；

3）降低了作业条件要求，全天候作业；

4）RTK 作业自动化、集成化程度高，测绘功能强大；

5）操作简便，容易使用，数据处理能力强。

（2）连续运行参考站

利用多基站网络 RTK 技术建立的连续运行（卫星定位服务）参考站为 CORS（Continuously Operating Reference Stations）系统，可定义为一个或若干个固定的、连续运行的 GNSS 参考站点，利用现代计算机、数据通信技术和互联网技术组成的网络，是多种高新科技多方位、深度结晶的产物。CORS 系统由基准站网、数据处理中心、数据传输系统、定位导航数据播发系统、用户应用系统五部分组成，各基准站与监控分析中心间通过数据传输系统连接成一体，形成专用网络（见图 2-17）。系统可全自动、全天候、实时地向不同类型、不同需求、不同层次的用户自动地提供高精度空间和时间信息，主要包括经过检验的不同类型的 GNSS 观测值（载波相位、伪距等）、各种改正数、状态信息以及其他有关 GNSS 服务。

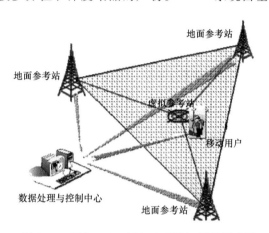

图 2-17　网络 RTK（CORS 系统）测量原理图

CORS 系统作为一个动态、连续的定位框架基准，同时也是快速、高精度获取空间数据和地理特征的重要的城市基础设施，其彻底改变了传统 RTK 测量作业方式。与传统的基站式 RTK 作业相比，连续运行参考站具有全自动、全天候、作用范围广、精度高、野外单机作业等众多优点。采用 CORS 系统测量作业，用户无需架设基站就可以随时观测，提高了工作效率，扩大了有效工作范围；CORS 系统拥有完善的数据监控系统，可以有效地消除系统误差和周跳，增强差分作业的可靠性。

目前，我国维持 CGCS2000 的基准站为 29 个，相邻站平均距离约 700km。

深圳市建立了我国第一个连续运行参考站系统（SZCORS），现多个省市均已建立类似的 CORS 系统，并已开始全面测量应用。在海底管线路由勘察中，登陆点测量经常使用到 CORS 系统进行登陆点的地形地貌测量和登陆点的确定等工

作，同时，为了提高定位精度，也可为近岸水深测量提供高精度的导航定位信息。

# 2.4 水下导航定位

传统 GNSS 系统只能实现船只及固定安装在船只上仪器设备的导航定位，在海底电缆路由勘察中最常涉及水下拖体的作业及水下作业，如浅地层剖面仪、侧扫声呐、磁力仪等水下拖鱼设备以及 ROV、AUV、潜水员等水下作业载体，为保证拖鱼姿态以获取高质量的调查数据以及减少船只对声呐设备的信号干扰，拖鱼往往需要释放一定长度的电缆拖曳在调查船尾，如何获取这些水下设备或载体的精确位置，实现其水下的导航定位，就需要用到水下导航定位技术。目前世界上主流的水下导航定位技术有水下声学定位和惯性导航定位，惯性导航定位主要用于军事水下运载器的导航定位，本书主要介绍海底电缆路由勘察中最常使用到的水下声学导航定位系统。

水下声学导航定位系统主要有三种形式：超短基线（Ultra Short Baseline，USBL）定位系统、短基线（Short Baseline，SBL）定位系统、长基线（Long Baseline，LBL）定位系统，以上三种形式是根据基线长度进行的分类。

**1. 水下声学导航定位系统的组成**

水下声学导航定位系统一般由水听器阵、应答器和水下信标组成。水听器是用来在水中接收声学信号的装置；应答器是发射和接收声信号的装置；水下信标是接收应答器发出的声信号并给予回应的装置；基线长度指的是水听器阵之间的距离。

**2. 水下声学导航定位系统及特点**

（1）超短基线系统

超短基线定位系统的所有声学单元（3 个以上）（见图 2-18），集中安装在一个换能器中，组成声基阵，基线长度小到几厘米。声单元之间的相互位置在出厂时精确测定，组成声基阵坐标系，声基阵坐标系与船的坐标系之间的关系要在安装时精确测定，包括位置（$X$、$Y$、$Z$ 偏差）和姿态（声基阵的安装偏差角度：横摇、纵摇和水平旋转）。系统通过测定声单元的相位差来确定换能器到目标的方位（垂直和水平角度）；换能器与目标的距离通过测定声波传播的时间，再用声速剖面修正波束线确定距离。以上参数的测定中，垂直角和距离的测定受声速的影响特别大，其中垂直角的测量尤为重要，直接影响定位精度，所以多数超短基线定位系统建议在应答器中安装深度传感器，借以提高垂直角的测量精度。超短基线定位系统要测量目标的绝对位置（地理坐标），必须知道声基阵的位置、姿态以及船艏向，这可以由 GPS、运动传感器和电罗经提供。系统的工作方式是距离和角度测量（Range/Angle）。

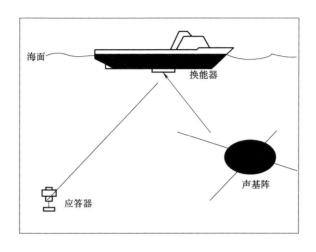

图 2-18　超短基线定位系统示意图

（2）短基线系统

短基线定位系统由 3 个以上换能器组成（见图 2-19），基线长度为 1 ~ 50m，也指基线长度远小于海水深度的系统。短基线系统要求被定位的船只或水下载体上至少有三个换能器，换能器的阵形为三角形或四边形，水听器布置于母船底部，组成声学基阵。换能器之间的相互关系精确测定，组成声学基阵坐标系，基阵坐标系与船坐标系的相互关系由常规测量方法确定。短基线系

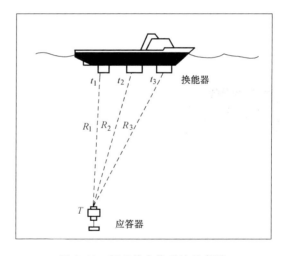

图 2-19　短基线定位系统示意图

统的测量方式是由一个换能器发射，所有换能器接收来自信标（或应答器）发出的信号，得到一个斜距观测值和不同于这个观测值的多个斜距值，系统根据基阵相对船坐标系的固定关系，配以外部传感器观测值，如卫星导航定位系统、MRU、Gyro 提供的船的位置、姿态、船艏向值，计算得到目标的大地坐标。系统的工作方式是距离测量（Range/Range）。

（3）长基线系统

长基线系统包含两部分，一部分是安装在船只或水下载体上的换能器，另一个部分是应答器布置于海底，一般情况下海底基阵由三个以上的应答器组成（见图 2-20）。应答器之间的距离构成基线，基线长度按所要求的工作区域及应答作用距离确定，长基线系统的基线长度为 $100\sim6000m$，也指基线长度可与海深相比拟的系统，相对超短基线、短基线，称之为长基线系统。应答器的相对阵型必须经过认真的反复测量，需要几小时甚至几天的时间。长基线系统利用海底应答器阵来确定载体的位置，定出的位置坐标是相对于海底应答器阵的相对坐标，因此必须知道海底应答器阵的绝对地理位置才能确定载体在大地坐标系中的绝对位置。

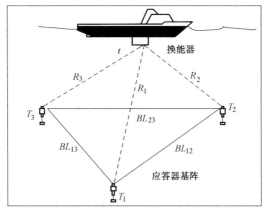

$t$—换能器　$R_1$、$R_3$、$R_3$—测量距离　$T_1$、$T_2$、$T_3$—声波应答器　$BL_{12}$、$BL_{13}$、$BL_{23}$—基线

图 2-20　长基线定位系统示意图

长基线系统是通过测量换能器和应答器之间的距离，采用测量中的前方或后方交会对目标定位，所以系统与深度无关，也不必安装姿态、电罗经设备，即长基线定位是基于距离测量。从原理上讲，系统导航定位只需要 2 个海底应答器就可以，但是产生了目标的偏离模糊问题，另外不能测量目标的水深，所以至少需要 3 个海底应答器才能得到目标的三维坐标。实际应用中，需要接收 4 个以上海底应答器的信号，产生多余观测，提高测量

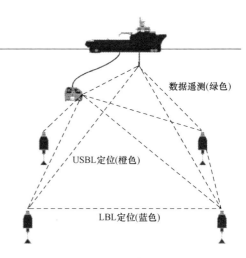

图 2-21　长基线作业原理图

的精度，该原理与卫星定位原理类似，如图 2-21 所示。系统的工作方式是距离测量（Range/Range）。

### 3. 三种定位系统的比较

水声定位系统的具体特点比对见表 2-5。

表 2-5　三种声学定位系统性能比对

| 系统名称 | 优点 | 缺点 |
| --- | --- | --- |
| 超短基线（USBL） | 系统构成简单、成本低、操作简便；不需要组建水下基线阵；只需要一个换能器；测距精度高 | 需要做大量的校准工作，精度依赖外围设备；其定位精度随着水深和工作距离的增加而降低 |
| 短基线（SBL） | 系统构成简单、成本低、操作简便；不需要组建水下基线阵，距离测量精度高；有多余测量值，测量精度提高；换能器体积小，便于安装 | 安装校准难；精度依赖外围设备，某些水听器可能不可避免安装在高噪声区，从而使性能恶化；其定位精度与水深和工作距离关系极大 |
| 长基线（LBL） | 定位精度最高，且定位精度与水深无关；多余观测值增加，测量精度提高；换能器小，易于安装 | 系统复杂，操作繁琐；声基阵数量巨大，费用昂贵；需要长时间布设和回收海底声基阵；需要对声基阵严格校准；深水使用时，数据更新率低 |

1）超短基线系统的定位精度往往比其他两种系统差，因为它只有一个尺寸很小的声基阵安装在载体上。它的基阵作为一个整体单元，可以布置在流噪声和结构噪声都较弱的位置。超短基线系统相对低价、操作简便容易，依赖高精度的外围设备，如电罗经、姿态传感器来获得目标物的高精度定位。系统安装后需要进行非常精准的校准工作，而往往这一点难以达到。

2）短基线同样具有低价集成和操作简便的特性，短基线系统不需要布置多个应答器并进行校标，因而定位导航比较方便。短基线基于时间测量的高精度距离测量，固定的空间多余测量值是获取高精度定位信息的技术保障。缺点是部分水听器可能必须安装在高噪声区（如靠近螺旋桨或发动机的部位），以致跟踪定位性能恶化。一般来说，短基线系统的定位精度处在超短基线系统和长基线系统之间。

3）长基线系统可以获得高精度且独立于水深值的定位效果，长基线系统基线最长，多余观测值增加；对于大面积的调查区域，可以得到非常高的相对定位精度，因而定位精度最好。缺点是要获得这样的精度必须精确地知道布放在海底的应答器阵之间的相互距离，这就要花费很长的时间测量基阵间距离。在深水使用时，位置数据更新率较低，达到分钟的量级。此外，布放和回收应答器也是一件很复杂的事情，对操作者的要求比较高。

这三种导航系统可以单独使用，也可以组合使用，构成组合系统。组合系统既可以提供可靠的位置冗余，也可以体现各个系统的优点。

目前在海缆路由勘察中，主要使用超短基线导航定位系统为水下拖体提供精确的定位信息。将超短基线声学定位系统的换能器通过固定杆安装在调查船船舷或者船舱（主流方式是安装在船舷），船舷式安装操作相对简便。调查作业时，将水下信标绑缚在需水下定位的目标上即可，而且可以同时跟踪多个水下目标，满足多载体同时作业的定位需求。长基线导航定位系统主要应用在深水海域需要高精度定位的领域，如水下结构物安装对接、深水海底管线铺设等。

**4. 常见的水下定位设备**

国际上主流的水下声学导航定位设备有英国 Sonardyne 公司的各种水深适配设备（Scout 系列、Ranger 系列、Fusion 系列），法国 IXBlue 公司的 GAPS 系列，挪威 Kongsberg Marinetime 公司的 HiPAP 系列，美国 ORE 公司的 TrackPoint3 系列，英国 AAE 公司的 EasyTrack 系列等。这些产品各有千秋，本文着重简要介绍几种常见设备。

（1）GYRO USBL

英国 Sonardyne 公司新近推出了基于 WindBand 2 技术的 GYRO USBL 水下声学定位系统，该声学定位系统集成了 Sonardyne 公司的 Lodestar 水下激光惯性陀螺（能够提供 0.1° 的艏向精度，0.01° 的姿态精度），该系统无需用户像使用传统的 USBL 那样做动态的校准，用户只需要将其固定在船舷或者船舱即可。图 2-22 为 GYRO USBL 的甲板单元与换能器。

图 2-22　GYRO USBL 甲板单元与换能器

系统的主要技术指标：跟踪距离：7000m；声学覆盖：+/-90°；重复精度：0.1%；测距精度：15mm。

（2）Fusion LBL

英国 Sonardyne 公司的 LBL 长基线定位技术是当前高精度定位的唯一可靠的技术手段，是为深海、浅海海洋工程施工，模块安装，管线铺设和对接，高精度拖体定位跟踪，ROV 定位导航，DP 船声学定位参照，AUV 定位跟踪、遥控等提供厘米级定位的技术方案。其广泛应用于海洋石油和天然气工业、军事领域等。顾名思义，该系统的测量基线是最长的，通常为数百米至数公里。图 2-23 为 Fusion LBL 系统示意图。

LBL 系统由分布于海底的发射应答器阵，组成水下长基线阵列，阵列经过校准后，任何在阵列中的目标和水面船的测距精度可以达到 1~2cm，相对定位精度可高达 5cm 以内，且不受任何水深的限制。系统定位的原理采用完全的测距

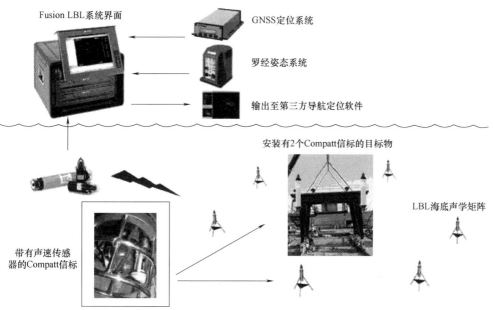

Fusion LBL系统界面

GNSS定位系统

罗经姿态系统

输出至第三方导航定位软件

安装有2个Compatt信标的目标物

LBL海底声学矩阵

带有声速传感器的Compatt信标

图 2-23　Fusion LBL 系统示意图

定位技术。采用当前最新的数字声学技术的 Sonardyne LBL 系统除了能够提供高精度定位外，它还具备数量更多的通道，对于大型的复杂的油田开发项目，能够满足多船、多 ROV 同时同地施工，而不会相互干扰，同时也是唯一能够提供 USBL 兼容和高速数据遥测的声学技术。

（3）GAPS USBL

法国 IXBlue 公司 GAPS 型全球声学定位系统是一套无需标定的便携式超高精度超短基线（USBL）系统，它将惯性导航与水下声学定位完美地结合在一起，并融入了 GPS 定位技术，这使它能最大限度地满足水面和水下定位及导航的需要。可同时对多个水下目标（ROV、AUV、拖鱼）精确定位，并可提供高精度的姿态及航向数据。即使在 GPS 数据中断或有跳点的情况下，仍不丢失定位数据。在系统的有效作用距离内，不管水深多大，均可保持水下目标定位数据的高速更新输出。图 2-24 为 GAPS 换能器。

图 2-24　GAPS 换能器

水下定位精度：斜距的 0.2%，有效距离：4000m，覆盖范围：200°（声学阵下方），工作频率：20~30kHz。

（4）HiPAP USBL

挪威 Kongsberg Marinetime 公司 HiPAP 家族系列产品拥有世界上最为成功的水下定位系统。它最初是因专注于超短基线定位而开发的，因为市场需要尽力避免长基线定位在深水、精确海底测量中的应用。整个 HiPAP 系列产品都使用了同样的高级换能器核心技术，同数字声学信号处理一起，使得 HiPAP 成为精度最高和最可靠的 USBL 系统。

HiPAP 501 系统将上百个基元安装在一个球形的换能器中，这些换能器基元使得该系统能够获得极高的内部冗余度和可靠性，大大提高了精度和稳定性。图 2-25 为 HiPAP501 系统换能器。

HiPAP 系统采用了新的 Cymbal 声学通信和定位协议，Cymbal 技术利用直接序列展布（DSSS）信号来定位和数据通信，数据通信速率可以根据适应声学通信的环境而变化，例如噪声、多路径

图 2-25　HiPAP501 系统换能器安装图

干扰。DSSS 是一种宽带信号。由于 Cymbal 脉冲拥有更高的能量，因此它能提供更高的定位精度、极为精确的距离测量精度、超长测距能力和高速数据通信速率。

（5）EasyTrack USBL

英国 AAE 公司的 EasyTrack 系统包括全套水下定位系统硬件和软件，并提供多种配置选项，可应用于全球各类工程项目需求。它能发射接收声学信号来动态定位海底目标，得到目标的距离、方位和深度信息。系统包括专业 GPS 接收采集软件和 USBL 系统控制软件，内置 Pitch/Roll/Heading 等运动传感器，可以同步跟踪多个水下目标。系统可进行水平跟踪，能够定位相关漂浮目标，例如 AUV 的回收等。图 2-26 为 EasyTrack USBL 的设备图。

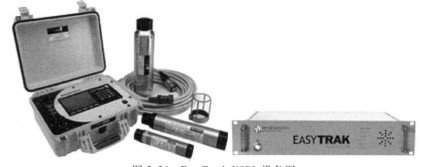

图 2-26　EasyTrack USBL 设备图

主要技术参数：

斜距精度：10cm（精度与声速校正数据相关）；

定位精度：1.40°dRMS，2.5%斜距（标准）；0.60°dRMS，1.0%斜距（高精度）；

方向分辨率：0.1°（显示），中心计算分辨率可达0.01°；

艏向精度：0.8°RMS；

横摇/纵摇精度：±0.20°RMS。

目前，国产设备有哈尔滨工程大学、中海达等科研院校和仪器公司在进行水下定位相关方面的研发，但形成一定的市场规模尚需时日。

参 考 文 献

［1］　中华人民共和国国务院新闻办公室. 中国北斗卫星导航系统［M］. 北京：人民出版社，2016.

［2］　王家耀. 测绘导航与地理信息科学技术的进展［J］. 测绘科学技术学报，2014，31（5）.

# 第 3 章

# 地形测量

地形（Topography）指的是地物形状和地貌的总称，具体指地表以上分布的固定性物体共同呈现出的高低起伏的各种状态。地形与地貌不完全一样，地形偏向于局部，地貌则一定是整体特征。地形图是所有工程的基础资料，而地形测量则是对地球表面的地物、地形在水平面上的投影位置和高程进行测定，并按一定比例缩小，用符号和注记绘制成地形图的工作。本章节将针对海缆路由勘察中的地形测量方法进行描述。

由于海缆工程区域一般都涉及陆地和水下，因此海缆路由勘察中的地形测量也相应地涉及登陆段的陆地地形测量和水下地形测量两种。

## 3.1 登陆段地形测量

登陆段是指海底电缆管道登陆点向海方向延伸至海图水深等值线 5m 处，向陆地方向通常延伸至 100m 处的路由走廊带，走廊带的勘察宽度一般为 500m。登陆段勘察的内容主要包括地形地貌、底质以及已有管线探测。实际测量中，水下地形测量一般采用工作艇极尽可能趁高潮使用单波束进行水深测量，潮间带附近船只无法航行的海域一般由测量人员背负陆地测量设备（如 RTK）涉水测量。本章节主要讲述登陆段地形测量的程序、具体实施内容、测量方法，涉及测深设备进行的水深地形测量内容见后续其他章节详述。

### 1. 登陆段测量程序

在登陆段正式进入测量实施之前需进行登陆段的现场踏勘，踏勘的目的主要是确定登陆点并做好标记（见图 3-1），查勘登陆段地形地貌、地物、植被覆盖等情况是否影响测量设备的正常作业，同时，为确保单波束水深地形测量的有效开展，需要选定水尺竖立或者水位计布放的地点（见图 3-2），以便观测水位。确定完上述要素之后，制定详实可靠的测量方案。

### 2. 登陆段测量方法

海底电缆登陆段地形测量方法从地形测量、底质探测和已有管线探测三个方面进行阐述。

（1）地形测量

地形测量又包括控制测量、水准联测和地形碎步测量。地形碎步测量之前需要先建立控制点，并进行控制点测量，常用的方法是查找测区附近已有的控制点来用，如果实在没有，需要自行建立控制点并进行静态观测完成测区的平面控制。水准联测对象包括控制点和水位点，通过水位点的水准测量建立高程基准面和水深基准面的关系，一般会选择在测区内建立一个兼有平面和高程的 GNSS 控制点，供碎步地形测量使用。主流测量方法中一般使用电子水准仪进行水准联测，使用 RTK 设备进行控制测量和地形碎步测量。地形碎步测量是将 RTK 基准站架设在已知点上，设定好测量参数，调试好通信电台，即可由测量员背负 RTK 流动测量站进行地形测量作业，碎步测量时需选定特定地形点、地物点、植被范围等地形地貌要素进行逐一测量，测量的同时需对登陆点和路由沿线现状进行拍照记录。

图 3-1　某路由预选登陆点　　　　　　图 3-2　某处临时水位观测点

随着测绘技术的不断进步，三维激光扫描仪和无人机也可以用在登陆段地形测量中，这些高新设备可以大大提高测量效率和质量，增大测量比例尺建立细致的三维地形模型，可为路由选划提供更加详实的依据。三维激光扫描仪可以快速获取大范围的地形点云数据，可以在短时间内完成测量工作，为测量争取了大量的宝贵天气窗口。无人机可以获取高清晰测区影像图，经过后期校正处理形成正射影像，结合三维激光扫描仪数据可以真实再现登陆段现状。

（2）底质探测

登陆段的底质探测相对海域的底质探测要简单得多，一般根据预设底质采样站位，使用 GNSS 设备放样至目标点，根据规范要求进行人工采样并现场判读和拍照。

（3）已有管线探测

已有管线探测在登陆段地形测量中比较关键，为保证已有管线的安全，准确探测已有管线位置显得尤为重要。目前，已有管线探测主要有两种方式，一是根据设在已有被埋设管线上电缆桩来定出已有管线路由（见图 3-3），这种方式往往往要求前序工作做得比较规范；二是使用陆地用手持电缆探测器依据通电电缆的磁场变化来探测已有管线的位置，这种方式相对稳妥。

按照上述测量程序和测量方法形成的登陆段地形测量成果图如图 3-4 所示。

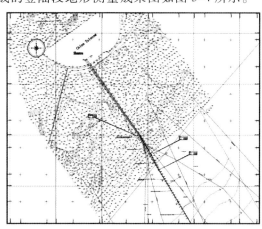

图 3-3　已有管线电缆桩示例图　　　　图 3-4　登陆段测量成果示意图

## 3.2　水下地形测量

水下地形测绘是海洋测绘科学技术的重要组成部分，是海道、河流、湖泊测量的主要内容，因此水下地形测量是海缆路由勘察中最重要的勘察内容。所谓水下地形测量，就是利用测量仪器来确定水底点的三维坐标的过程，也就是说水下地形测量最基本的工作是定位和测深。人类最早是用竹竿测量水深的，后来发展为用一端带有重物的绳索测水深，但当水深较大时，采用这种方法就很不方便，也不精确。20 世纪 30 年代，回声测深仪问世，替代了传统的测深绳，使海洋测深技术发生了根本性变革。60 年代由于单波束测深仪测深精度和分辨率进一步提高以及软硬件技术的发展，使海底地形测量的技术手段有了很大提高。70 年代开始，出现了多波束测深系统，随着电子技术、计算机技术，特别是高精度GPS 定位技术的完善，多波束技术也得到了迅速发展，并广泛应用于海洋工程勘察中。

随着科学技术的发展，新方法和新设备不断出现，深度测量技术发生了根本性的变革，水下地形测量技术的发展与其测深手段的不断完善紧密相关，目前主要经历了以下阶段：

### 1. 原始测量阶段

采用竹竿测量水深。这是将标有分米分划的测杆，直接插入水底量测水深的方法。由于其劳动强度大并受使用测杆长度的限制，一般只适宜于测5m以内的浅水，水域的流速也不得大于1m/s，水深流急之处是无法用测杆施测的。杆测的精度比较高，一般均能满足规范规定的±0.1～±0.2m的要求。杆测水深方法虽然简单落后，却是浅水区测深精度最高的方法。

砣测（或绳深）。这是在测绳下端牢系测深锤，将它投入水底，根据测绳的入水长度测得水深的简便方法。但其劳动强度大且不适于水深流急之处。因为在流速大的水域，测绳会从中漂移，所测的水深值偏大，故一般适于流速小于1m/s、水深小于15m的测区使用。而在深水急流中，测深是用测深铅鱼安装在测船的绞绳下进行，但该法既笨重又难操作，还要做测深绞绳的偏角改正等计算工作，精度较难控制，测量效率也很低。

### 2. 回声单波束测量阶段

声波是目前唯一可利用的能够在水中远距离传播的能量形式，因此声波作为在水中进行探测和通信的主要手段，在海洋监测、海洋工程、海上军事作战、海洋科学研究等方面发挥着不可替代的作用。采用回声测深仪测量水深是测深的划时代飞跃，从此可以进行测深连续记录，但测深仪的缺点是：它们是单波束，这样在有些网格之间就没有水深数据，靠此数据网格所形成的测深图会影响航行安全，有可能将礁石以及其他影响航行安全的障碍物漏测掉而导致事故。同时，单波束的测深仪器测量范围小，速度慢，效率低，对大面积的水深测量尤其是航道、海底全覆盖测量来讲，测量效率太低。

### 3. 多波束全覆盖测量阶段

与铅垂或单波束回声测深仪等每次测量只能获得测量船正垂下方一个测点的深度数据相比，多波束探测每发一次声波就能获得多达数百个海底测点的深度数据，把测深技术从"点-线"测量变成"线-面"测量。多波束系统采用条带式测量方式全覆盖、高精度地对海底地形进行测量，可精确地反映海底微地形，它与传统的单波束回声测深仪相比，在数据采集自动化、勘察效率和测量分辨率方面有了极大的飞跃。特别是20世纪90年代以来，随着定位技术、电子技术和其他技术的发展，各种高精度的浅水多波束系统相继推出，使多波束技术更广泛地应用于各种海缆工程勘察中，发挥着越来越重要的作用。国际海道组织（IHO）在1994年9月摩纳哥会议上制定了新的水深测量标准，规定高级别的水深测量必须使用多波束全覆盖测量技术。进入21世纪后，随着旧多波束测深系统的老化以及多波束新技术的推出，多波束测深系统的更新换代已经展开，高精度、高覆盖、高波束数的多波束系统开始广泛应用于海洋工程测量、海底资源与环境调查以及海底目标勘测等领域，现已成为海洋勘测不可或缺的首选科学设备之一。

虽然随着各种学科技术的发展，现在也出现了更多的水下地形测量技术，特别是机载激光测深。与传统的船载声学测深系统相比，机载激光海洋测深有如下优点：①不受地域限制，在浅海区、礁滩区或群岛区域，机载激光测深系统不被浅水或陆地所阻碍；②测深精度和几何分辨率高，由于激光脉冲可以压缩到很窄的时间宽度内，向水中以纳秒级的脉宽发射，所成数据质量好；③节约测量时间，由于光的传播速度快，可以快速进行大面积的水域测深。当然，由于激光的主要传输路径是海水这一特殊的光学介质，海水的光学衰减效应、空间效应使得激光测深的海底回波信号非常微弱。因此，机载激光测深也有其缺点，激光传输距离有限，测深的深度受到一定限制，在深海水域仍需采用多波束测深仪等传统测深技术。可见，激光测深的作用目前是用做补充现代舰船海洋测深能力的不足，暂时还替代不了声学测探仪，因此在目前实际路由勘察作业中主要还是以传统声学测深技术为主，即单波束水下测量和多波束水下地形测量。

## 3.2.1　单波束水下地形测量

单波束测深声呐（也称回声测深仪）是目前用途最广，国内外进行水深测量的最基本的仪器。声呐是仿生学的重大突破，其特点是能够发出特定频率的音频声波，声波在和物体接触的时候，会根据接触面材质的不同发生不同程度的回弹，而测深仪能够接收到回弹的声波，根据回弹的速度和声波在水域的速度综合分析研究，以确定仪器和前方物体之间的距离。利用单波束测深仪进行水下地形测量一直都是水下地形测量的常规技术手段，虽然随着多波束测深系统的高速发展，单波束测深的缺点越来越明显，但是单波束也有其自身的优点，比如小巧轻便、容易安装等，目前在海洋测绘方面仍有应用空间。单波束水下地形测量在现在的海缆路由勘察中主要是应用在浅水区域，特别是水深 5m 以内区域，多波束系统较难进入区域，同时多波束测量在极浅水区域效率相对单波束测量也不明显，而这个区域，单波束灵活轻便的特点就发挥了作用，包括搭载无人艇甚至可以到水深 0.5m 区域进行测量，这是多波束测深系统较难实现的地方，因此单波束测深技术和多波束测深技术在海缆路由勘察中都是必不可缺的，两者可相互搭配，没有冲突。

### 1. 工作原理

单波束测深仪是由发射机、接收机、发射换能器、接收换能器、显示设备和电源部分组成。目前大多数单波束回声测深仪换能器同时具备发射和接收声波功能。其原理是利用声波在水中的传播特性测量水体深度的技术。声波在均匀介质中做匀速直线传播，在不同介质上产生反射，利用这一原理（见图 3-5），选择对水的穿透能力最佳的超声波，在水面垂直向水底发射声信号，并记录从声波发射到信号由水底返回的时间间隔，通过模拟或直接计算，测定水体的深度。

发射机：在中央处理器的控制下，周期性地产生有一定频率、一定脉冲宽度、一定电功率的电振荡脉冲，由发射换能器按一定周期向海水中辐射。发射机一般由振荡电路、脉冲产生电路、功放电路组成。

接收机：将换能器接收的微弱回波信号进行检测放大，经处理后送入显示器。在接收电路中，采用了现代相关检测技术和归一化技术，采用了回波信号自动鉴别电路、回波水深抗干扰电路、自动增益电路、时控放大电路，使放大后的回波信号能满足各种显示设备的需要。

发射换能器：是一个将电能转换成机械能，再由机械能通过弹性介质转换成声能的电-声转换装置。它将发射机每隔一定时间间隔送来的有一定脉冲宽度、一定振荡频率和一定功率的电振荡脉冲，转换成机械振动，并推动水介质以一定的波束角向水中辐射声波脉冲。

接收换能器：是将声能转换成电能的声-电转换装置。它可以将接收的声波回波信号转变成电信号，然后再送到接收机进行信号放大和处理。

安装在测量船下的发射机换能器，垂直向水下发射一定频率的声波脉冲，以声速 $C$ 在水中传播到水底，经反射或散射返回，被接收机换能器所接收。设自发射脉冲声波的瞬时起，至接收换能器收到水底回波时间为 $t$，换能器的吃水深度 $D$，则水深 $H$ 为

$$H = \frac{Ct}{2} + D$$

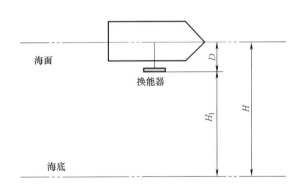

图 3-5 单波束测深仪工作原理

单波束测深仪按照频率数量分为单频测深仪和双频测深仪。单频测深仪仅发射一个频率的超声波，以测量海面到海底表面之间的垂直距离，即水深。双频测深仪换能器垂直向水下发射高、低频声脉冲，由于低频声脉冲具有较强的穿透性，因而可以打到海底硬质层，利用高低频的特点，可以测出海底表面淤泥的厚度。

**2. 数据采集和处理**

单波束水深测量自动化系统包括数字化测深仪、定位设备（通常为 GPS）、

数据采集和处理设备、数据采集和处理软件。在有较高精度要求的测量中，还使用了运动传感器实时测量船舶姿态并通过软件对测得的数据进行姿态改正。在自动化测量系统中，测深仪测得的水深数据和 GPS 测得的定位数据通过 RS232 接口传输到计算机，计算机通过数据采集软件将收到的数据以一定的格式形成电子文件存储到计算机硬盘。外业测量结束后利用数据处理软件剔除假水深、加入仪器改正数和潮位改正，形成水深数字文件，再由软件的绘图模块驱动绘图机自动成图。

（1）数据采集

单波束实际作业前需进行设备检验，检验包括停泊稳定性试验和航行试验。

停泊稳定性试验：一般选择在水深大于 5m 的海底平坦处，连续开机时间不少于 2h；试验中，每隔 5min 比对一次水深，水深比对限差应在 0.3m 以内。对于非固定安装的测深仪，应利用检测板进行检查比对。

航行试验：实验时，选择水深变化较大的海区，检验测深仪在不同深度和不同航速下工作是否正常。

海上测量时数据采集一般采用等距方式采集，对于海底地形变化剧烈地区需加密测量。测量时调查船尽量保持匀速、直线航行。检查测线一般不少于主测线总长度的 5%。

（2）数据处理

单波束资料一般采用专业处理软件对多波束水深数据进行处理，其内容包括位置校准、潮位改正、声速校正、数据滤清等过程，最终输出修正后水深数据。资料处理基本流程如下：

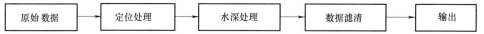

需要注意的是处理后的数据需要利用主测线和检查测线交点水深不符值，进行水深测量准确度估计，其估计指标的计算公式为

$$\sigma = \pm \sqrt{\frac{\sum_{i=1}^{n} h_i^2}{2n}}$$

式中，$\sigma$ 为中误差，单位为 m；$h_i$ 为不同测线条幅重复测点水深测量值的差值，单位为 m。

## 3.2.2　多波束水下地形测量

单波束测深仪一般采用较宽的发射波束，因为是向船底垂直发射，因此声传播路径不会发生弯曲，来回的路径最短，能量衰减很小，通过对回声信号的幅度检测确定信号往返传播的时间，再根据声波在水介质中的平均传播速度计算测量水深。而在多波束系统中，换能器配置有一个或者多个换能器单元的阵列，通过控制不同单元的相位，形成多个具有不同指向角的波束，通常只发射一个波束而在接收时形成多个波束。除换能器中央波束外，外缘波束随着入射角的增加，波束倾斜穿过水层会发生折射，要获得整个测幅上精确的水深和位置，必须要精确地知道测量区域水柱的声速剖面和波束在发射与接收时船的姿态和船艏向。因此，多波束系统在测量时比单波束测深仪要复杂得多。

多波束水下地形测量是一种具有高效率、高精度和高分辨率的水下地形测量新技术，具有范围大、速度快、精度高、记录数字化以及成图自动化等优点。随着近代计算机技术、高精度定位技术以及数字化电子技术的快速发展，利用多波束在海洋测绘中应用越来越广泛，作用也越来越大。多波束水下地形测量技术完全满足当前对海底地形测量的新需求，国际海道组织（IHO）在 1994 年 9 月摩纳哥会议上制定了新的水深测量标准，规定高级别的水深测量必须使用多波束全覆盖测量技术。而海缆路由勘察的地形测量属于工程精细测量，目前大部分海缆路由勘察在区域环境（水深等）许可内都要求采用多波束水下测量，以保证地形测量数据的可靠性。

### 3.2.2.1　工作原理

多波束系统利用换能器基阵产生并发射指定方向声波信号，波束在不同角度能量不同，具有一定指向性，换能器基阵包含多个直线或曲线排列的发射器，由波束间的相互干涉方式可以确定换能器基阵的指向性，得到预定方向的波束信号。每个波束信号都包含主叶瓣、侧叶瓣和背叶瓣，主叶瓣集中了波束的主要能量，实际测量过程中，系统尽可能聚集主叶瓣信号强度，抑制侧叶瓣和背叶瓣干扰信号，即换能器基阵的束控，多波束系统采用相位加权和幅度加权两种方法进行基阵束控，图 3-6 为波束束控示意图。

为了能够使换能器同时发射多个波束，就要在换能器的设计制造上加以考虑。现有的多波束系统，都是用很多个换能器单元，按一定的排列方式组成一个换能器阵列，每个单元都有导线连出，并加以封装，从而组成多波束换能器阵列。每个独立的换能器单元，都是由压电陶瓷块组成的，它是利用压电陶瓷的压电效应工作的。当给压电陶瓷两极加上一个电压时，压电效应使压电陶瓷产生压力，从而产生一个随外加电压变化而变化的声波。若此外加电压为一频率较高的交变电压，则压电陶瓷便会产生高频振动，形成高频振荡声波。反过来，若是压电陶瓷两侧受到高频振荡声波的冲击，也会产生一个高频振荡电压。压电陶瓷实质上是一声电转

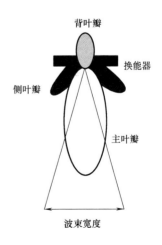

图 3-6　波束束控示意图

换器件。多波束换能器就是利用了压电陶瓷的这种压电效应进行工作的。

多波束系统以一定的频率发射沿航迹方向窄而垂直航迹方向宽的波束,形成一个扇形声传播区。多个接收波束横跨与船龙骨垂直的发射扇区,接收波束垂直航迹方向窄,而沿航迹方向的波束宽度取决于使用的纵摇稳定方法。单个发射束与接收波束的交叉区域称为足印(Footprint)。一个发射和接收循环通常称为一个声脉冲(Ping)。一个 Ping 获得的所有足印的覆盖宽度称为一个测幅(Swath),测幅在给定水深下对海底的覆盖宽度是噪声水平和海底反向散射强度的函数。每个足印的回声信号包含两种信息:通过声信号传播时间计算的水深,以及与信号的振幅有关的反射率。图 3-7、图 3-8 为多波束测深系统发射和接收波束示意图。

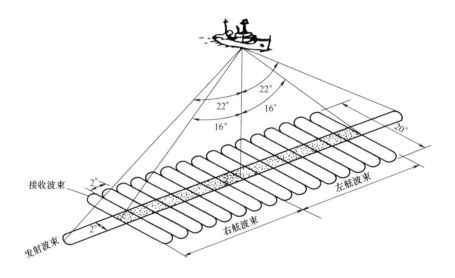

图 3-7　多波束系统工作原理示意图

多波束系统记录每次波束的往返时间,根据声速剖面记录确定该波束的实测水深值;与此同时,多波束系统还记录了波束的振幅信息即回波强度,每次测量后,在与海底的交线上得到一组回波强度的时序观测量。多波束测深系统按一定工作频率通过发射和接收声波信号:信号处理电路接收发射多个波束的信号,包括发射角和船姿参数,信号处理电路计算发射信号和波束数,传送到多通道变换器,形成多个波束,波束信号再经过前置放大电路将功率放大,形成多个脉冲信号,最后经过收发转换电路,由换能器发射阵列向水下发射波束声波经海底反射后由换能器接收阵列接收,前置放大电路进行信号放大,数据采集电路与控制电路相结合,进行两次信号采集完成波束信号接收。实时数据处理工作站接收操作检测单元采集的波束信号，进行数据存储和声呐影像记录，与此同时，工作站还接收来自外围设备的检测信号，包括导航和定位数据，姿态传感器的船体横摇、纵摇、升沉姿态数据，电罗经检测的航向数据以及声速剖面仪采集的声速剖面信息。工作站将接收采集的各类数据转送至后处理系统，后处理系统包含数据处理软件和绘图软件。数据处理软件进行数据存储，对测量数据进行数据整合，如数据改正、数据编辑、数据排查滤波等，最后由制图软件将处理后的测量数据生成海底地形图像。

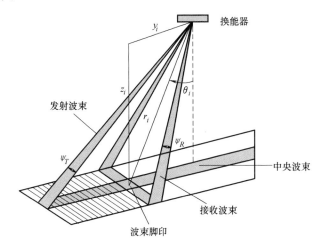

图 3-8　多波束测量中波束的几何构成

多波束发射和接收回波信号，实现深度和回波强度的测量，还有其中一个重要环节就是底部检测。随着波束入射角的增大，波束脚印面积也在增大。波束角较小时，波束脚印面积较小，波束能量集中，回波信号以反射为主，随着波束角逐渐增大，波束脚印面积较大，回波信号呈现散射特征。为了精确检测边缘波束信号，多波束系统同时采用了振幅检测和相位相干技术，对于中央波束区，振幅检测可以获得主要反射波强度，对于边缘波束区，相位相干测量技术可以检测到明显的相位变化，提高多波束测量精度的同时改善了内测量精度不均匀问题。因此，新型的多波束系统在底部检测中同时采用了振幅检测和相位检测，不但提高了波束检测的精度，同时也改善了 ping 断面内测量精度不均匀所造成的影响。

### 3.2.2.2　系统组成

多波束系统基本上是由三个部分组成，如图 3-9 所示。第一部分是多波束的主系统，主要包括换能器阵列、收发器和处理单元等；第二部分是辅助系统，包括定位系统、船姿（横摇、纵摇、起伏和船艏向）测量传感器和测量水柱声速剖面的声速仪；第三部分是后处理系统，包括数据处理计算机、数据存储设备和绘图仪等。

主系统由用于水下声呐发射与接收的换能器、中央处理单元和操作工作站组成。一般的多波束系统都包括发射换能器和接收换能器，由发射换能器发射声波脉冲，经水体传播、水底或水中物体反射后，由接收换能器分别对接收到的声呐信号初步处理后，经电缆传送给中央处理单元。中央处理单元发送控制指令进行采集信息，接收导航与定位、姿态传感器与罗经等来自外围设备的数据以及操作工作站的控制指令。操作工作站是一台计算机系统，包含系列软件，用于系统管理和数据采集、预处理、显示以及水深、海底图像、船位船姿、声速和系统安装参数等数据的存储。

辅助系统主要由定位系统、声速剖面仪、表层声速仪、运动传感器、时钟（1PPS）以及用于参考的单波束测深系统组成，用于提供位置数据、声速剖面、船体姿态（如横摇、纵摇、俯仰、升沉等）、波束往返时间等参数信息。为了提高测量可靠性和精度，多波束测深系统需同时连接定位系统和运动传感器系统。

后处理系统是一台后续处理工作站，包含各种后处理软件。利用后处理软件对测量数据进行处理，可生成所需要的水深图、三维图、综合地形图、声学影像图和底质分类图等。

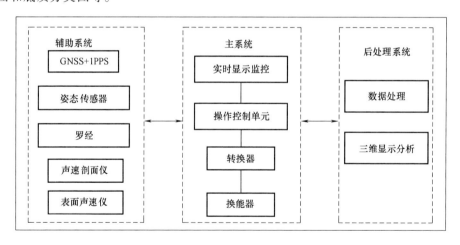

图 3-9　多波束系统组成示意图

### 3.2.2.3　分类

自多波束测深系统问世以来，生产和销售多波束条带测深仪产品的厂商有几十家，先后推出的产品也有上百个型号，种类也比较繁杂，一般可以从频率、测深量程和发射波束等方面进行分类。

（1）按频率分

按工作频率可分为高频、中频和低频三类，一般高于 180kHz 为高频，36～

180kHz 为中频，低于 36kHz 为低频。

（2）按测深量程分

按测深量程可分为浅水、中水和深水三类，一般浅水指 0~500m 量程，中水指 500~3000m 量程，深水为大于 3000m 量程。

（3）按发射波束分

根据波束形成的使用方法不同，多波束测深系统可分为相干法和束控法。束控法是通过相控技术进行发射，一次只能向一个方向发射信号，采用旋转发射技术，发射与接收波束方向通过运动传感器补偿后达到一致。相干法是指发射机发射短脉冲一次完成扫描海底，接收器按一定的相位差接收海底回波信号。声学子系统同时记录回波时间获得回波波束的方向，求得海底测点的垂直深度和横向距离。

### 3.2.2.4 工作程序

#### 1. 外业资料采集

（1）多波束仪器安装的原则要求

1）多波束测深系统换能器应固定安装在噪声低且不容易产生气泡的位置，并应保证换能器在工作中不露出水面。

2）系统发射接收接线盒尽量靠近换能器，且接线盒位置至少要高于船体吃水线。

3）艏向测量仪应安装在测量船的艏艉（龙骨）线上，参考方向指向船艏。

4）定位天线一般安装在多波束测深系统换能器顶部位置，如无法安装则应精确测量定位天线与换能器的相对偏差，并输入偏差进行校正。相对偏差应≤0.05m。

5）运动传感器一般应安装在船体重心位置或靠近重心的位置。

（2）换能器姿态校正

海上试验应包括参数测试和水深测量准确度检验。其中，参数测试是按先后顺序分别为横摇正、定位时间延迟、纵摇正和艏向正参数的测试。参数测试完成后，应进行水深测量准确度检验。

1）横摇偏差改正（Roll）。横摇偏差一般是由多波束测深系统换能器安装偏差、运动传感器安装偏差组成。通常情况下，当多波束换能器和运动传感器固定安装时，这种偏差是一个常量。多波束测深系统如果存在横摇偏差，则在平坦海域进行测量时，垂直航迹方向的地形剖面就会发生倾斜。

做横摇改正时，一般在平坦海底海域或平直斜坡海域（坡度应<2°）布设一测线，进行正反两方向测量。横摇偏差测试计算有坡度计算法和剖面重合法两种。两次测量后，把同一位置垂直航迹的地形剖面显示在同一视窗内，不断调整横摇偏差值，直至两个剖面重合。

2）纵摇偏差改正（Pitch）。纵摇偏差是由多波束测深系统换能器安装误差、运动传感器安装误差等组成。通常情况下，当多波束换能器和运动传感器固定安装时，这种偏差是一个常量。多波束测深系统如果存在纵摇偏差，则进行测量时，会产生沿龙骨方向的位置偏差。

做纵摇偏差改正时，一般选择在明显存在斜坡的海域，布设一条测线，测线长度应保证覆盖整个标志地物。在测线上，以相同速度进行正向和反向两次测量。两次测量后，把同一位置沿或平行航迹方向的地形剖面显示在同一视窗内，不断调整纵摇偏差值，直至两个剖面重合。

3）定位时间延迟改正（Time）。若多波束测深系统采用的时间与定位时间不同步，或者多波束测深系统与定位系统在相同时刻的定位信息不相同，则必然产生测量数据的位置误差，即测量位置沿航迹方向发生延迟偏移。

做定位时间延迟改正时，选择的测试海域海底应存在能被多波束系统勘测出来的标志地物，或者具有 $5° \sim 10°$ 的简单斜坡。在所选择的海域，布设一条测线，测线长度应保证覆盖整个标志地物。在测线上，保持匀速测量，而且第 1 次测量的速度（$v_1$）与第 2 次测量的速度（$v_2$）相差至少 1 倍以上。两次测量后，把在航迹方向上的地形剖面显示在同一视窗内，不断调整定位时间延迟值，直至两个剖面重合。

4）艏向偏差改正（Yaw）。艏向是通过艏向测量仪（如罗经等）获得的，多波束测深仪换能器安装方向的偏差、龙骨方向测量的偏差以及艏向测量仪基准方向的偏差等因素都会产生艏向偏差。多波束测深仪换能器安装方向的偏差，只要是固定安装，该方向偏差是一个常量（艏向偏差 I）；龙骨方向测量的偏差以及艏向测量仪基准方向的偏差，就是艏向测量仪的测量偏差，只要艏向测量仪及其安装位置不改变，其测量偏差是一个常数（艏向偏差 II）。所以，多波束测深系统艏向偏差由艏向偏差 I 和艏向偏差 II 构成。由于多波束测深仪波束形成以及波束数据处理时，是以左右舷垂直船艏线的方向为基准方向的，艏向偏差将产生波束点位置和测量水深值的偏差，位置偏差的影响是以中央波束为中心，越往边沿影响越大。因此，应测定艏向偏差，并把该偏差作为参数对多波束测深系统进行校准。

做艏向偏差改正时，在标志地物两侧布设两条测线，在测线上，保持匀速测量，利用多波束测深系统的边缘波束覆盖标志地物，测线长度应保证覆盖整个标志地物。两次测量后，把标志地物处沿航迹方向上的地形剖面显示在同一视窗内，不断调整艏向偏差值，直至两个剖面重合。

（3）多波束水深测量

多波束水深测量是一种条带式测量，扫测的条带宽度约是水深的 $3 \sim 8$ 倍，在测幅范围内，采取等距或等角波束模式发射和接收，使整个测幅内有相同的精度。测量时测幅之间相互重叠至少 20%，从而保证了测区内的全覆盖测量。

根据技术要求，在多波束水深测量期间，根据水深变化、气象条件以及现场多波束水深数据质量的需要，需要进行声速剖面测量。一般每天至少需要做一或两次声速剖面，用来校准水深值。特殊区域视实际情况加密声速测量。

测量过程中，多波束数据采集主要由专业采集软件完成，比如 Qinsy、PDS2000、Hypack 和 SIS 等多波束导航采集软件，测量数据以专门多波束文件格式保存。现在的多波束采集软件都是基于工作站平台的，具有良好的人机交互界面。所有的测量数据可记录在与项目名相同的文件目录中，文件名包含了项目名称、测线名和开始采集时间，由计算机自动生成，不存在测线重名现象。数据保存采用硬盘介质存储，为了达到最佳测量效果，测量时对多波束系统实时监控，最大限度降低不合格数据的产生。

在实际作业中，不同设备的测区需有一定的重叠区域，一般为 500m～2km，以保证不同调查船的数据完全覆盖，并同时可以进行数据对比，以保证不同调查设备的数据之间的误差满足符合国际航道测量组织（IHO）标准。

**2. 多波束测深资料处理及成图**

多波束资料一般采用专业处理软件对多波束水深数据进行处理，目前比较常用的处理软件主要为加拿大 Teledyne CARIS. Ins 公司 Caris HIPS and SIPS 软件和荷兰 QPS 公司的 Qimara、Qcloud 软件。其内容包括位置校准、潮位改正、声速校正、数据清理等过程，最终输出修正后水深数据，同时结合其他制图软件（如 ARCGIS、AutoCAD 等）编绘等深线图。资料处理基本流程一般包括原始数据输入、定位处理、水深处理、数据滤清以及最后的输出，具体流程如图 3-10 所示。

定位处理：主要检查外业定位是否正常，航迹是否满足要求。

水深处理：包括换能器吃水深度改正、潮位改正、参数改正和声速改正。

其中，潮位变化对浅水区水深影响较大。多波束资料处理需要进行潮位改正，近岸一般采用潮位站数据，近海一般采用预报潮位和实测潮位相结合方式进行潮位改正，大于 200m 水深海域一般不进行潮位改正。由于各地受地形、水文、气象等因素的影响，各地潮位有差异和各自变化。水深测量的数据均根据项目需求利用潮位订正到要求的基准面。水深超过 1000m 区域，由于测量数据的误差超过了一般的潮位变化值，测量数据不用潮位校准。

数据滤清：利用计算机对数据自动滤清或者通过人机交互编辑准确剔除不良数据点。

准确度评估：资料经处理后，应对整个区域进行水深测量精确度评估，计算主测线和联络测线的在重复测点上的水深测量值的差值，统计均方差，作为水深测量准确度综合评估的依据。计算公式为

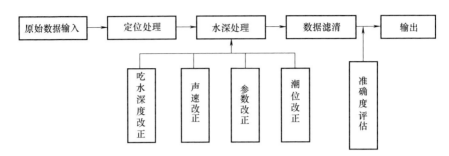

图 3-10　资料处理基本流程

$$\sigma = \pm \sqrt{\frac{\sum_{i=1}^{n} h_i^2}{2n}}$$

式中，$\sigma$ 为中误差，单位为 m；$h_i$ 为不同测线条幅重复测点水深测量值的差值，单位为 m。

计算均方差时，允许舍去少数特殊重复点，但舍去点数不得超过总点数的 5%。水深变化大的区域，可以按水深值分段计算。

水深数据处理过程中，多波束后处理软件获得的水深数据需要进一步网格化成数字地形模型才能形成等深线图。根据路由宽度和成图技术要求，在不同水深，网格大小一般如表 3-1 所示。

表 3-1　一般多波束测量各水深区 DTM 成果网格推荐大小

| 水深范围 | 水深/m | 网格大小/m |
| --- | --- | --- |
| 浅水区 | <50 | 1~2 |
| 浅水区 | 50~200 | 5~10 |
| 浅水区 | 200~500 | 10~20 |
| 深水区 | 500~2000 | 20~50 |
| 深水区 | 2000~5000 | 50~100 |

数字地形模型（Digital Terrain Model，DTM）是指表达地形特征的空间分布的一个规则或不规则的数字阵列，也就是将地形表面用密集点的 $x$，$y$，$z$ 坐标的数字形式来表达。最初它被用于各种线路选线（铁路、公路、输电线）的设计以及各种工程的面积、体积、坡度计算，任意两点间的通视判断及任意断面图绘制。在测绘中，它被用于坡度坡向图、绘制等高线、立体透视图，制作正射影像图以及地图的修测。它还是地理信息系统的基础数据，可用于土地利用现状的分析、合理规划及洪水险情预报等。在海洋测绘数据量越来越大的今天，DTM 应用也越来越广泛。DTM 在水下地形测量主要有这几方面应用：等深线、海底地形可视化、海底地形分析、海底地表特征调查，特别是 DTM 可用 3D 技术展现

水上水下地形数据。图 3-11 为多波束水下地形测量生成的 DTM 三维模型示意。

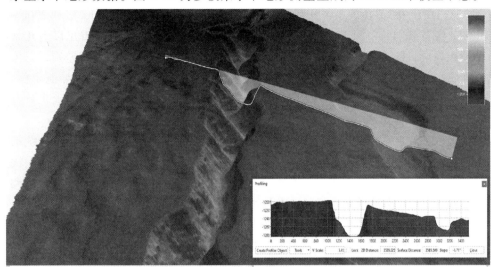

图 3-11　多波束水下地形测量生成的 DTM 三维模型示意图

### 3.2.2.5　主要设备

多波束测深技术通过近 30 年的发展，其研究和应用已达到较高水平，也达到了一个比较成熟的阶段，特别近 10 年来，多波束测深技术取得了突破性的进展，主要表现为：①全海洋测量技术。现在多波束测深系统测深范围覆盖了从浅水到深水整个全海域，不但能用于河道测量、港湾测量、浅海测量，还能进行深海万米测深。②发展高精度测量技术。现在不管深水多波束还是浅水多波束大部分都采用振幅和相位联合检测技术，以保证测量扇面内波束测量精度的大体一致，设计新型系统使中央波束测点面积和边缘波束基本相近、测点距基本一致，保证中央波束和边缘波束分辨率的一致性。③浅水多波束向高密度、高精度、聚焦方向发展，同时具备高清晰成像功能，而且集成化越来越好，也越来越轻巧，也越来越多搭载在 AUV、ROV、深拖、无人艇进行应用。④现在浅水和深水多波束都能进行水体数据记录和处理，拓展了系统的能力，水体信息对进行海底气体溢出、打捞以及海底生物研究都有一定的意义。

多波束水深测量的设备主要以水深划分，一般分为深水多波束和浅水多波束两大类。浅水多波束测量量程一般为 500m 以下，测量量程大于 500m 的为深水多波束。深水多波束又可以细分为三类：全海深深水多波束（最大量程 11000m 以上）、中深水多波束（最大量程 7000m）和中浅水多波束（最大量程 2000~3000m 之间）。

深水多波束系统工作频率一般在 12~30kHz，测量量程为 10~10000m，系统的物理尺寸较大，一般至少是 5m×5m 以上，不适合在小船上安装。目前，市场上的深水多波束测深系统主要有挪威 Kongsberg 公司、德国 ELAC 公司、德国

ATLAS 公司和丹麦 RESON 公司这几家生产。

表 3-2、表 3-3、表 3-4 分别为这几家公司的 11000 米级、7000m 级和 2000～3000m 级各级别的中深水多波束系统的技术指标，对比分析后可以看出以上几款多波束系统，除了在波束发射、数据采集能力、扫幅宽度等方面稍有差别，总体性能指标都能满足大部分测量要求，其他配置方面基本一致，包括了导航定位、运动传感器、表面声速和声速剖面等传感器和发射机控制机柜。在功能上也具有侧扫功能和水体探测功能，这些设备均处于国际使用前沿的设备。

浅水多波束系统一般选用 100～400kHz 频率，测量量程为 0.5～500m，系统的物理尺寸较小，方便安装在小作业船上。主流浅水多波束的性能指标见表 3-5。浅水多波束地形测量应用广泛，从大陆架浅水区测量到近岸测量，勘察、海洋环境调查都可以用浅水多波束调查任务，而浅水多波束由于频率较高，因此测量精度高，在海洋工程方面的精细测量的应用也是浅水多波束的主要应用方向。浅水多波束系统的主要生产厂家也是上述几家深水多波束厂家生产，如挪威 Kongsberg 公司生产的 EM2040 系列（EM 2040、EM 2040P、EM 2040C），美国 R2sonic 公司的 R2sonic 2000 系列（R2sonic 2026、R2sonic 2024 和 R2sonic 2022 等），丹麦 Reson 公司的 Seabat 系列（Seabat T50P、Seabat 7125、Seabat T20）以及 Kongsberg 公司的 GeoSwath Plus 系列浅水多波束都是目前国内外的主流产品，但是近年越来越多的生产厂家包括国产厂家也都推出各自的浅水多波束系统，也都有不错的性能，使得浅水多波束系统有更多的选择。

### 3.2.3 水下地形测量在海缆勘察中的应用

水下地形测量是路由勘察必不可少的内容。通过测量可以了解海床地形资料，并帮助了解海底地貌特征。通过水下地形测量可以获得两个对于施工图设计和施工非常重要的参数：水深和坡度。

1）水深是决定海底光缆敷设张力和布缆设备工况的主要参数之一。在海底地形急剧起伏的海区，如隆起的岛礁、礁盘、海底山、海沟、冲刷槽等不利于海底光缆通过，而海底地形较平坦的海区则利于施工和保护海底光缆的安全。

2）海底坡度是海底光缆工程中的一个非常重要的参数。超过 6° 的坡度会给埋设犁带来风险，另外海底坡度对海底光缆余量有着直接的影响，平坦的海底由于坡度较小，影响相对较小；对于起伏较大的海底，必须投入相应的余量，才能保证光缆不悬空。一般在海缆工程中坡度大于 5° 的区域需要标注出来，而坡度大于 20° 区域则视为地形陡峭区，需要重点关注。

在实际勘察中，利用多波束现场实时显示地形的功能，可以在路由勘测过程中现场决定管线的铺设走向，从而提高勘察效率；利用多波束系统全覆盖、无遗漏的特点对将要铺设管线的复杂地形区进行详细测量，可以准确地设计路由走向。

表3-2　主流深水多波束（11000m 级）性能指标

| Brand 厂商 | Kongsberg Maritime | L-3 ELAC Nautik | Teledyne ATLAS Hydrographic | Teledyne Reson |
|---|---|---|---|---|
| 产品型号 | EM 122 | SeaBeam 3012 | Hydrosweep DS | Seabat 7150 |
| **声呐探头的物理属性** | | | | |
| 发射换能器 长×宽×高 | 7770mm×760mm×197mm（1°×1°） | 7740mm×1056mm×276mm（1°×1°） | 5658mm×299mm×155mm（1°×1°） | |
| 接收换能器 长×宽×高 | 540mm×7200mm×120mm（1°×1°） | 892mm×7760mm×222mm（1°×1°） | 299mm×5658mm×155mm（1°×1°） | |
| 电源要求 | <900W | 1300W | 700W | 500W |
| **性能参数** | | | | |
| 海底探测方法 | 相位和振幅探测 | 组合振幅和相位探测 | High-Order 波束形成 | 组合振幅和相位探测 |
| 频率 | 10.5～13kHz | 12kHz | 14～16kHz | 12kHz/24kHz 可选 |
| 最大 Ping 率 | 5Hz | 5Hz | 5Hz | |
| 深度量程 | 20～11000m | 5～11000m | 10～11000m | 50～11000m |
| 最小水深 | 20m | 5m | 10m | 50m |
| 深度分辨率 | 1cm | 2cm | 6.1cm | 12cm |
| 脉冲类型 | CW 和 FM | 只有 CW | CW 和 chirp | CW |
| 最大覆盖倍率 | 5.5 倍（估计值） | 5.5 × 水深（140°） | 6 倍水深（143°） | 4 倍水深 |
| 最大覆盖宽度 | 4300m | 3100m | 3000m | |
| 发射和接收控制 | 8 区分频，动态聚焦 | Sweep 逐次扫射 | | |
| 每条带的波束数量 | 等角、等距波束方式256个；加密波束方式432个 | 301 个 | 960 个 | 150 个 |
| 多 Ping 功能 | 2 swath 每/Ping | | 多 Ping-4 | 最高 880 |

（续）

| Brand 厂商 | Kongsberg Maritime | L-3 ELAC Nautik | Teledyne ATLAS Hydrographic | Teledyne Reson |
| --- | --- | --- | --- | --- |
| 发射波束宽度 | 0.5°、1°、2° | 1°、2° | 0.5°、1°、2° | 1°、2° |
| 接收波束宽度 | 1°、2° | 1°、2° | 1°、2° | 1°、2° |
| 波束脚印是否等距一致 | 是 | 是 | 是 | 是 |
| 侧扫功能 | | | | |
| 系统是否具备侧扫功能 | 标准配置 | 是 | 是 | |
| 每条带的侧扫样本数量 | 58000 @ 750m | | 10000/ping | |
| 精度 | | | | |
| 系统的统计计算精度（cm RMS） | 满足 IHO-SP44 特级，0.2%倍水深/5cm | 0.2% 倍水深 | 优于 0.3m，0.2%倍水深（2σ） | |
| 最大可以允许的测量船速/kn | 16 | 12 | 10 | |
| 测量模式 | 等距、等角、高密（等距） | 等角、等距 | 等角、等距 | 等角、等距 |
| 声束 | | | | |
| 是否实时应用波束折改正 | 是 | 是 | 是 | 是 |
| 在实时数据采集过程中系统是否能够采集和集成声速剖面 | 是 | 是 | 是 | 是 |
| 姿态补偿 | | | | |
| 兼容的运动姿态传感器系统 | Seatex Seapath 和 MRU、Applanix POS/MV、Coda Octopus、IXSEA | 所有具有 TSS-1，PASHR 输出的协议的姿态传感器 | | |
| 要求 MRU 达到的动态精度 | 纵摇/横摇：0.02°；涌浪：5cm | 纵摇/横摇：0.02°；涌浪：5cm | 纵摇/横摇：0.02°；涌浪：5cm | |
| 运动补充 | Roll 稳定波束±15° Pitch 稳定波束±10° Yaw 稳定波束±10° | Roll 稳定波束±10° Pitch 稳定波束±10° Yaw 稳定波束±5° | Roll 稳定波束±10° Pitch 稳定波束±5° Yaw 稳定波束±5° | Pitch 稳定波束±10° |

（续）

| Brand 厂商 | Kongsberg Maritime | L-3 ELAC Nautik | Teledyne ATLAS Hydrographic | Teledyne Reson |
|---|---|---|---|---|
| 传感器 | | | | |
| 到处理器单元的接口 | 换能器表面声速,位置,姿态,艏向,1PPS,单波束水深 | 换能器处声速,声速剖面,姿态,位置,艏向 | 换能器处声速,声速剖面,姿态,艏向,1PPS,单波束水深 | 换能器处声速,声速剖面,姿态,位置,1PPS,单波束水深 |
| 兼容软件 | | | | |
| 在数据采集时在线获取水深数据 | 是 | 是 | 是 | 是 |
| 采集控制软件 | SIS 软件 | Hydrostar 软件 | ATLAS HYDROMAP CONTROL 软件 | PDS2000 |

表 3-3 主流中深水多波束（7000m 级）性能指标

| Brand 厂商 | Kongsberg Maritime | L-3 ELAC Nautik | Teledyne ATLAS Hydrographic |
|---|---|---|---|
| 产品型号 | EM 302 | SeaBeam 3050 | Hydrosweep MD30 |
| 声纳探头的物理属性 | | | |
| 发射换能器 长×宽×高 | 2972mm×350mm×160mm (1°×1°) | 3134mm×402mm×176mm (1°×1°) | 2364mm×170mm×127mm (1°×1°波宽) |
| 接收换能器 长×宽×高 | 406mm×2400mm×160mm (1°×1°) | 530mm×3820mm×195mm (1°×1°) | 190mm×2584mm×127mm (1°×1°波宽) |
| 发射机尺寸 | 540mm×750mm×1107mm | 904mm×483mm×1352mm | |
| 电源要求 | <2000W | 1700W | 1200W |
| 性能参数 | | | |
| 海底探测方法 | 相位和振幅探测 | 组合振幅和相位探测 | High-Order 波束形成 |
| 频率 | 26~34kHz | 50kHz | 24~30kHz |

（续）

| Brand 厂商 | Kongsberg Maritime | L-3 ELAC Nautik | Teledyne ATLAS Hydrographic |
|---|---|---|---|
| 最大 Ping 率 | 30Hz | 50Hz | 40Hz |
| 深度量程 | 10～8000m | 6～7000m | 5～7000m |
| 最小水深 | 10m | 6m | 5m |
| 深度分辨率 | | 4cm | 6.1cm |
| CW 发射脉冲 | 最大 120ms | 0.4～10ms 可调 | |
| FM 扫频脉冲 | | | |
| 最大采样频率 | 10kHz | 10kHz | 10kHz |
| 脉冲类型 | CW 和 FM | 只有 CW | CW 和 chirp |
| 最大覆盖盖率 | 5.5 倍（140°） | 5.5×水深（140°） | 6 倍水深（140°） |
| 最大覆盖宽度 | 7000m | 7000m | 7000m |
| 发射和接收控制 | 8 区分频，动态聚焦 | Sweep 逐次扫射 | |
| 每次发射的最大水深点数 | 864 个；30kHz | 315 个；50Hz | 960 个；10Hz |
| 每条带的波束数量 | 432 个 | 315 个 | 320 个 |
| 多 Ping 功能 | 2swath | 多 Ping-2 | 多 Ping-3 |
| 发射波束宽度 | 0.5°,1°,2° | 1°,1.5°,3° | 0.1°,1.5° |
| 接收波束宽度 | 1°,2° | 1°,2° | 1°,1.5°,3° |
| 波束脚印是否等距一致 | 是 | 是 | 是 |
| 侧扫功能 | | | |
| 系统是否具备侧扫功能 | 标准配置 | 是 | 是 |
| 每条带的侧扫样本数量 | 58000 @ 750m | | 10000/ping |

（续）

| Brand 厂商 | Kongsberg Maritime | L-3 ELAC Nautik | Teledyne ATLAS Hydrographic |
|---|---|---|---|
| 精度 | | | |
| 系统的统计计算精度/cm RMS | 满足 IHO-SP44 特级，0.2% 倍水深/5cm | 0.2% 倍水深 | 优于 0.3 m，0.2% 倍水深（2σ） |
| 最大可以允许的测量船速/kn | 12 | 12 | 12 |
| 声速 | | | |
| 测量模式 | 等角、等距、高密（等距） | 等角、等距 | 等角、等距 |
| 是否实时应用波束折改正 | 是 | 是 | 是 |
| 在实时数据采集过程中系统是否能够采集和集成声速剖面 | 是 | 是 | 是 |
| 姿态补偿 | | | |
| 兼容的运动姿态传感器系统 | Seatex Seapath 和 MRU，Applanix POS/MV，Coda Octopus，IXSEA | 所有具有 TSS-1，PASHR 输出的协议的姿态传感器 | |
| 要求 MRU 达到的动态精度 | 纵摇/横摇：0.02；涌浪：5cm | 纵摇/横摇：0.02°；涌浪：5cm | 纵摇/横摇：0.02°；涌浪：5cm |
| 运动补充 | Roll 稳定波束±15° Pitch 稳定波束±10° Yaw 稳定波束±10° | Roll 稳定波束±10° Pitch 稳定波束±10° Yaw 稳定波束±5° | Roll 稳定波束±15° Pitch 稳定波束±10° Yaw 稳定波束±5° |
| 传感器 | | | |
| 到处理器单元的接口 | 换能器表面声速，声速剖面，姿态，位置，艏向，1PPS，单波束水深 | 换能器处声速，声速剖面，姿态，位置，艏向 | 换能器处声速，声速剖面，姿态，位置，艏向，1PPS，单波束水深 |
| 兼容软件 | | | |
| 采集控制软件 | 是 | 是 | 是 |
| 在数据采集时在线获取水深数据 | SIS 软件 | Hydrostar 软件 | ATLAS HYDROMAP CONTROL 软件 |

表 3-4 主流中浅深水多波束（2000～3000m 级）性能指标

| Brand 厂商 | | Kongsberg Maritime | L-3 ELAC Nautik | Teledyne ATLAS Hydrographic | Teledyne Reson |
|---|---|---|---|---|---|
| 产品型号 | | EM 712 | SeaBeam 3050 | Hydrosweep MD50 | Seabat 7160 |
| 声呐探头的物理属性 | | | | | |
| 发射换能器 长×宽×高 | | 970mm×224mm×118mm（1°×1°） | 1581mm×380mm×125mm（1°×1°） | 2400mm×153mm×193mm（0.5°×0.75° 波宽） | 1477mm×1100mm×100mm（1.5×2） |
| 接收换能器 长×宽×高 | | 490mm×224mm×118mm（1°×1°） | 450mm×2284mm×150mm（1°×1°） | 193mm×2100mm×193mm（0.5°×0.75° 波宽） | |
| 发射机尺寸 | | 540mm×841mm×750mm | 877mm×483mm×177mm | | |
| 电源要求 | | <900W | 1700W | 600W | 500W |
| 性能参数 | | | | | |
| 海底探测方法 | | 相位和振幅探测 | 组合振幅和相位探测 | High-Order 波束形成 | 组合振幅和相位探测 |
| 频率 | | 40～100kHz | 50kHz | 52～62kHz | 44kHz |
| 最大 Ping 率 | | 30Hz | 50Hz | 40Hz | |
| 深度量程 | | 3～3600m | 3～3000m，2cm | 2500m | 3000m |
| 最小水深 | | 3m | 3m | 5m | 3m |
| 深度分辨率 | | 1cm | 2cm | 6.1cm | 12cm |
| CW 发射脉冲 | | 0.2～2ms | 0.15～10ms 可调 | | |
| FM 扫频脉冲 | | 最大 120ms | | | |
| 最大采样频率 | | 20kHz | | 12.2kHz | |
| 脉冲类型 | | CW 和 FM | 只有 CW | CW 和 chirp | CW |
| 最大覆盖倍率 | | 5.5 倍（估计值） | 5.5×水深（140°） | 6 倍水深（143°） | 4 倍水深 |
| 最大覆盖宽度 | | 3650m | 3500m | 3600m | |

（续）

| Brand 厂商 | Kongsberg Maritime | L-3 ELAC Nautik | Teledyne ATLAS Hydrographic | Teledyne Reson |
|---|---|---|---|---|
| 发射和接收控制 | 3 区分频，动态聚焦 | Sweep 逐次扫射 | | |
| 每次发射的最大水深点数 | 800 个 30kHz | 315；50Hz | 960；10Hz | 等距:512 个 等角:150 个 |
| 每条带的波束数量 | 400 个 | 315 个 | 320 个 | 150 个 |
| 多 Ping 功能 | 2 swath 每/Ping | 多 Ping-2 | 多 Ping-4 | 无 |
| 发射波束宽度 | 0.5°，1°，2° | 1°，2° | 0.5°、1°、2° | 1°，2° |
| 接收波束宽度 | 0.5°,1°,2° | 1°，2° | 1°，2° | 1°，2° |
| 波束脚印是否等距一致 | 是 | 是 | 是 | 是 |
| 侧扫功能 | | | | |
| 系统是否具备侧扫功能 | 标准配置 | 是 | 是 | |
| 每条带的侧扫样本数量 | 58000 @ 750m | | 10000/ping | |
| 精度 | | | | |
| 系统的统计计算精度 | 满足 IHO-SP44 特级，0.2% 倍水深/5cm | 0.2% 倍水深 | 优于 0.3 m，0.2%倍水深(2σ) | |
| 最大可以允许的测量船速/kn | 12 | 12 | 12 | |
| 测量模式 | 等角、等距、高密（等距） | 等角、等距 | 等角、等距 | 等角、等距 |
| 声速 | | | | |
| 是否实时应用波束折射改正 | 是 | 是 | 是 | 是 |
| 在实时数据采集过程中系统是否能够数据采集和集成声速剖面 | 是 | 是 | 是 | 是 |
| 姿态补偿 | | | | |
| 兼容的运动姿态传感器系统 | Seatex Seapath 和 MRU, Applanix POS/MV, Coda Octopus, IXSEA | 所有具有 TSS-1,PASHR 输出的协议的姿态传感器 | | |

（续）

| Brand 厂商 | Kongsberg Maritime | L-3 ELAC Nautik | Teledyne ATLAS Hydrographic | Teledyne Reson |
| --- | --- | --- | --- | --- |
| 要求 MRU 达到的动态精度 | 纵摇/横摇:0.02°; 涌浪:5cm | 纵摇/横摇:0.02°; 涌浪:5cm | 纵摇/横摇:0.02°; 涌浪:5cm | |
| 运动补充 | Roll 稳定波束±15° Pitch 稳定波束±10° Yaw 稳定波束±10° | Roll 稳定波束±10° Pitch 稳定波束±10° Yaw 稳定波束±5° | Roll 稳定波束±10° Pitch 稳定波束±5° Yaw 稳定波束±5° | Pitch 稳定波束±10° |
| 传感器 | | | | |
| 到处理器单元的接口 | 换能器表面声速、声速剖面、姿态、位置、艏向、1PPS、单波束水深 | 换能器处声速、声速剖面、姿态、位置、艏向 | 换能器处声速、声速剖面、姿态、位置、艏向、1PPS、单波束水深 | 换能器处声速、位置、姿态、声速剖面、艏向、1PPS、单波束水深 |
| 兼容软件 | | | | |
| 采集控制软件 | SIS 软件 | Hydrostar 软件 | ATLAS HYDROMAP CONTROL 软件 | PDS2000 |
| 在数据采集时在线获取水深数据 | 是 | 是 | 是 | 是 |

表 3-5 主流浅水多波束性能指标

| | RESON T50P | R2Sonic 2024 | ATLAS FS20 | Kongsberg EM2040 | ELAC SBeam 1180 |
| --- | --- | --- | --- | --- | --- |
| 频率 | 190~420kHz | 200~400kHz | 200kHz | 200/300/400kHz | 180kHz |
| 量程范围 | 0.5~575m | 1~500m | 0.5~300m | 0.5~600m | 300/600m |
| 扫测角度 | 165° | 160° | 161° | 140° | 153° |
| 波束角 | 1°×0.5° | 1°×0.5° | 1.3°×1.5° | 0.7°×0.7° | 1.5°×1.5° |
| 波束数量 | 512 | 512 | 1440 | 800 | 126 |
| 测深分辨率 | 6mm | 5mm | 20mm | 20mm | 20mm |
| 采样率 | 50Hz | 60Hz | 16Hz | 50Hz | 25Hz |
| 海底探测技术 | 振幅和相位 | 振幅和相位 | 相干 | 振幅和相位 | 振幅和相位 |
| 运动补偿 | Roll | Roll | Pitch | Roll, Pitch, Yaw | Roll |

图 3-12 和图 3-13 是用多波束测深系统测得的某海缆勘察的海底三维地形图，在复杂地形区选择路由线走向通常很困难，但是用多波束系统测得的地形图对复

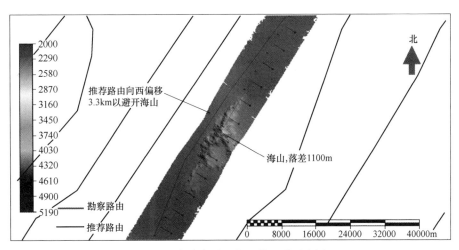

图 3-12 多波束测量的三维地形示意图 1

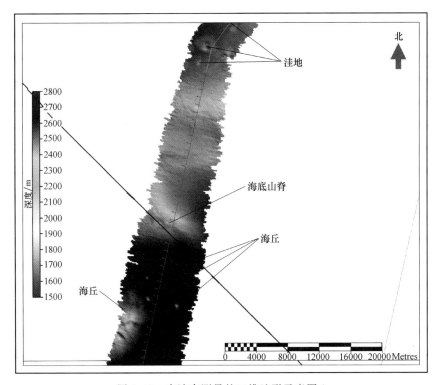

图 3-13 多波束测量的三维地形示意图 2

杂区的地形有了清楚全面的显示，与单波束测得的地形相比，它不会遗漏地形特征，对正确设计路由线有很大的帮助。通过对图中地形的分析选择海山西面的平缓区域作为推荐路由通道，避开此区域内的凸起海山区域，使设计路由线最优化，大大节约了铺设管线的成本。

图 3-14、图 3-15 为利用多波束测深系统得到的海底数字地形模型进行海缆经过的区域以及附近区域的坡度分析，为施工设计提供参考。

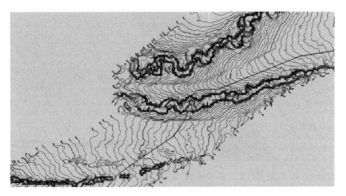

图 3-14　水下地形得到的地形坡度数据示意图

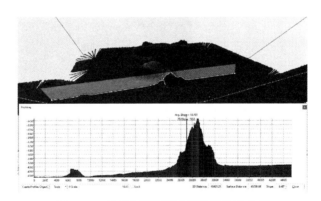

图 3-15　利用水下地形数据进行坡度分析

# 第 4 章
# 侧扫声呐探测

　　海底面状况及障碍物探测是路由勘察的重要内容，因为海底面状况以及海底障碍物直接关系到路由选择、施工设计和施工安全。而海底面状况和障碍物探测主要采用侧扫声呐测量作为勘察技术手段，并最终获取需要的相关信息，但在实际勘察中会结合其他勘察技术共同对海底面状况进行进一步的分析，比如结合浅地层剖面测量以及一定数量的底质取样确认表层沉积物分布。本章节主要介绍侧扫声呐测量技术在海底面状况及障碍物探测的应用。

　　侧扫声呐可以显示微地貌形态和分布，可以得到连续的具有一定宽度的二维海底图像。侧扫声呐由拖鱼式换能器、拖曳电缆和显示控制平台组成。侧扫声呐的换能器线阵向拖鱼两侧发出扇形声波波束，可以使声波照射拖鱼两侧各一条狭窄的海底（照射到海底的宽度与水深成正比），海底各点的回波以不同的时间差返回换能器，换能器将声信号转换为不同强度的电脉冲信号，各脉冲信号的幅度高低包含了对应海底的起伏和海底底质的信息。依靠测量船向前的移动完成两侧带状海底的扫描，通过显示器可得到二维海底的伪彩色或黑白声图，可以显示出海水中和海底的物体轮廓和海底的地貌。

　　与单波束、多波束系统水下目标探测相比，侧扫声呐水下目标探测技术优势体现在如下方面：①采集数据密度大，分辨率高；②识别能力好，能够区分目标物底质特征；③覆盖范围大，测量效率高等。因此，侧扫声呐系统仍是当今水下目标探测的主要方式，但传统侧扫声呐的不足之处是无法获取水下目标精确位置信息。近些年来，随着水下传感器技术的发展，多传感器提供的辅助参数使侧扫声呐探测目标的位置信息更加精确，从而使侧扫声呐成为水下目标精密探测领域中应用最为广泛的一种探测手段。

　　侧扫声呐技术军事应用方面也很广泛，特别在海军扫雷、反潜、海战场环境建设、重要军事训练区扫海测量等方面具有重要的价值；民用方面，在海洋环境监测、海上搜救、海上应急打捞作业、港口航道工程、水下考古和海底碍航物探测等方面也具有广泛用途。

　　侧扫声呐应用于海底微地貌探测是在 20 世纪 50 年代由英国海洋地质学家提出的，60 年代后，英、美、法等国陆续开发出侧扫声呐的实用产品。80 年代以后，计算机技术广泛应用于侧扫声呐，90 年代，出现了数字化的侧扫声呐，使这一技术得到了进一步的发展。

传统的侧扫声呐只能形成二维的声图，而得不到水深数据，为了提高测量效率，开发出了三维侧扫声呐，其工作原理是在每侧至少使用两条接收换能器阵元，通过测量信号到达两阵元间的相位差，得到侧向水深数据。而随着水下导航和高速数字信号处理等技术的快速发展，以及多子阵成像和运动误差估计等方面的研究工作不断取得新的进展，作为新一代的侧扫声呐——合成孔径声呐研究亦取得快速发展，也给侧扫声呐技术的发展提供了另外一个方向的可能。

# 4.1　侧扫声呐的基本原理

## 4.1.1　基本原理

侧扫声呐（Side Scan Sonar）也叫旁扫声呐、旁视声呐，是采用声学换能器对海底进行扫描，获得海底回波信号，实现海底地貌成像的一种物理调查方法。当换能器发射一个声脉冲后，声波以球面波方式向远方传播，碰到海底后反射波或反向散射波沿原路线返回到换能器，距离近的回波先到达换能器，距离远的回波后到达换能器，一般情况下，正下方海底的回波先返回，倾斜方向的回波后到达。这样，发出一个很窄的脉冲之后，收到的回波是一个时间很长的脉冲串。硬的、粗糙的、突起的海底回波强，软的、平坦的、下凹的海底回波弱。被突起海底遮挡部分的海底没有回波，这一部分叫声影区。这样回波脉冲串各处的幅度就大小不一，回波幅度的高低就包含了海底起伏软硬的信息。一次发射可获得换能器两侧一窄条海底的信息，设备显示成一条线。在工作船向前航行，设备按一定时间间隔进行发射/接收操作，设备将每次接收到的一线线数据显示出来，就得到了二维海底地形地貌的声图。声图以不同颜色（伪彩色）或不同的黑白程度表示海底的特征，操作人员就可以知道海底的地形地貌。图 4-1 显示了主动式声呐系统的基本组成部件。这从一个简单的回声测深仪直到如此复杂精密的侧扫声呐，各系统的差异在于它们的设计细节以及组成各个部件的器件电路不同。主动式和被动式声呐的不同在于：主动式声呐系统中，系统发射一声信号，并且收听从目标反射回来的信号；而被动式声呐系统中，它自己不向下发射声信号，只是用自己的方式收听水中的声信号。

换能器是任何声呐系统的核心部件，它是将一种能量转变成另外一种能量的装置。大多数声呐的换能器是压电陶瓷的，这种物质具有这样一种物理特性，当一个电压加到它上时，将引起它的物理形态发生改变，它将由发射机所产生的振荡电场转换成机械形变，这种形变传送到水中，在水中产生振荡的压力即声脉

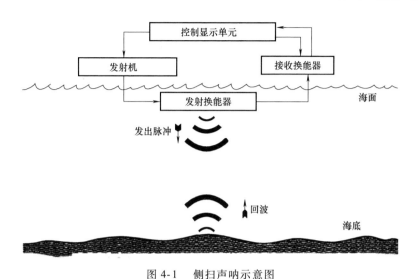

图 4-1 侧扫声呐示意图

冲。声波在水中，按照水的物理性质所确定的方式传播，直到它碰到一些物体，例如海底或在水中的目标，一部分声波离去，一部分被反射返回到换能器基阵。

同一个换能器既可用来发射声呐脉冲，又可用来收听反射的回声信号。换能器又是一种检测声压力变化的机械装置，它将压力变换转换成电能。这种电能被声呐的接收部分检测并且放大。最后，必须有一个具有控制功能的主单元，对系统各个部件同步操作提供一个标准的精确的钟。一控制部分将显示所接收的数据，如测深仪上闪烁的灯或高分辨率的屏幕显示，以及热敏记录纸显示侧扫声呐/浅地层剖面仪所接收的数据。

声呐系统并不是直接测量深度或者距离的。声呐实际上是测量和显示的是时间，这一时间是从所发射的声呐脉冲离开换能器阵在介质中传播到目标，然后返回换能器的时间。声呐的精度取决于系统测量这个时间的准确度。然而，通常我们对时间不感兴趣，而对距离感兴趣，我们将声呐作为一个测量工具，所关心的是从换能器到目标的距离。这个距离是与声波的传播时间相关的，即与声波在水中的速度相关的，十分碰巧这是一个已知数字。当确定距离时，应考虑到我们测量的是二倍程的传播时间，必须加以校正。

声呐信号在进行必要的处理后，送到记录显示单元（如 CRT，热敏记录仪等），并且可以存储在大容量的记录媒体上（如硬盘）。

通常侧扫声呐图像由两个通道组成，这两个声呐通道靠在一起，被称为"中心输出"显示。图 4-2 中显示了两个通道的记录数据，记录数据的中心，相当于拖鱼的轨迹。并且显示在左侧和右侧的声呐数据，分别对应于拖鱼的左舷和右舷换能器。垂直波束角足够宽，它们完全覆盖了拖鱼的正下方。

侧扫声呐和多波束均为条带式扫海系统。波束打到凸起或凹陷地物的地方，因掠射角和距离变化的双重作用，回波较强，形成图像的暗区；相反，打不到的地方，回波较少，图像色泽较浅，形成图像的亮区。多 Ping 测量形成条带，多条带镶嵌形成海底声呐图像。

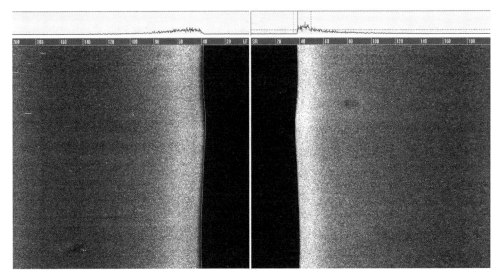

图 4-2　两个通道的记录数据

## 4.1.2　侧扫声呐系统组成

侧扫声呐系统是由多个子系统组成的复杂系统，尽管不同型号侧扫声呐系统在设计细节上有所差异，但其基本组成相同，大体上可分为侧扫声呐声学系统、外围辅助传感器、数据实时采集处理系统和成果输出系统。而一般的侧扫声呐按硬件组成划分的话主要分为两个部分：水上控制单元和水下拖鱼单元，其中水上控制单元包括数据实时采集处理系统和成果输出系统，而水下拖鱼单元一般包括侧扫声呐声学换能器、罗经和姿态传感器，而 GPS 和声速剖面仪则为外部辅助设备。图 4-3 给出侧扫声呐系统的基本组成单元。

换能器作为侧扫声呐声学系统，是系统的核心部件，它是声电转换装置。大多数侧扫声呐换能器采用压电陶瓷结构，当一个电压加到发射换能器上时，引起其物理形态发生改变，将由发射机所产生的振荡电场转换成机械形变，这种形变传送到水中，在水中产生振荡压力，即声脉冲；同样，接收换能器用来接收回声信号，通过检测声压力变化，将这种压力变化转换成电能。现代侧扫声呐系统在换能器设计时采用收发合一的线列阵，使声能在水平线以下范围内集中。

外围辅助传感器主要包括定位传感器、姿态传感器、声速剖面仪和罗经。定

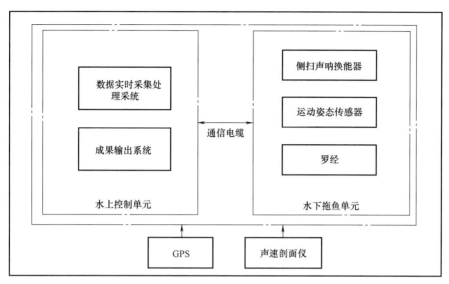

图 4-3 侧扫声呐系统的基本组成单元示意图

位传感器采用 GPS 定位系统，主要用于测量时的实时导航和定位，为侧扫声呐换能器提供位置信息；姿态传感器主要负责换能器横摇、纵摇和艏摇参数采集，实时反映换能器姿态变化，用于后续声呐图像改正；罗经主要提供拖体航向，用于后续回波点归位计算；声速剖面仪用于获取海水中声速空间变化结构，它直接影响回波点点位归算精度。

　　侧扫声呐数据采集系统实现波束形成，将接收到的回波信号转换为数字信号，并反算、记录其往返程时间。数据实时处理系统主要指甲板实时处理单元，根据数据采集系统获取的数据，实时显示海底声呐图像，便于操作者了解成果有效性，指导后续工作。成果输出系统主要包括数据后处理及成果输出。综合各类外业数据，通过相关数据处理软件对这些数据进行处理，最终获得各有效波束在海底反射点在地理坐标系下的坐标及反射强度，最终形成测量成果，输出声呐图像。

## 4.1.3 侧扫声呐的几何关系

　　侧扫声呐的几何关系是人们对侧扫记录判读解释的关键。装有换能器的声呐载体（拖鱼）被拖曳在海面下一定深度。记录的开始时间是声呐的发射脉冲。声呐测量和显示是从拖曳载体到反射物体的距离，并且任何事物都必须参照这一点。

　　同一个换能器在发射声脉冲后即开始收听回声，发射脉冲也可看成是一个信号，事实上它是非常强的，在每个通道的显示开始部分形成非常黑的标志。下面接着将是一时间周期，在这段时间内声呐脉冲通过水体并且没有产生任何回声。如果有一群鱼出现在这一水域，这样在记录上将出现一块黑色区域，除非没有任何物体。

到达的第一个回声信号可能是来自于水面或是来自于声呐把鱼下方的海底面反射信号，这取决于声呐拖鱼在水柱中的位置。由于侧扫声呐声波束在水平面是狭窄的，而在垂直面是宽的，声波即可到达海面又可以到达声呐拖鱼的下方的海底，在图4-4中由于声呐拖鱼更靠近海面，记录所显示的第一回声信号是从海面返回的回声信号，呈现出一条不连续的线。接着底部的回声信号将到达，然后相对于声呐更远距离上的海底回声信号将依次到达声呐。从最初输出脉冲所产生的深色的线起，随着距离增加，相应的回声信号将被打印在记录纸上，注意这些是倾斜距离，并不代表从调查船航迹的海底面上投影到海底面上某一点的真实水平距离。真实的水平偏移通过计算容易得出。

凸出海底面物体将阻挡声波到达超出物体后一定距离的海底。这样在最终的记录上将出现一块白色的声学阴影的区。无论是在看一通道或二通道的声呐记录数据，无论它是如何取向，在头脑中始终保持着侧扫声呐几何关系，对记录的解释和对图像的判读将是非常有益的。

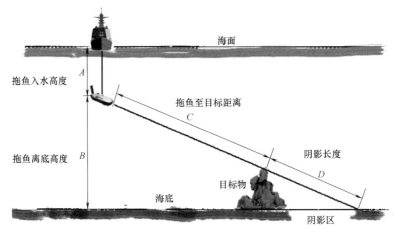

图4-4  侧扫声呐目标探测示意图

## 4.2  合成孔径声呐

合成孔径声呐技术作为现代最先进、最新型的水下探测成像技术，它以合成孔径理论为基础，结合合成孔径雷达的技术，是国际水声高科技研究产品之一。目前，合成孔径声呐是国内外海洋探测领域的研究热点和前沿之一，它通过二维或三维的成像结果，使人们获取对水底地形地貌直观而准确的资料，并且克服了传统水下光学成像、水声成像等技术分辨率受距离影响大的缺点，是远距离、大面积海底测绘成像的理想选择。

## 4.2.1　基本原理

合成孔径声呐（Synthetic Aperture Sonar, SAS）的基本原理是利用小尺寸基阵沿空间匀速直线运动来虚拟大孔径基阵，在运动轨迹的顺序位置发射并接收回波信号，根据空间位置和相位关系对不同位置的回波信号进行相干叠加处理，从而形成等效的大孔径，获得沿运动方向（方位向）的高分辨力。合成孔径声呐的原理示意如图 4-5 所示。

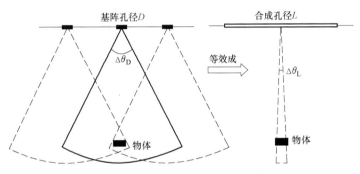

图 4-5　合成孔径声呐原理示意图

合成孔径声呐（SAS）是一种用于水下的主动式高分辨率声波成像技术，解决了侧扫声呐方位向分辨率和基阵孔径尺寸、工作频率的矛盾，但信号处理过程比侧扫声呐复杂。SAS 通过小孔径基阵在方位向的移动，合成一个虚拟的大孔径，从而得到比基阵孔径高的方位分辨率。由于虚拟孔径与距离成正比，方位向的理论分辨率与距离和频率无关，只与基阵孔径有关。

从原理上来说，合成孔径声呐的方位向空间分辨能力与声呐的工作频率和作用距离都没有关系，而仅与基阵的实际声学孔径有关。由于分辨力与距离无关，因而可对远距离目标实现高分辨率成像，而且远距离与近距离空间分辨率一样，因而可以获得比较均匀的空间分辨力，换句话说，就是成像的保真度比较高。由于分辨力与工作频率无关，因而可以采用较低工作频率，特别适合掩埋物和底质探测。由于合成孔径声呐对目标的探测是采用多次照射和相干积累处理实现的，所以点目标信噪比改善较大，适合于漫散射背景下孤立目标的检测（如混响背景下水雷的探测）。也就是说 SAS 可以工作在比侧扫声呐低的频率，以获得分辨率和穿透性的结合，可用于探测掩埋目标。SAS 高分辨率包括高距离向分辨率和高方位向分辨率两个方面。高距离向分辨率通过脉冲压缩获得，而高方位向分辨

率通过合成孔径原理获得。

### 1. 方位向分辨率

当声呐发射窄脉冲信号时，距离向分辨率取决于发射脉冲的时间宽度，即

$$\delta_x = \frac{cT_c}{2}$$

式中，$c$ 为声速；$T_c$ 为脉冲时间宽度。

可通过使用较小的 $T_c$ 来获得较高的距离向分辨率。但由于 $T_c$ 过小时，发射信号能量过小，以至于不能保证声呐的作用距离。为了解决这对矛盾，SAS 发射时间宽度较宽的线性调频信号。对回波进行匹配滤波处理，可以得到一个能量集中的窄脉冲，从而获得该窄脉冲决定的距离分辨率。SAS 的距离向分辨率为

$$\delta_x = \frac{c}{2B_c}$$

式中，$B_c$ 为信号带宽。

SAS 的距离向分辨率与发射信号的带宽成反比，与发射脉冲的时间宽度无关。方位分辨率是 SAS 相对于侧扫声呐的主要优势。发射阵方位向尺寸为 $D$，发射信号波长为 $\lambda$ 时，其半功率点波束宽度大约为

$$\theta_{3dB} = \frac{\lambda}{D}$$

对于实孔径声呐系统，在距离发射阵 $r$ 处，方位向分辨率为

$$\delta_y = \frac{\lambda}{D}r = \frac{cr}{fD}$$

式中，$f$ 为信号频率。

从上式可以得出，声呐基阵孔径越大，信号频率越高，方位向分辨率越高。但基阵孔径越大，成本越高，越难实现，且载体平台也会限制基阵孔径，因此很难通过安装很大尺寸的阵列孔径来获得高分辨率。频率越高，海水对信号的吸收越大，从而限制声呐作用距离。此外，当目标距离越大时，方位向分辨率越低，很难在远距离处得到高的分辨率。合成孔径声呐技术使用真实孔径的运动，在多个位置发射和接收信号，通过相干处理合成一个虚拟的较难实现的大孔径，从而获得比真实孔径高的分辨率。如图 4-6 所示，

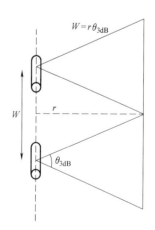

图 4-6　SAS 合成孔径长度示意图

对于距离为 $r$ 的目标，声呐波束的照射宽度为

$$W = r\theta_{3\mathrm{dB}}$$

考虑到发射和接收双程影响，目标相当于使用孔径长度为 $2W$ 的基阵照射，方位向分辨率为

$$\delta_y = \frac{\lambda}{2W}r = \frac{D}{2}$$

可见，与侧扫声呐不同，SAS 的方位向分辨率理论上与信号频率、目标距离无关，完全由基阵尺寸决定。且基阵尺寸越小，方位向分辨率越高。这是因为，基阵尺寸越小，波束越宽，目标接收回波信号的时间越长，对应的合成孔径越长。方位向分辨率的极限为 $\lambda/4$。所以相比侧扫声呐，SAS 可以使用更低的信号频率，获得更高的方位向分辨率。但 SAS 也存在着运动补偿要求高、价格高等问题，因而应用不是很广泛。

### 2. 距离向分辨率

一般来讲，当采用窄脉冲发射信号时，声呐的距离向分辨率与脉冲宽度成正比，即 $\rho_r = c\tau/2$，其中 $c$ 为声速，$\tau$ 为脉冲宽度。这种情况下，可以通过发射更窄脉冲来提高距离向分辨率。但脉冲太窄，为了保证信号的强度，对发射功率要求很高。通常，采用宽带线性调频信号作为发射信号，通过对接收信号进行匹配滤波处理，来得到高的距离向分辨率。如果调频信号带宽为 $B$，则距离向分辨率 $\rho_r = c/4B$。

在进行 SAS 成像之前，首先需要对回波信号进行脉冲压缩，得到距离向高分辨率的距离压缩信号。脉冲压缩有两种处理方法：一种方法是对回波信号去载频，变成基带信号，然后再做脉冲压缩；另一种方法是，在载频上直接做脉冲压缩。

## 4.2.2　系统组成

合成孔径声呐系统是可实时处理数据的声呐系统，它的主要组成部分（见图 4-7）和传统侧扫声呐大同小异，也是分水上部分和水下部分，只是合成孔径声呐系统对于实时姿态要求更高。

### 1. 水上部分

——甲板工作站：供电模块、接线连接箱、采集服务器以及处理服务器；

——水下定位系统；

——甲板通信缆；

——光纤绞车；

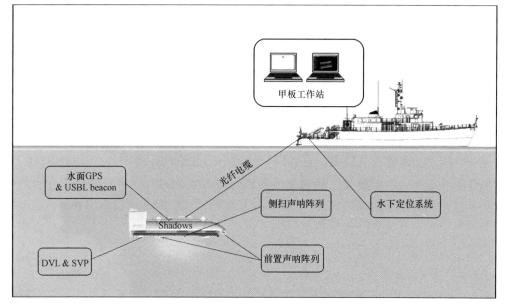

图 4-7　合成孔径声呐系统主要组成示意图

——拖鱼拖缆。

**2. 水下部分**

——拖鱼：INS 惯性导航系统、水下定位应答器、SVP、DVL 多普勒计程仪、水面 GPS、供电模块、侧边声呐和前置声呐的发射单元及接收单元。

### 4.2.3　合成孔径声呐与传统侧扫声呐对比

合成孔径声呐相对于传统侧扫声呐，由于技术的优越性，从图像分辨率、成图效果、对目标物定位精度以及图像镶嵌效果等方面都有着明显的优势；但是拖体相对较大，组件较多，甲板工作站也相对复杂，对于操作相对也复杂。除此之外，合成孔径声呐还具有以下突出的优点：

1）对目标的分辨能力与距离和采用的声信号频率无关，因此既可以采用高频信号进行高分辨率成像，也可以采用低频发射信号进行掩埋目标的探测。

2）可以采用小尺度的声呐基阵以获得高分辨率的目标图像，且方位向分辨率在全测绘带上保持恒定高分辨率，不受作用距离影响，如图 4-8 所示。

3）双频合成孔径成像声呐采用双频高分辨率合成孔径成像技术，是一种新机理水下成像技术；通过双频声图对照，可以有效地判断海底目标的尺寸以及掩埋状态，如图 4-9 所示。

传统侧扫声呐压块影像　　　　　　　合成孔径声呐压块影像

图 4-8　传统侧扫声呐与合成孔径声呐影像对比

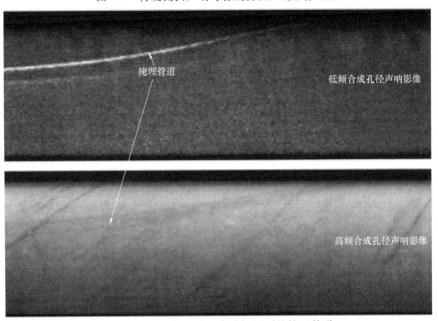

图 4-9　双频合成孔径声呐探测到的掩埋管道

（上下图为同区域、不同频率的扫测影像）

## 4.3 侧扫声呐作业程序

### 4.3.1 外业资料采集

侧扫声呐是一个独立的调查设备，一般由换能器拖鱼模块和甲板控制单元模块组成。如果是在水深大于 50m 区域作业时，考虑到拖鱼定位的精度，一般还需要增加拖缆绞车和水下定位模块。作业时，将拖鱼从船侧或者船尾放入水，用拖缆控制拖鱼离底高度，同时利用水下定位实时提供拖鱼位置。图 4-10 为侧扫声呐测量作业的示意。

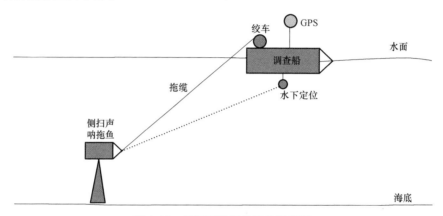

图 4-10　侧扫声呐测量作业示意图

而在实际路由勘察中，除了如水深小于 10m 水深较浅区域外，水深较深区域一般都采用和其他调查设备模块同一个拖体模式进行，最常用的就是侧扫声呐换能器和浅剖仪换能器共用一个拖体，两者同时进行作业，提高效率。随着技术的发展，现在其他的模块也经常共用一个拖体，如多波束和磁力仪也都可以整合在一个拖体里面。

在设备安装之后，需要根据调查的技术要求和现场的水深及底质条件，对仪器设备进行充分调试，主要满足：①根据测线间距选择合理的声呐扫描量程，在路由勘察走廊带内至少 100% 覆盖；②拖鱼距海底的高度控制在扫描量程的 10%~20%，当测区水深较浅或海底起伏较大，拖鱼距海底的高度可适当增大；③侧扫声呐图像清晰。

因此，在实际采集作业开始之前，要在测区进行实验性作业，以充分了解测区的底质情况，使设备调整到最佳的工作参数，比如发射频率、发射信号带宽、船速、设备入水深度等。另外，在作业期间采取一切必要措施，降低噪声和其他干扰因素，提高信噪比，保证记录质量。记录过程中要根据底质的变化情况，对测量参数做出必要调整，以达到更好的测量效果。

在作业过程中，要做好班报表的记录，严格按照计划测线进行测量，如果实际测量偏离计划测线过多，需要进行补测或者重测。

调节好记录时间延迟，使同一测线的记录量程一致，同时要做好数据备份。

## 4.3.2　资料处理及成图

作为海底开发的重要基础设备，侧扫声呐能够实现水下高分辨成像，直接影响着海底探测的科学性与有效性。侧扫声呐数据处理主要包括两个方面：除噪和斜距校正。侧扫声呐是距离成像，工作时换能器距海底高度与系统量程之比可达1：10，因此图像中目标存在着严重的透视收缩、叠掩和顶点位移等几何畸变，目前多采用基于声线跟踪法的斜距功能予以消除；侧扫声呐系统在某时刻接收的回波，是水下各反射声波的矢量和，包含了各种噪声，严重时可造成声图误判。因此，对侧扫声呐数据进行噪声处理十分必要。目前，主要包括以整幅图像为研究对象的光学图像滤波以及一维离散小波变换的实时噪声抑制等方法。而侧扫声呐影像是依据扫描像素的灰度来显示目标轮廓和结构以及地貌起伏形态，其强弱有两种基本变化特征：①隆起形态的灰度特征。海底隆起形态在声呐图像上的灰度特征是前白后黑，亦即白色反映目标阳石实体形态，黑色为阴影；②凹洼形态的灰度特征。海底凹洼形态在扫描线上的灰度特征是前黑后白，亦即黑色是凹洼前壁无反射回声波信号，白色是凹洼后壁迎声波面反射回波声信号加强。

侧扫声呐的资料处理主要就是对声呐图像灰度信号的判读，即根据经验对声呐图像的灰度进行人工数字化的过程。首先，对声呐图像中的干扰信号、噪声及不具有工程意义的回声信号进行辨别和排除。其次，结合海底取样和浅地层剖面特征，进行海底面状况判读。依据声呐图像的灰度和纹理特征，识别海底沉积物类型，摘取不同底质类型分界点的点位数据，通过与相邻测线的比对分析，确定各类沉积物与裸露基岩的分布范围。依据目标的阴影与形状，进行海底障碍物识别和定位。最后，对判读出的海底面特征和海底障碍物，依据拖鱼的安装位置和航向航速进行坐标偏差改正，确定它们的真实位置、分布范围、大小和形状。海底地貌声呐图像的特点决定了判读人员需要有广泛的理论知识和一定的实际经验。判读方法有目视判读和计算机模式识别两种。早期的声图判读很困难，随着系统的改进，图像质量的提高，以及经验的积累，使得目前的图像判读工作变得更容易、可靠。

### 1. 目标判读

目标判读就是通过分析侧扫声呐影像，识别自然的或者人工障碍物和不良地质现象的过程。侧扫声呐适用于高出海底平面的凸起物或水体中的物体，如沉船、礁石、水雷等目标的探测，其成像的主要特点是阴影图像。海底凸起目标，

其朝向换能器的一面阳面，回波能量强，在图像上表示较亮；背向换能器的一面，由于被遮挡，在声图上表现很暗，即目标的阴影。有些声呐系统的显示方式正好相反，目标为深色，阴影为浅色。目标的高度可根据相关公式计算，阴影通常比目标回波包含更多的细节信息，国外很多学者利用其对目标进行检测、识别和分类。随着侧扫声呐图像质量的提高和典型目标图像的积累，对目标物进行判读也变得更加可靠和容易，最终得到目标物的形状、大小、阴影、灰度和相关物体等信息。

### 2. 地形判读

因为侧扫声呐的高分辨率，利用它可检测出只用水深测量无法检测出的细小地形、沙波的变化。在开阔的测区，可通过障碍物周围沙波大小、高度和方向的变化，判定流速和流向的变化。一般而言，海底地形凸起时，阳面回波信号强而阴面回波信号弱，在距离向上形成先浅后深的图像特征。海底地形凹陷时，正好相反。这部分信息一般需要与勘察所获取的地形数据进行对比，互相验证。

### 3. 底质判读

声图的灰度主要反映两种信息：地形和底质。回波强度与底质的作用主要有两个因素：底质的声学特性和粗糙度。海底的粗糙度是指声图分辨率大小范围内海底起伏的程度，与沉积物类别直接有关。但完全依据侧扫声呐图像确定海底表层的底质类型和分布情况是很困难的，必须借助于对海底地质构造和地貌特征的了解，通过结合浅地层剖面图像以及与现场底质采样结果的比对分析，得出真实可靠的判读结论。

## 4.4 侧扫声呐测量在海缆勘察中的应用

随着海洋开发的逐步发展，近海港口、码头、航道、填海造地、桥梁等工程建设需要面临一个新的问题，那就是可能和已有的人类构筑物或遗弃物（比如海底管线、人工鱼礁、沉船、爆炸物等）发生冲突。侧扫声呐因具有获取高分辨率的影像成果特性，因此，侧扫声呐测量在海缆勘察中的应用主要三方面：海底障碍物探测、海底底质分类辅助和其他辅助功能。

### 1. 海底障碍物探测

海底障碍物对项目建设的影响极其重大，在某些特定的水域，甚至会颠覆一个项目的方案，因此在工程建设的前期阶段，对海底障碍物进行排查是重要而迫切的。海底障碍物的类型很多，主要分两类：①海底自然障碍物，如基岩、砾石、沙波、沙脊等；②人工障碍物（包括沉船、废弃建筑物、抛弃贝壳堆、缆线、管道等），这些障碍物都会对施工造成很大的影响，如果在施工中发生埋设机遇到障碍物无法移动，需要将海底光缆砍断重新接头，这样不但会造成上经济上的损失，而且海底光缆和施工的质量也无法保证。

（1）沉船

沉船是海底常见的障碍物，也是海底光缆路由需要避让的障碍物。图 4-11 为海底沉船的侧扫声呐影像。

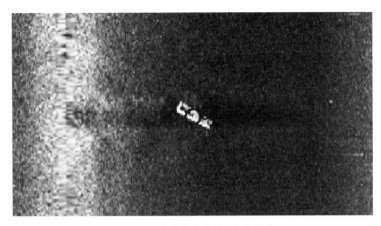

图 4-11　海底沉船侧扫声呐影像

（2）海底管线

已建的海底管线对新建的海缆工程施工会有影响，路由勘察必须要查明海底管线的准确位置和状态。裸露的海底管线可以利用侧扫声呐测量，以获取确切的位置，也可以通过图像上的阴影位置计算出管道裸露高度以及悬空情况等信息。图 4-12 为海底裸露管道的侧扫声呐影像。

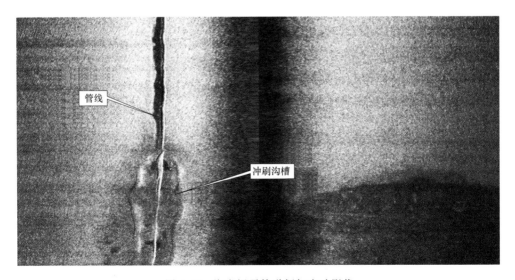

图 4-12　海底裸露管道侧扫声呐影像

（3）裸露基岩

海底光缆铺设一般不选择从裸露基岩上穿过，一是因为裸露基岩对海缆的摩擦影响比较大，长时间摩擦容易造成海缆的破损，另外一个原因是如果是位于设计需要埋设的区域，在基岩上进行挖沟难度很大，代价也大。因此裸露基岩探测也是侧扫声呐测量在路由勘察中的一个主要应用。图 4-13 为海底裸露基岩的侧扫声呐影像。

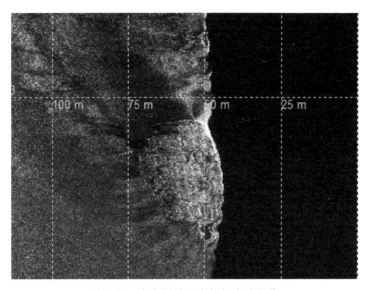

图 4-13 海底裸露基岩侧扫声呐影像

（4）沙波

沙波是砂质海底常见的一种地形形态，是底质迁移的重要形式，一般是在一定的底质、地形和水流条件下产生。由于沙波一般都具有一定的移动变化能力，因此沙波地貌不仅会影响光缆的施工安全和埋深深度，而且海缆铺设长时间后，沙波的移动可能会造成海缆的裸露和悬空的情况出现。因此，结合侧扫声呐和多波束测量对沙波的位置、大小、形态进行测量，是海缆穿过沙波区域路径选择的主要参考信息。图 4-14 为海底裸露基岩以

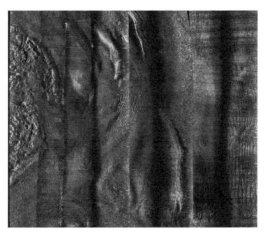

图 4-14 海底裸露基岩以及附近的沙波区域侧扫声呐影像

及附近的沙波区域的侧扫声呐影像。

（5）其他海底障碍物

除了上述这些常见的海底障碍物，海底也存在其他一些人工散落或者自然形成的微地貌物体，如倾倒废弃物、散落集装箱等。因为侧扫声呐影像只能判断物体形态大小等外观信息，很多时候无法完全对该物体定性。因此在没有完全把握的时候，用侧扫声呐在路由区域扫测到的一些太靠近路由线路上的海底物体都归为障碍物，并对该障碍物进行规避。图4-15为海底倾倒废弃物的侧扫声呐影像。

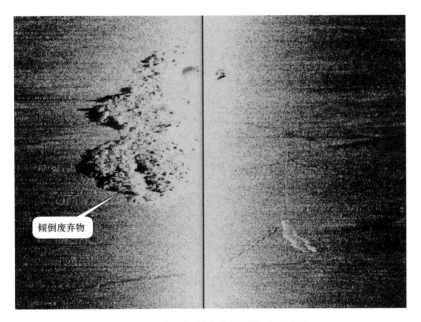

图4-15 海底倾倒废弃物侧扫声呐影像

### 2. 海底底质分类辅助

侧扫声呐除了可以探测海底微地貌中的各种障碍物外，也可以利用声学信号反射和衰减的情况，再结合底质取样验证，大致可以计算出海底底质的大致类型，如黏土、砂和基岩等底质类型，并绘制出海底底质分布图供设计参考。图4-16为根据侧扫声呐绘制的海底底质分布图。

### 3. 其他辅助功能

在近岸浅海区域，侧扫声呐还可以用来扫测海底面上的渔网拖网拖痕和船只锚泊留下的痕迹，这些拖痕和锚痕一般不会对埋设施工产生影响，但从整个区域的拖痕和锚痕的分布可以帮助判断区域的海洋渔业活动强度，从而可以给路由选择和埋深设计提供参考。图4-17为渔网拖痕和锚痕的侧扫声呐影像。

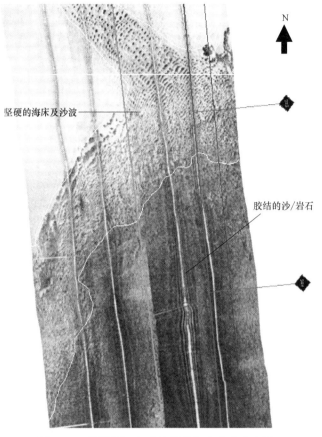

坚硬的海床及沙波————

胶结的沙/岩石

N

图 4-16　根据侧扫声呐绘制的海底底质分布图

图 4-17　渔网拖痕和锚痕侧扫声呐影像

## 4.5 主要设备

### 1. 传统侧扫声呐

1960年世界首台侧扫声呐系统于英国海洋科学研究所问世，用于海底底质调查。20世纪60年代中期，侧扫声呐技术得到改进，提高了分辨率等性能，并开始使用拖曳体装载换能器阵。70年代，出现了适用于不同用途的侧扫声呐，并首次实现系统的数字化。美国Benthos公司生产的SIS-1500、SIS-3000系列是工业界第一部全数字调频（Chirp）侧扫声呐，它能够数字合成和发射线性调频脉冲，分辨率与带宽成正比。美国的Klein Associates公司生产的Series5000系列多波束声呐系统号称是世界上综合性能最高的侧扫声呐系统，其工作频率是455kHz，具有高速拖曳和高分辨两大特点。EdgeTech公司生产的全谱调频侧扫声呐是一种校准的宽带数字调频声呐，能提供定量的、高分辨率、低噪声的侧扫图像结果。它可以发射两个不同中心频率的线性调频脉冲（75/410kHz、120/410kHz）。现代侧扫声呐广泛用于海洋地形调查和探测海底礁石、沉船、管道、电缆以及各种水下目标等。研制更加先进的侧扫声呐设备，使其作用距离更远、探测结果更加可靠，是各国军方的一个重要任务，也是推动侧扫声呐技术向前发展的重要动力。侧扫声呐是海洋测绘的主要设备之一，经过几十年的高速发展，传统的侧扫声呐如今已经进入成熟阶段，近几年来并无重大技术进展，其进步主要是体现在各部件技术工艺的逐渐成熟和观测设备的精度等细节之上。目前主流商用侧扫声呐的生产厂家主要有美国的EdgeTech公司和美国的L3公司，另外还有一些其他公司也有相对成熟的侧扫声呐产品，但市面占有较大份额的主要是前面两家，这两家的主要侧扫声呐设备技术指标见表4-1。

表 4-1　EdgeTech 公司和 L3 公司的侧扫声呐设备技术指标

| 产品<br>项目 | EdgeTech 4200<br>100/400kHz | EdgeTech 4200<br>300/600kHz | L3 Klein 4000 | L3 Klein 5000 |
|---|---|---|---|---|
| 脉冲类型 | 全频谱 Chirp<br>调频脉冲 | 全频谱 Chirp<br>调频脉冲 | CW/FM | CW/FM |
| 频率 | 100/400kHz | 300/600kHz | 100/500kHz | 455kHz |
| 单边最大量程 | 500m@ 100kHz<br>150m@ 400kHz | 230m@ 300kHz<br>120m@ 600kHz | 600m@ 100kHz<br>200m@ 400kHz | 250m |
| 水平波束宽度 | 0.64°@ 100kHz<br>0.3°@ 400kHz | 0.64°@ 300kHz<br>0.3°@ 600kHz | 0.7°@ 100kHz<br>0.3°@ 400kHz | 0.4° |
| 横向分辨率 | 8cm@ 100kHz<br>2cm@ 400kHz | 3cm@ 300kHz<br>1.5cm@ 600kHz | 8cm@ 100kHz<br>1.75cm@ 400kHz | 3.75cm |

（续）

| 产品<br>项目 | EdgeTech 4200<br>100/400 kHz | EdgeTech 4200<br>300/600 kHz | L3 Klein 4000 | L3 Klein 5000 |
|---|---|---|---|---|
| 纵向分辨率 | 2.5m@ 100kHz<br>0.5m@ 400kHz | 1m@ 300kHz<br>0.45m@ 600kHz | — | 10cm@ 38m，<br>20cm@ 75m，<br>36cm@ 150m，<br>50cm@ 250m |
| 脉冲长度 | 20ms@ 100kHz<br>10ms@ 400kHz | 10ms@ 300kHz<br>5ms@ 600kHz | 5mm | 50μs(CW)，<br>4、8、16ms(Chirp) |
| 垂直波束宽度 | 50° | 50° | 50° | |

#### 2. 合成孔径声呐

国际上已出现了多种不同型号的 SAS 系统样机，如 5 个欧洲国家参与研制的 SAMISAS、Raython 公司的 DARPASAS、法国汤姆逊公司的 IMBAT3000SAS、法国 IXSEA 公司的 SHADOWSAS 和新西兰 Canterbury 大学的 KiwiSAS。在此基础上，美国和欧洲国家推出了一系列商用合成孔径声呐产品，美国、法国、挪威和瑞典海军也陆续开始装备合成孔径声呐作为反水雷装备，典型产品包括瑞典 FOI 研制的 SAS、挪威 FFI 研制的 SAS、法国 IXSEA SAS、意大利 NATO NURC SAS、美国 CSS SAS 等。但从公开的文献调研看，国外尚没有推出双频合成孔径声呐设备。

而我国一些声学研究机构，如中国科学院声学研究所、海军工程大学等，在国家科研项目的支持下，于 20 世纪 90 年代也开始启动对 SAS 的研究，经过 10 多年的发展，理论和技术取得了很大进展，先后研制了高频系统、低频系统样机，并在近年进行双频合成孔径声呐研制，在高频和低频合成孔径成像技术集成的过程中解决了重量、体积、功耗、双频同步工作、可靠性和稳定性等一系列关键问题，完成了双侧双频系统，并进行了多次湖上和海上试验，取得了清晰的水底成像结果。而目前国内苏州桑泰海洋仪器研发有限责任公司先后生产了高频合成孔径声呐（110kHz）、低频合成孔径声呐（12kHz）、中频合成孔径声呐（20kHz）以及高低双频合成孔径声呐，并且已经交付多个部门使用，其中低频合成孔径声呐成像技术的研究处于前沿技术。

以下主要列出两款比较有代表意义的产品：法国 IXSEA 公司 SHADOWS 合成孔径声呐，是国内进口的第一套合成孔径声呐；而苏州桑泰海洋仪器研发有限责任公司 SHARK SAS DF 双频合成孔径声呐，是国内自主研发的第一套双频合成孔径声呐。

（1）法国 IXSEA 公司 SHADOWS 合成孔径声呐（见图 4-18）

1）物理指标：

拖体尺寸：220cm×120cm×75cm LWH

重量：空气中重450kg/水中零浮力

操作最大水深：300m

最大水深：400m

功率：600W（220V 50/60Hz）

2）系统性能：

换能器的物理长度：2m

侧扫声呐频率：100kHz

前置声呐频率：300kHz

发射通道：每侧3个

接收通道：每侧24个

测量范围（单侧）：300m/拖鱼5节　　150m/拖鱼10节

分辨率：恒定15cm，后处理后可达5cm

图4-18　法国IXSEA公司生产的SHADOWS合成孔径声呐

（2）苏州桑泰海洋仪器研发有限责任公司SHARK SAS DF双频合成孔径声呐（见图4-19）

1）物理指标：

拖体尺寸：430cm×50cm LD

重量：空气中重700kg

最大水深：300m（可定制）

功率：1500W（220V 50/60Hz）

2）系统性能：

高频频率：110kHz

低频频率：12kHz

测量范围（单侧）：300m@ 3kn、250m@ 4kn、150m@ 6kn

高频方位向分辨率：0.1m

低频方位向分辨率：0.2m

高频距离向分辨率：0.08m

低频距离向分辨率：0.1m

图 4-19　苏州桑泰海洋仪器研发有限责任公司生产的 SHARK SAS DF 双频合成孔径声呐

# 第 **5** 章

# 海底地层剖面探测

海底地层剖面探测，是利用海洋地球物理的勘探方法来探测海底地质信息。海底地层是海洋科学的重要组成部分，对海底地层的研究可以获得相关海域的地层沉积关系、地层构造变化、地质演变历史等信息，因此地层探测被广泛地应用于诸多领域，包括石油、天然气、天然气水合物等能源领域，码头、涉海桥梁、电缆管道等工程建设相关的灾害地质因素调查和环境工程检测与研究，以及地球内部构造的研究。

根据我国路由勘察的相关规范要求，在 200m 以浅的浅海段，人类活动较为频繁，为了保证敷设海缆的安全运行，海缆要求埋设，而鉴于不同的海域和海底底质，埋设深度一般要求在 1~3m 不等，因此海底浅部地层结构的探测对海缆的设计和施工格外重要。

在海缆路由勘察中，地震勘察和声波探测可以用来解决下列问题：①测定覆盖厚度或基岩埋深；②划分浅层地质剖面；③探查隐伏断层、滑坡等灾害地质问题；④测定岩土或岩体的工程力学参数。随着地震勘察及声波探测技术的不断发展，数据处理水平的不断提高，不仅仅在海缆路由勘察中，它们在工程地质勘察中的应用也越来越广泛。

在海缆路由勘察过程中，所涉及的海底地层剖面探测方法主要为浅地层剖面探测、单道地震勘探以及高分辨率多道地震勘探，其中浅地层剖面探测穿透较浅，但是能提供浅部地层（约 30m 以内）的细部构造和分层信息，而且仪器装卸方便、操作简单、资料处理和解释相对较为容易，因此应用较广；单道地震勘探穿透更深（可大于 100m），在部分海域可以追踪到基底，其设备对船只要求相对较高，海缆路由勘察也有较多的应用；高分辨率多道地震勘探可以达到几百米的穿透，对作业船只和操作人员都有较高的要求，同时其资料处理和解释也需要专业的软件和人员，因此一般有特殊需要的海缆勘察才使用高分辨率多道地震勘探。

## 5.1 基本原理

地震波在传播的过程中，基本遵循几何光学的传播规律，当地震波遇到波阻抗分界面时，将产生反射波、折射波和透射波（见图 5-1），也就构成了不同的地震勘探方法。反射波法是观测地震波从不同波阻抗界面反射回海面的地震波动，用于研究海底岩层的产状、结构、构造等，特殊条件下还可以解译出岩性信息，其探测范围从十几米到几千米，因此适用大多数海域的海底地层剖面的地质构造探测。折射波法是观测以临界角入射地层界面后，沿着地层界面传播再返回海面的地震波，其形成条件较为苛刻，且解译的信息相对较少，因此应用范围受到较大限制。透射波法是研究穿透不同地层界面的地震波传播性质的勘探方法，其震源和检波器要分布于地层的两侧，一般应用于钻井或者坑道探测，用于精确探测地层的岩性性质，在陆地地震勘探中是重要的补充测量，代表方法为垂直地震剖面法（VSP）。上述三种勘探方法，以反射波法应用最为广泛，特别是在海缆路由的调查中。

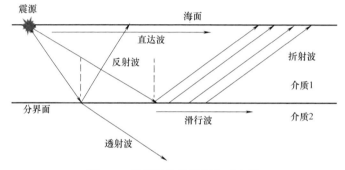

图 5-1　地震波的传播规律示意图

地震勘察根据检波器的布放方法主要可分为两大类：常规的地震勘探和 OBS（Ocean Bottom Seismometer）地震勘探。常规的地震勘探一般为震源和检波器用同一条船拖曳作业，根据震源可分为气枪震源、电火花（包括 Boomer）震源和声波震源，其中气枪震源以多道地震或三维地震勘察为主，具有震源能量大、穿透能力强、传播距离远、信号频谱宽等特点，主要用于深部地质构造研究；电火花震源以多道地震或单道地震为主，勘察范围可达到数百米，主要用于中深部地质地层研究；声波震源工作频率较高、波长较短，具有较高的分辨率，适合对数十米以内的浅部地层构造的研究。OBS 地震勘探是将检波器置于海底，接收海面震源激发的地震波，如图 5-2 所示，其地震剖面可达数十千米甚至数百千米，不仅地震剖面长，检波器的采集时间也更长，因此主要用于研究地球的内部构造。

在海缆路由调查过程中，以浅地层剖面探测应用最为广泛，也会根据地层勘察的不同要求，使用单道地震勘探和高分辨率多道地震勘探，或者同时使用多种探测方法，互为补充。

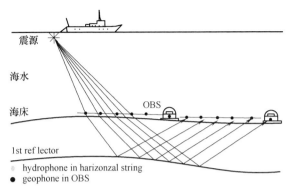

图 5-2　OBS 地震勘探示意图

## 5.2　勘察方案设计

由于海缆路由勘察包括地形地貌、已有管线、水文气象、腐蚀性环境等各个专业的调查，因此勘查方案设计过程中会考虑各个专业的调查，进行统筹安排。而针对浅地层剖面勘察，在方案设计过程中需要考虑的主要包括测线的布设、设备的选用和调查人员的匹配。

测线布设的最主要原则是所探测的地层剖面资料能控制整个测区的海底地层结构，包括覆盖层的分布、基岩层的追踪、灾害性地质构造等。测线布设一般情况下与地形地貌测线相同，但在现场采集过程中，会根据所采集的资料判断是否需要进行加密测线，以获取足够的浅地层构造信息，满足海缆施工设计要求。

设备的选用需要对测区的地质背景有足够的了解，比如测区的区域构造、沉积地层、火山岩分布等信息，不同的沉积地层对浅地层剖面仪的能量大小、发射频率等都有不同的适用性，因此要选用最适合的地层剖面设备，以达到最好的探测效果。

人员要根据选用的设备进行匹配，选用熟悉设备安装和操作的人员。专业的操作人员可以根据不同的底质条件，调整设备的各项参数，最大限度地发挥设备的性能，以取得最佳采集效果。

浅地层剖面探测和单道地震勘探可理解为多道地震的自激自收，即震源同检波点为同一位置，发射并接收，逐点前移，从而形成地震剖面记录，因此将浅地层剖面探测和单道地震勘探一并介绍，而高分辨率多道地震勘探另作阐述。

## 5.3　浅地层剖面探测和单道地震勘探

浅地层剖面探测和单道地震勘探工作的基本原理是：通过换能器（震源）

将控制信号转换为不同频率的声波脉冲向海底发射，该声波在海水和沉积层传播过程中遇到反射界面，反射回换能器被转换为模拟或数字信号后记录下来，并输出为能够反映地层声学特征的剖面记录。反射界面为波阻抗不等的两种介质的分界面，而波阻抗为声波在介质中传播的速度（$v$）和介质密度（$\rho$）的乘积。在浅地层剖面调查中，近似认为声波是垂直入射的（多道地震中的自激自收），反射系数 $R$ 可以用下式来表达：

$$R = \frac{\rho_2 v_2 - \rho_1 v_1}{\rho_2 v_2 + \rho_1 v_1} \qquad (5\text{-}1)$$

应用到地学中，即声波波阻抗反射界面代表着不同地层的密度和声学差异而形成的地层反射界面，就能在剖面仪显示器上反映两相邻的界面线，并能分别显示两层沉积物的性质图像特性差异。利用这个原理，人们发明了声学地层剖面系统（见图 5-3）。

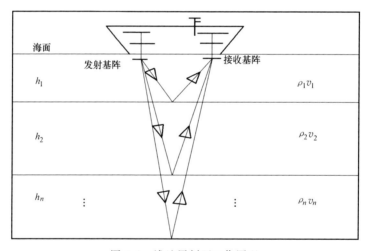

图 5-3　浅地层剖面工作原理

由于不同的沉积物存在着密度差异和速度差异，这种差异在声学反射剖面上表现为波阻抗界面，差异越大，波阻抗界面就越明显（反射信号的振幅越强）。由不同物质组成的相同地质年代的岩层，彼此间存在着密度和速度的差异，会形成多个反射界面，而不同年代的岩层，也可能由于物质组成相同、密度差异不大而不存在明显的声学反射界面。因此，声学地层反射界面与地质界面或地层层面之间存在着不完全对应关系。但在大多数情况下，不同年代的岩层存在着不同的物理特征，声学反射特征也有差异，因而依据声学反射剖面划分的反射界面往往与地层界面是吻合的。这种反射界面一般能够代表不同地质时代、不同沉积环境和物质构成的真实地层界面。

在依据反射界面进行浅地层剖面实际解译过程中，应该首先与测区内地质钻探资料进行层位对比，并充分利用邻区资料和周边地质环境条件，结合记录中的沉积结构、层位标高、堆积、侵蚀、界面的整合、不整合接触、层理结构、相位变化等特征来分析研究声学记录中地层沉积特征以及其他地质信息。这样，一般而言能够得到与实际情况较为相符的结论。

## 5.3.1　外业资料采集

### 1. 设备安装

设备安装是指根据作业船只的具体情况，科学合理地将浅地层剖面仪或单道地震勘探设备的换能器、甲板单元和采集电脑等固定安装到作业船上。设备安装对浅地层剖面外业采集至关重要，因为安装的质量直接关系到采集资料的质量。

浅地层剖面仪的根据安装方式可分为固定安装和便携安装。

固定安装是指换能器（发射和接收单元）安装于作业船的底部，并通过控制电缆和数据电缆同甲板单元相连接，而甲板单元固定于实验室内，并与导航系统、测深系统、姿态系统等辅助设备连接，一般来说固定安装多适用于深水浅剖，它们的换能器体积和重量都较大，固定安装一般由设备厂家负责安装调试。

便携安装是指在外业采集作业之前，将浅地层剖面仪安装于测量船，在外业采集技术之后，再从测量船上拆卸。一般根据不同的技术要求或者海域状况，选择合适的测量船，因此便携安装的浅地层测量更为普遍，尤其在近海海域。便携安装一般采用两种安装方式，换能器船舷固定和后拖式。船舷固定一般是将换能器用架子或者支杆固定于船舷，例如 SyQwest 公司的 Statrabox 系列（见图 5-4），适用于近岸浅水海域；后拖式指换能器位于拖体内，作业过程中用钢缆拖于船尾，钢缆可通过绞车控制，方便控制拖体的入水深度，以达到更好的测量效果。由于后拖式的拖体可以控制在波浪层以下，因此可避免受波浪影响而造成拖体姿态不稳，而且更容易控制拖体距离海底的高度，因此目前多数便携式浅地层剖面仪都采用后拖式。

便携式浅地层剖面仪的安装，主要是指换能器的安装，其甲板单元一般只要求有足够的空间，并能提供稳定的电源即可，而换能器的安装需要考虑更多的因素。

船舷安装的换能器在安装过程中需要考虑到：①安装的位置，首先要选择便于固定的位置，其次要尽量避免船头和船尾等位置，再次要尽量避开噪声源（主要为作业船的主机和螺旋桨）；②固定的方式，首先要能将换能器和船体固定在一体，其次要方便换能器的装卸，再次是要保证换能器有一定的吃水深度（主要是考虑有风浪的情况下，使换能器始终处于水面以下）。

图 5-4　SyQwest Statrabox 船舷安装图

后拖式浅地层剖面仪的拖体在安装过程中需要注意：①作业船的后甲板须配备 "A 型架"，以方便拖体的收放；②作业船的后甲板要有足够的空间和稳定的电源，以放置收放拖体的绞车，见图 5-5。

图 5-5　EdgeTech 2000DSS 浅地层剖面仪甲板安装现场图

单道地震勘探一般采取后拖安装作业。

图 5-6 为电火花震源的单道地震作业现场图，震源和采集电缆同时后拖于船尾。在安装过程中，震源和采集电缆的中心点相对于船尾的距离要一致，采集开始前，要精确测量震源相对于 GPS 天线的后拖距离，可以在采集软件或者处理软件中设置 Layback。

需要注意的是，电火花震源一般需要高压对震源进行充放电，在作业过程中要严格按照程序进行操作，以免造成设备和人员的损伤。

图 5-6　Delta spark 电火花震源（左）及采集电缆（右）作业图

### 2. 资料采集

在设备安装之后，需要根据调查的技术要求和现场的水深及底质条件，对仪器设备进行充分调试，主要满足：①穿透深度满足技术要求；②地层分辨率满足技术要求。因此，在实际采集作业开始之前，要在测区进行实验性作业，以充分了解测区的底质情况，使设备调整到最佳的工作参数，比如发射频率、发射信号带宽、船速、设备入水深度等。另外，在作业期间采取一切必要措施，降低噪声和其他干扰因素，提高信噪比，保证记录质量。记录过程中要根据底质的变化情况，对测量参数做出必要调整，以达到更好的测量效果。

在作业过程中，要做好班报表的记录，严格按照计划测线进行测量，如果实际测量偏离计划测线过多，需要进行补测或者重测。

调节好记录时间延迟，使同一测线的记录量程一致，同时要做好数据备份。

需说明的是，某些海域水深过浅，在保证安全的前提下，测量船将尽量靠近岸边测量。

## 5.3.2　内业资料处理

信噪比和分辨率是浅地层剖面资料的两个重要因素，资料处理过程主要为了提高采集资料的信噪比和分辨率，强化地层反射信息，使资料的判读和解释具有更高的准确度。

海上浅地层剖面仪会记录比较多的噪声，噪声的影响比较大且来源也比较复杂，常见的噪声来源有机械干扰、环境噪声、直达波、海底多次波等。而资料处理主要为了压制噪声，减小噪声对有用信号的影响。

　　一般的处理流程包括带通滤波、时变增益、反褶积等。

　　带通滤波是数据处理中的一种常用方法，通常是根据采集到的信号频带和其中有效信号的频带设置适当的高通、低通截止频率而对数据进行滤波，可以起到降低噪声的效果。

　　浅地层剖面仪的发射能量随穿透深度迅速衰减，所以来自深部地层的有效反射信号相对于浅部地层反射信号弱很多，因此，在此时变增益技术来放大浅地层剖面资料中相对较深地层比较弱的反射信号，有利于深部反射界面的显示以及后续的资料解释。图 5-7 和图 5-8 分别是增益前后的剖面对比，能看到增益处理之后，地层剖面的深部信息明显增强。

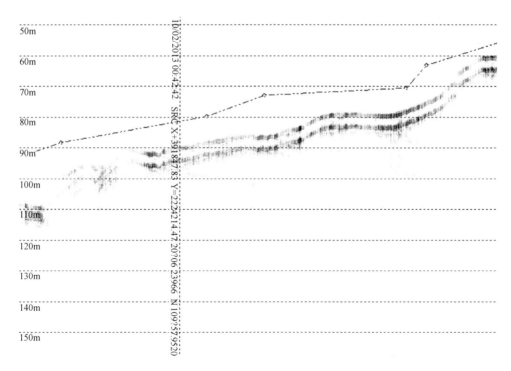

图 5-7　原始单道地震剖面记录

　　反褶积是地震数据处理中的常用方法之一，其原理是通过压缩地震子波，再现地下地层的反射系数，从而获得更高时间分辨率的剖面，浅地层剖面数据与反射地震数据相似，因此也可以使用反褶积来提高剖面分辨率。图 5-9 和图 5-10

分别为反褶积前后的剖面对比，可以看出反褶积处理后的地层剖面同相轴更连续，分辨率更高。

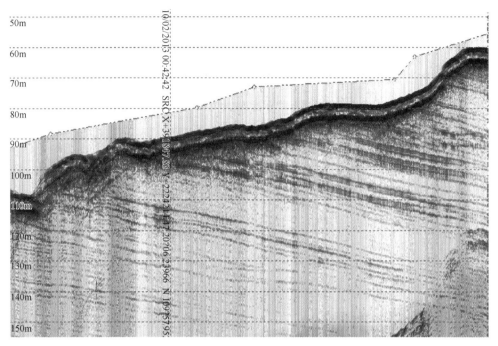

图 5-8 增益后的单道地震剖面记录显示

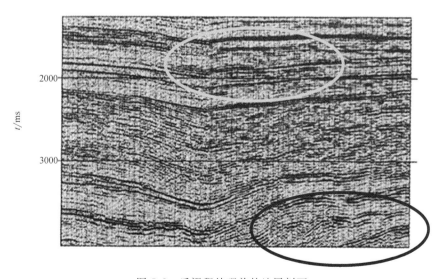

图 5-9 反褶积处理前的地层剖面

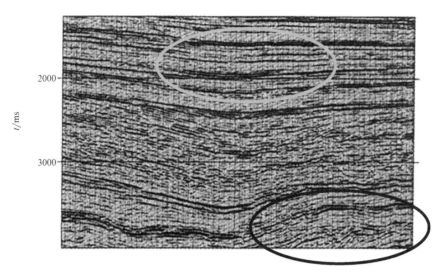

图 5-10　反褶积处理后的地层剖面

## 5.4　高分辨率多道地震勘探

　　多道地震勘探在区域地质调查、石油、天然气等能源调查、灾害地质调查等领域有着极为广泛的应用。多道地震勘探以气枪震源为主，近年来电火花震源的成熟发展，促进了浅水高分辨率多道地震勘探的发展，同时也为海缆的路由勘察提供了更好的地层探测手段。

### 5.4.1　外业资料采集

　　多道地震的勘察实施，需要根据测区的区域地质背景、勘察目的以及设备的性能综合分析，做出科学合理的勘察方案，对勘察的参数设置做出评估，再根据勘察现场的具体情况进行优化调整，以提高地震勘探的工作效率，增强采集效果并降低经济成本。

　　图 5-11 所示为气枪震源的多道地震勘探海上作业示意图，图 5-12 为现场图。在作业过程中，调查船同时拖曳气枪震源和采集缆，以设定航速按照计划测线匀速航行，以设定的时间间隔启动震源发射地震波，同时采集缆记录反射地震波，完成一个炮集的记录过程，如此循环，直至测线结束，就完成一个剖面的地震记录。

　　在多道地震勘探过程中，为了能尽可能地提高多道地震资料的穿透深度、信噪比和分辨率（横向和纵向），需要对多道地震勘探的相关参数进行合理的设置，这些参数主要有：震源能量、炮间距、道间距、道数、记录时长、采样率、最小偏移距、最大偏移距等。

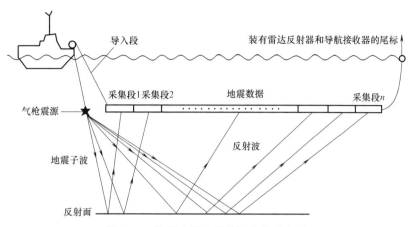

图 5-11　海洋多道地震勘探作业示意图

震源能量：指的是震源所发射的地震波强度，气枪震源由气枪的腔体和压力控制，腔体和压力越大，所发射的地震波能量就越大，穿透深度就更深，同时腔体的大小还与地震波的频率相关，腔体越小，频率越高，腔体越大，频率越低，对不同的勘探要求，要选择合理的气枪，或者选择合理的气枪组合，而电火花震源跨度从几百焦耳至上万焦耳不等，同样适用于不同的勘探需求。

图 5-12　海洋多道地震勘探作业现场图

炮间距：在海洋地震勘探中，取决于航速和放炮间隔，相邻的震源发射间隔内调查船移动的水平距离就是炮间距，炮间距越小，横向分辨率越高。

道间距：指的是每个检波器记录单元的距离，一般为 6.25m、3.125m、1.125m 等，每一个检波器记录单元一般由多个检波器组合而成，合理的检波器组合可以有效地压制随机干扰或者背景干扰，而针对某一套多道地震勘探系统，道间距一般是固定的，越小的道间距，其多道地震剖面记录会有更高的横向分辨率。

道数：同一条采集电缆上检波器单元的数量，与道间距一起决定采集电缆的长度，每一个检波器单元为一道，一个检波器单元由数个检波器组合而成，道数的多少也就决定了最大的勘探深度，同时也控制着多道地震数据的叠加次数，而叠加次数越多，地震剖面记录就会有更好的信噪比，会更加突出有用信息，压制随机干扰。随着制造工艺的提高和对勘探要求的提升，目前多道地震的道数逐渐增大，大排列的采集缆得到了更多的应用。

记录时长：一般根据震源能量、采集电缆的道数和实际的地质条件来决定，由于地震波在传播过程中逐渐衰减，要选择合适的记录时长，既保证记录足够的有效信息，也要避免过长的记录时长带来的无用记录。

采样率：采样率是针对数字信号缆的，指的是每一个记录时长内，检波器记录地震波的采样间隔，采样率越大，数据量越小，纵向分辨率也就越大，反之亦然，因此，针对大尺度的地震勘探，采样率会更大，对浅层的地震勘探，采样率会比较小。

最小偏移距：是震源到检波器（采集电缆的第一个检波器）的最短距离。

最大偏移距：是震源到检波器（采集电缆的最后一个检波器）的最大距离，道数越多，道间距越大，最大偏移距也就越大。

通常情况下，上述参数的设置需要根据具体测区的地质条件、勘探目标和设备的性能共同确定，往往在测区先进行实验性的勘探，根据现场资料来调整勘探参数，会有更好的勘探效果。

### 5.4.2　内业资料处理

多道地震资料的处理是一个专业的处理过程，一般需要在专用的工作站上进行处理，同时处理人员要有较好的地质学、数学、计算机等学科背景。目前比较成熟的多道地震处理软件有 ProMax、Focus、CGG、Omega 等，它们具有比较相似的处理流程，在某些方面有不同的处理效果，基本上按照图 5-13 所示。

数据导入：将野外采集的地震数据正确加载到地震资料处理系统，不同的设备记录的地震格式各不相同，主要有 SEG-Y、SEG-2、SEG-D、SEG-B、SEG-1、SCS-3、Diogen files 等地震数据格式。

观测系统定义：是指在工作站上将野外施工时炮点（震源）和检波点的位置、施工方向、测线位置以及它们之间的相对位置关系还原出来，这是地震资料

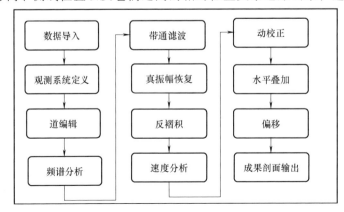

图 5-13　多道地震资料处理流程

数据处理的基础，其影响贯穿整个地震资料数据处理始终。

道编辑：通常的地震采集过程中，由于检波器数量较多、海况多变等原因，某些道采集记录的地震信息严重失真或者资料缺失，需要挑出其中坏检波器采集的道与极性不正常的道，称为道编辑。

频谱分析：为了了解有效波和干扰波在频率上分布范围的区别，为后续的滤波提供数据范围，进而实现压制噪声，突出有效信号，提高资料信噪比的目的。

带通滤波：在频谱分析的基础上，设置不同的频率域范围，将尽可能地保留有效波，并切除干扰波。有效波和干扰波的差异表现在多个方面，比如频谱、传播方向、能量等。在地震勘探中，数字滤波就是利用频谱特征的不同来压制干扰波、突出有效波。通常采用一维频率域滤波。

真振幅恢复：地震波的振幅是地震波动力学特征的一个重要标志。随着地震波传播深度的增加，地震波的振幅不断减小，对于高频成分尤其如此。衰减的影响必须通过调整信号的振幅谱来消除，从而使得深部的地震波能达到被识别的范围（见图5-14），一般来说，整个处理流程中会在不同的处理阶段使用一种或多种真振幅恢复方法。

反褶积：反褶积的主要作用是压制多道地震记录中的多次波干扰，根据不同的计算方法和应用阶段，一般需要根据数据资料的特征来确定所使用的反褶积方法及其组合方式。

速度分析：速度分析是地震数据处理过程中至关重要的环节，准确的速度场

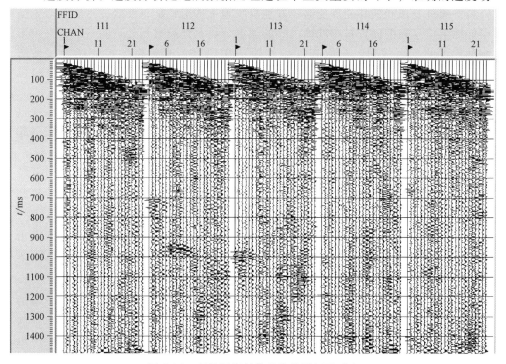

图 5-14　真振幅恢复前后的地震记录对比

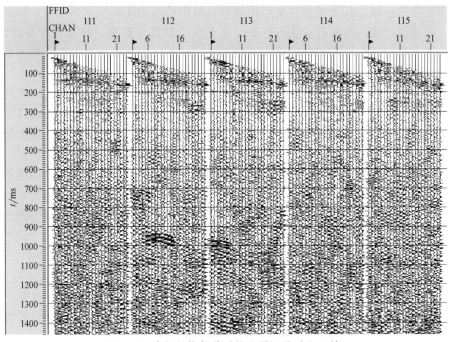

图 5-14　真振幅恢复前后的地震记录对比（续）

资料，通过叠加和偏移处理能够较好地反映地下构造特征，反之，可能会产生错误的地层信息和剖面资料。准确可靠的速度分析是地震数据处理的基础，直接影响动校正的校正效果。一般在处理程序中用速度谱来分析地层的速度，见图5-15。另外陆地地震勘探中的测井技术和长排列多道地震记录中的折射波资料也可以获取较为准确的地震速度。

动校正：动校正的目的是消除炮检距对反射波旅行时的影响，校平共深度点反射波时距曲线的轨迹，增强利用叠加技术压制干扰的能力，减小叠加过程引起的反射波同相轴的畸变。

水平叠加：将在不同炮点、接收点上记录的来自地下同一反射点的反射波经动校正后叠加在一起，提高了有效反射的信噪比。一般来说，水平叠加就是将共中心点记录经动校正以后叠加起来。

偏移：偏移的目的是使倾斜界面归位，绕射波收敛，使地震剖面更好地展示地下构造的空间形态和接触关系。偏移的两个步骤为波场延拓和成像。偏移主要分为叠前偏移和叠后偏移，适用于不同的地震资料。

多道地震的勘察实施，需要根据测区的区域地质背景、勘察目的以及设备的性能综合分析，做出科学合理的勘察方案，对勘察的参数设置做出评估，再根据勘察现场的具体情况进行优化调整，以提高地震勘探的工作效率，增强采集效果并降低经济成本。

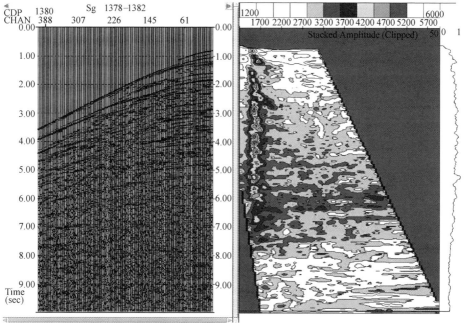

图 5-15　多道地震速度谱分析

## 5.5　资料解释

地震解释软件主要有 LandMark、Discovery、SMT（Seismic Micro-Technology）、GeoFrame、Recon、GeoProbe 等。

资料解释是根据处理后的地层剖面资料，判读出声学反射界面，圈定浅地层及断裂、浅层气等地质体的分布，并结合沉积物、CPT 探测资料，绘出地层地质剖面图，根据地层的物质组成、结构、埋藏地质体（包括构造体）等，分析路由的工程地质条件。

资料解释作为成果输出的重要一环，需要格外慎重，在资料解释之前，要尽可能详细地了解测区的区域地质背景，包括地质构造、地质层序等。

资料解释的具体工作包括划分反射界面、识别埋藏古河道、识别埋藏古三角洲、识别断层、识别浅层气、识别褶皱（背斜或向斜）、识别海底滑坡、识别埋藏管线和海底隧道等。

图 5-16 显示的是普通的地质分层解释，图中共有三个界面，四套地层，其中层 A 和层 B 为整合接触，层 B 和层 C 为不整合接触。

图 5-17 显示的是电火花震源的地质分层解释，图中有虚反射和多次波的干扰，对资料的判读造成了干扰，中间隆起区为花岗岩，地震波无法穿透，因此花岗岩覆盖层之下，无法分辨出地质分层。

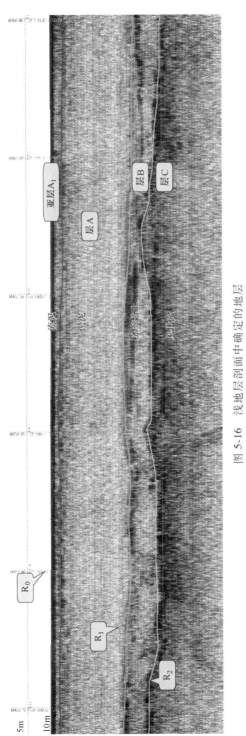

图 5-16 浅地层剖面中确定的地层

图 5-17 电火花震源的花岗岩及沉积地层剖面图

图 5-18 显示的是浅地层剖面揭示地层中浅层气的存在，属于灾害地质的一种，会造成地层的不稳定。

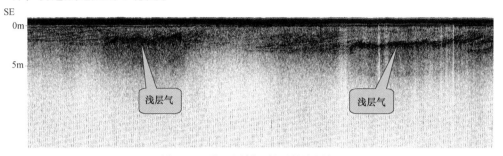

图 5-18　浅地层剖面揭示的浅层气

浅地层剖面的地质解释工作是一项复杂的系统工作，需要掌握一定的地球物理和地质知识，甚至一些数学和计算机知识，这些知识的综合运用将对提高剖面资料的解释工作起到很大的帮助。

# 5.6　主要设备

在海缆勘察中，主要使用浅地层剖面仪和单道地震，高分辨率多道地震勘探应用较少，因此本章节主要介绍浅地层剖面仪和单道地震的主要设备。

目前国内外所使用的浅地层剖面仪和单道地震设备主要有：

- 英国 AAE 公司生产的 CSP 系列；
- 英国 GeoAcoustics 公司生产的 GeoPulse、GeoChirp 系列；
- 德国 Atlas 公司生产的 Parasound 全海深声参量阵 P35 和 P70 型；
- 德国 Innomar 公司生产的 SES-96、SES-2000 声参量阵系列；
- 美国 Benthos 公司生产的 CAP6600 Chirp Ⅱ；
- 美国 DPS Technology 公司生产的 3.5 kHz 型 SBP、Mono-Pulser V2 型 Boomer 和 Sparker；
- 美国 EdgeTech 公司生产的 3100P 和 3200-XS；
- 美国 SyQwest 公司生产的 StrataBox 和 Bathy 系列；
- 香港 C-Products 公司生产的 LVB C-Boom；
- 荷兰 GeoResources 公司生产的 Geo-Sparker 系列；
- 加拿大 IKBTechnologies Ltd 生产的 SEISTEC™ profiler 和 SPA-3 Signal Processor；
- 加拿大 Knudsen 公司生产的 320 系列和 Chirp 3200 系列；
- 挪威 Kongsberg 公司生产的 SBP 120 系列和 TOPAS PS 18/40 声参量阵系列；
- 法国 S.I.G. 公司生产的 Boomer/Sparker 系列等。

表 5-1 给出了一些典型浅地层剖面仪的相关参数。

表 5-1 典型浅地层剖面仪的相关参数（部分）

| 公司名称 | 国家或地区 | 产品名称 | 频率 /kHz | 发射频率 /Hz | 脉冲长度 /ms | 最大发射功率或能量 | 分辨率 /cm | 最大穿透深度 /m | 测试地层 |
|---|---|---|---|---|---|---|---|---|---|
| Applied Acoustics | 英国 | GSP2200 Sparker | 0.2~3 | 6 | 3.0~0.3 | 2200J | 20 | 500 | / |
| Benthos | 美国 | CAP 6600 Chirp II | 2~7 | 12 | / | 64kW | 6~8 | 60 | / |
| C~Products | 中国香港 | C~Boom LVB | 3.5 | 8 | 0.676~0.485 | 100J | 20 | 60 | 钙质砂层 |
| Edgetech | 美国 | 3100P SBP System | 2~16 | 15 | 100/5 | 20kJ | / | 80 | 粗砂/黏土 |
| Edgetech | 美国 | 3200XS SBP System | 0.5~12 | 15 | 100/5 | 200kJ | / | 200 | 粗砂/黏土 |
| General Acoustic | 德国 | DSLP SBP System | 12 | 20 | 1.0~0.1 | 5kW | 0.1 | 10 | 砂层 |
| GeoAcoustics | 英国 | Geo Chirp 2 | 2~7 | 8 | 32 | 5/10kW | 6 | 100 | 多种地层 |
| GeoAcoustics | 英国 | Geo Chirp 3~D | 1.5~13 | 8 | 32 | 4kW | 10~20 | 50 | 多种地层 |
| Geo~Resources | 荷兰 | Geo~Spark Sub~tow | 1~2.5 | 2 | 0.4 | 1kJ | 20 | 300 | 软地层 |
| Innomar | 德国 | SES~96 standard | 4/6/8/10/12 | 50 | 0.5~0.08 | 18kW | 5 | 50 | 黏土 |
| Innomar | 德国 | SES~2000 deep | 2~7 | 30 | 3.7~0.25 | 80kW | 15 | 150 | 黏土 |
| IKB | 加拿大 | SEISTEC™ profiler | 0.7~12 | / | 0.18~0.1 | 500J | 22 | 20 | 砂层 |
| Kongsberg | 挪威 | TOPAS PS18/40 | 0.5~6 | / | / | 32kW | 30 | 150 | 沉积层 |
| S.I.G | 法国 | Mille | 1 | 1 | 0.7 | 1kJ | 150 | 400 | 沉积层 |
| S.I.G | 法国 | Energos200 | 1.2 | 4 | 0.8 | 0.25kJ | 90 | 120 | 沉积层 |
| SyQwest,Inc | 美国 | Stratabox Instrument | 3.5/10 | 10 | 0.8~0.1 | 0.3/1kW | 6 | / | / |
| SyQwest,Inc | 美国 | Bathy 2010P | 3.5 | 4 | 50~0.1 | 5/10kW | 8 | 200 | 淤泥/砂层 |

# 第 6 章

# 工程地质取样测试

　　工程地质取样测试的主要目的是为了获得海缆勘察路由海底底质的物理力学性质，而海底底质的物理力学性质是海缆铺设的重要技术参数，是工程地质勘察的一项重要内容。土的物理性质包括天然密度、天然含水率、比重、界限含水率和粒级分布等，土的力学性质包括土的压缩性、抗剪性等。

　　在海缆路由勘察中，采用底质取样或工程地质钻探方法获取土样，进行船上和室内实验室土工试验获取土的物理力学性质。根据需要进行 CPT（静力触探试验）、SPT（标准贯入试验）等原位测试，用于划分土层、判别土类和估算土性参数等。海缆路由勘察中，一般仅在船上现场进行简单测试分析，如需要，也可进行室内实验。

## 6.1　底质采样

### 6.1.1　目的和特点

　　底质取样的主要目的就是了解海缆路由区底质的平面和垂向分布特征及其物理力学性质，为海缆路由工程设计、施工、保护提供基础的工程地质资料。底质采样是指用一定的设备和工具（即采样器和衬管）来获取海底沉积物样品的过程。底质采样分为表层采样和柱状采样两种形式，海缆勘察中以柱状采样为主。表层采样可使用蚌式采样器或箱式采样器，柱状采样可使用重力采样器、重力活塞采样器或振动采样器，实际工作中主要采用蚌式采样器和重力采样器。

　　优点：设备组成及操作简单，取样快速，工作效率高；

　　缺点：取样长度受底质软硬程度影响很大。

### 6.1.2　一般技术要求

　　1）站位一般沿路由中心线进行布设。采样站位间距，在近岸段（水深20m以浅）一般为 500～1000m；在浅海段（水深 20～1000m）一般为 2～

10km，深海段一般不设采样站位。应根据工程地球物理勘察初步结果对站位布设做适当调整，在地形坡度较陡、底质变化复杂或灾害地质分布区应加密采样站位。

2）柱状样直径应不小于 65mm。黏性土柱状样长度应大于 2m；砂性土柱状样长度应大于 0.5m；表层底质采样量应不少于 1kg。

3）柱状样采集长度达不到要求时，应再次采样，连续两次以上未采到样品时，可改为蚌式采样器或箱式采样器采样。

4）用蚌式采样器或箱式采样器采样三次以上仍未采到样品时，应分析其原因，确认是底质因素造成时，可不再采样。

5）取样时应两次定位，作业船到站和取样器到达海底时各测定一次。

6）先测水深，再进行取样。

## 6.1.3　采样作业

对作业船只的要求：作业船具有宽阔的后甲板，船尾配备 A 型架或吊装滑轮，起吊能力在半吨以上，并配备绞车和足够长度的钢缆（据作业区水深）。

作业船只通过 DGPS 系统导航进入预设的站位，进入站位范围（作业船与站位一般相距 50m 以内），取样前实时定位和测水深，并记录；当取样器到达海底时刻实时定位，并记录。

在采样前，作业人员需要把柱状取样器组装完毕，如尾翼、采样管、刀口、配重铅块、卡环等，并将内衬管放入取样器，以及将组装好的采样器与绞车上的钢缆连接起来。在作业船只进入采样站位范围（逆流方向驶入）时，作业人员通过操作绞车将采样器慢慢放入水下（离海底一般保持 15m 左右），然后作业船只慢速将采样器沿直线航向拖到采样站位（此时船舶处于漂泊状态），立即让采样器自由落体插入海底，获取沉积物柱状样品。若两次未采到足够长度的样品，则改为表层采样。同样，表层样采样前需要把蚌式采样器的抓斗和钢缆（或绳）拉好（钢缆或绳是与绞车相连的），使抓斗处于张开状态，并将支杆放入搭钩内，这样抓斗就不会紧闭。作业人员通过操作绞车将蚌式采样器慢慢放入水中，当采样器到达海底时，轻松一下钢缆（或绳），支杆和搭钩就会自动松开，然后通过绞车提起采样器，这时采样抓斗会自动关闭，在关闭的同时会将海底沉积物（一般为 10cm 深）采入蚌式采样器中。

取样作业的主要影响因素有海流、船舶漂移和取样器触底的判别等。

### 1. 海流对取样作业的影响

海流分为表层海流和中层海流，在接近海底的一定深度范围内，海流很小或近似为零，而海流对作业的影响主要发生在取样器触底之后，因此海流对取样器本身影响不大，而对连接取样器的钢缆会起作用，会使钢缆在海水中成弧形，即钢缆不是在铅垂方向上与取样器连接，由于取样器所受拉力是沿钢缆方向，因此取样器受到了一个具有水平分力的拉力，如果水平分力过大，就有可能将取样器拖倒。

减小海流对取样器影响的办法有：

1）实际作业时，尽量选择海流较小的时段进行，船舶要逆流慢速进入采样站位范围；

2）在取样器触底后，继续施放钢缆，使钢缆在海流作用下处于不断改变弧形形状的过程中，从而减小海流对取样器的作用力；

3）尽可能加快施放速度，使得钢缆的弧形变形减小。

**2. 船只漂移对取样作业的影响**

取样作业时，船只一般都处于漂泊状态，不宜抛锚。一是避免锚链与取样器的钢缆发生缠绕；二是对于深海的取样作业，抛锚已不可能。这样船只在海风和表层海流的作用下将产生漂移，漂移的速度与海风和表层海流的大小有关。一般在1~2级海风下作业时，船只漂移的速度约为（30~60）m/min。这种漂移对取样作业的影响与海水深度有关。当海水较浅时，较小的漂移距离也会造成取样器钢缆较大的倾斜角，从而使在提取取样器时的阻力加大，还可能将取样器拉弯。解决的办法是采用有动力定位能力的船只，作业时及时调整船只的位置和朝向。对于不具备动力定位的船只，应尽可能缩短取样作业的时间。

**3. 取样器触底的判别**

实际使用中，判别取样器是否触底是整个作业的关键，在没有触底检测设备时，全凭作业人员的经验，判断的依据是，对于浅水作业，取样器触底时，由于钢缆所受拉力的突变，钢缆会有颤动；对于深海，钢缆的自重已和取样器重量相当甚至更大时，钢缆的颤动已观察不到，就要对施放深度进行估计。估计的依据主要有：测深仪测出的水深、钢缆的施放长度（绞车提供）及钢缆与海面的倾斜角度。由于海流的影响，钢缆入水后往往不是垂直海面的，会发生倾斜，而且随着施放深度的加大，倾斜角也变大。如无海流的影响，钢缆在水下的形状近似为悬链线，而按悬链线来计算施放深度则较为复杂，而且钢缆的倾斜角往往也是估计值，也会对估算带来误差，如果作业水域存在海流甚至上下水层的海流方向不同，钢缆在水下的形状更复杂而且无法预知，估算就更不准确。目前，有效解决取样器触底判别的有效方法是采用可视系统或Pinger技术。

## 6.1.4 样品编录和处理

**1. 样品编录**

样品编录内容应包括工程名称、采样站号、日期、位置、水深、采样次数、贯入深度、土样长度、扰动程度等。

**2．岩性描述**

岩性描述以观察、手触方法为主。必要时采用现有的标准化、定量化的方法，如采用标准色板比色，以颜色代码表示岩土颜色。岩性描述内容包括颜色、气味、土的分类名称、粒度组成、土的状态及扰动程度、土层结构与构造、生物含量等。用照相机拍摄岩芯照片。

**3．样品包装**

样品包装应符合下列要求：

1）柱状样宜分段切割（一般分割间隔取 30～50cm）、分别编号、表明上下方向和深度、用胶带和蜡密封、竖直放置在专用的土样箱中；

2）表层样或扰动的柱状样，应用牢固的塑料袋（聚乙烯袋）进行包装封口，标明站号和采样深度，放置专用的土样箱中；

3）用作地质、生物、化学等试验的样品，应根据其特殊要求进行采样、包装和存放。

**4．样品存放**

所有样品应存放在防晒、防冻、防压的环境中，条件许可时宜存放在有温湿控制的实验室内。

## 6.1.5　主要设备

底质取样分为柱状取样和表层取样两种，通常采用的取样方式有重力柱状取样、活塞重力柱状取样、振动柱状取样、蚌式取样和箱式取样。取样设备及样品质量等级见表6-1。

表 6-1　取样设备及样品质量等级

| 取样器 | | 样品质量等级（土的扰动程度） |
| --- | --- | --- |
| 表层取样器 | 蚌式取样器 | Ⅳ（完全扰动土） |
| | 箱式取样器 | Ⅰ（不扰动土）、Ⅱ（轻微扰动土） |
| 柱状取样器 | 重力取样器 | Ⅰ（不扰动土）、Ⅱ（轻微扰动土） |
| | 振动取样器 | Ⅱ（轻微扰动土）、Ⅲ（显著扰动土） |

注：不扰动土系指原位应力状态业已改变，但土的结构、密度、含水率基本没变，能满足岩土工程的室内试验的各项要求。

轻微扰动土系指所取的原状样土的结构等已有轻微变化，但基本能满足岩土工程的室内试验的各项要求。

显著扰动土系指所取的原状样土的结构等，已有明显变化，除个别项目外已不能满足岩土工程的室内试验要求。

完全扰动土系指所取土样已完全改变原有土的结构和密度，只可做对土的结构、密度等没有要求的岩土试验。

### 1. 重力柱状取样器

重力柱状取样器主要由底部含有花瓣、刀口和内有衬管的样管，以及配重铅块、尾翼组成。在距离海底一定高度时自由释放样管，在重力的作用下贯入海底，随后由绞车钢缆将其拉出，样品保留在衬管中被取到船上来。重力柱状取样适用于海底为细软底质的情况，对于硬黏土和砂质土则较难取到理想长度的样品。图 6-1 为重力柱状取样器实物图。

图 6-1　重力柱状取样器

### 2. 活塞重力柱状取样器

活塞重力柱状取样是对上述的重力柱状取样方法进行改进，在重力柱状取样器中的衬管的顶部加入一个活塞装置，当样管贯入土层时样品顶部会形成真空区，当样管从海底上拔出时，真空区的存在将减少对样品吸力的影响，从而保证样品的长度和减少样品的扰动。图 6-2 为重力活塞柱状取样器的结构图。

### 3. 振动柱状取样器

当重力柱状取样方式不适用或要求有更深的取样深度时，就要采用振动柱状取样。在海底光缆路由勘察时，当遇到砂质土时，可以采用这种取样方式。

振动柱状取样器主要由高大的支架和底座组成，样管、衬管、刀口和花瓣基本同重力柱状取样器一致。样管的顶端装有电动马达，通过振动，使采样管贯入海底。因需要电源驱动振动马达，其工作水深往往浅于 1000m。

振动取样器获取的土样可为土质分类提供有用信息，但因土样扰动较大，不适宜做土力学参数的测试。使用振动取样器，要求勘察船能保证电力供应，并有足够大的甲板空间可以停放振动取样设备。图 6-3 为荷兰 GEO 公司的高频振动柱状取样器。

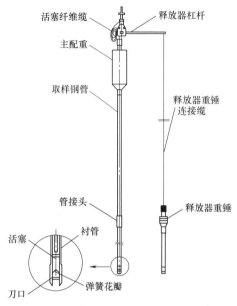

图 6-2　重力活塞柱状取样器结构

图 6-3　高频振动柱状取样器

### 4. 蚌式采样器

蚌式采样器又称抓斗取样器，是海底表层取样最常用的方法，它由两片类似蚌壳的钢制抓斗组成。当抓斗碰触海底时，就会启动触发装置，当抓斗上提时，抓斗片就会插入海底并合拢到一起，将进入内部的底质样品取到船上来。图 6-4 为德国 HYDRO-BIOS 公司的 Van Veen 蚌式采样器。

### 5. 箱式取样器

箱式取样器主要由一个箱壁薄面和开口面积为 20cm×30cm 或更大、高 60 ~ 90cm 的不锈钢箱体，以及一个可转动的铲刀、释放系统、加重中心体等部件组成。当仪器施放到海底时，箱体依其自重而切入沉积物中，同时挂钩释放，在慢速提升时拉紧铲刀上的钢丝绳，使铲轴转动，铲刀切割沉积物并封住箱口，样品即可提到船上。其优点是所采集的数十厘米的柱状样，基本上保持原始结构，这便于对沉积物的物理力学以及沉积物构造的研究。在砂质沉积物中也能采集到一定数量的样品。由于采集的样品数量大，因此能满足各种项目多次重复分析的需要。同时，在样品剖面中还可以取得深度相同的样品，使分析对比的数据更为准确可靠。其不足之处在于仪器较笨重且操作不便，尤其是在大风浪的情况下，取样器上的铲刀容易脱钩关闭而采不到样品。图 6-5 为德国 HYDRO-BIOS 公司的 Ekman-Birge 箱式取样器。

图 6-4　德国 HYDRO-BIOS 公司
Van Veen 蚌式采样器

图 6-5　德国 HYDRO-BIOS 公司
Ekman-Birge 箱式取样器

# 6.2　工程地质钻探

## 6.2.1　目的和特点

　　工程地质钻探是指用一定的设备和工具（即钻机和钻头）来破碎岩土层，从而在地壳中形成一个直径较小、深度较大的钻孔的过程。工程地质钻探是海缆路由勘察的基本手段之一，其基本任务是在海洋测绘和工程物探工作的基础上，揭露并划分地层，鉴定和描述岩土的岩性、成分和产状，了解地质构造及不良地质现象的分布、界限及形态等，并通过钻孔原位测试，采取各类原状或扰动样品，提供室内试验，以了解岩土体的物理力学性质，为海缆路由工程地质评价、工程设计和施工提供必需的地质数据和资料。工程地质钻探的目的是为解决与海缆有关的岩土体稳定性问题、变形问题、开挖深度问题提供资料。

　　钻探的优点：一般不受地形、地质条件的限制，几乎能穿透各种岩土介质；能直接观察岩芯，获得的信息准确可靠；可达深度大，获得信息多。

　　钻探的缺点：受水深、水动力环境、风速、波浪影响较大。

　　海缆路由勘察通常不要求进行工程地质钻探取样，仅当其他方法无法获得有效样品时，可考虑采取此种方法。

## 6.2.2 一般技术要求

1）根据钻孔深度及使用的钻探设备大小来选择钻探船，并按海上海水流速、水深和浪、潮汐大小而定，船只可选木质、钢质、油桶等，同时应考虑在钻进和起下套管时的动载荷达到一定的安全系数，海上钻探船的选择可参照表6-2。

表6-2 海上钻探船选择参照表

| 水上钻探船类型 | 钻探时水文情况 | | | 安全系数与吃水线 | |
|---|---|---|---|---|---|
| | 最浅水深/m | 流速/m | 浪高/m | 安全系数/m | 全载时吃水线应低于甲板/m |
| 铁驳船 | 1.5 | <4.0 | <0.4 | 5~10 | >0.5 |
| 木船 | 1.5 | <3.0 | <0.2 | 5~8 | >0.4 |
| 油桶筏 | 0.8 | <1.0 | <0.1 | 5 | 0.2~0.3 |
| 竹木筏 | 1.0 | <1.0 | <0.1 | 5 | 0.2~0.3 |

现在沿海地区大多数钻探船均由货船改装，钻探工人一般利用钻探隔水套管和木板在其上搭建钻探平台，此平台在船的一侧中部伸出船身一定距离，便于钻机的隔水套管和钻杆下放到水下进行作业，如图6-6所示。

2）钻探站位一般沿路由中心线进行布设。钻孔间距，在近岸段（水深20m以浅）一般为100~500m；在浅海段（水深

图6-6 钻探船上搭建的钻探平台

20~1000m）一般为2~10km。根据工程要求和地球物理勘察解释结果对站位布设进行优化调整。

3）钻孔深度一般为10m以浅，若有特殊需要，可按设计深度进行钻探。

4）钻进深度、岩土层深度的测量误差应控制在±10cm以内。

## 6.2.3 钻探船抛锚定位方法

为使钻探船的摆距小于30mm，必须设置简单可靠的锚泊系统，并随水位升降而放收。

### 1. 锚泊系统

由主锚、边锚、锚绳、锚链、绞锚设备及锚浮标组成。

1）主锚：在船首尾处，呈八字型布锚（见图6-7）。

2）边锚：在船弦方向，多呈八字型布锚（见图6-7）。

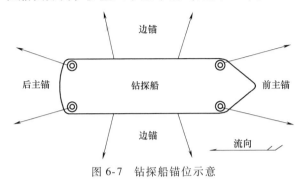

图 6-7　钻探船锚位示意

3）锚型：多为山字型锚或四齿锚。

4）锚重，单个锚重多在 30~60kg，总锚重为船受综合外力（风浪潮流）之和的 3/10。

5）锚绳长度与水深有关，一般与水面夹角 10°~15°为宜，锚绳直径为 15~25mm，长度一般为水深的 4 倍以上。

6）绞锚机，木船多为人力绞锚盘，铁驳船用机械绞车，通过蟹口和将军柱收放锚绳。

**2. 抛锚定位**

1）抛锚定位前，应做测流分析，确定海流的流速、流向后，船舶应顶流。

2）抛锚定位前，也应注意风的速度和方向。

3）抛锚定位前，定位人员会在可视定位软件里对钻探点进行抛锚锚位设计。钻孔定位采用差分 GPS 及定向仪测定，水浅地段（水深小于 4m），用带小红旗的竹竿插好孔位，水深地段用孔位浮标。

4）钻探船开至孔位（浮标）处，由机动小船按先主锚后边锚的顺序，逐个送到锚位，系上锚浮标轻轻抛下。

5）通过差分 GPS 及定向仪对孔位测定的指示，将钻探船调整收放各锚绳，直至钻探孔位与设计孔位距离小于 1m。

6）钻进时应视潮水的涨退及时均衡地放、收各锚绳。

7）终孔后，用机动小船将锚垂直拉起送回钻探船并绞好锚绳，进行下一个钻孔的定位。

## 6.2.4　钻探作业

定位人员，通过差分 GPS 及定向仪监视钻探船和钻探点的位置，当钻探船及钻探点的位置稳定 10min 以上时才通知钻探作业人员开始进行钻探作业。

钻探一般采用回转钻进方法，以便进行地层鉴别和获取岩土样品。回转钻进是指通过机械加压、转动钻具，使孔底钻头在旋转中切入岩土层以达到进尺的目的。回转钻进的主要设备是钻机，动力通过机械传动系统（离合器—变速器—升降机—转盘）和液压传动系统（油箱—油泵—液压操纵阀—压力表—给进油缸）实现钻进。回转钻进时，回转钻机带动钻杆柱转动，钻头切削岩土，实现进尺。整个过程可分为6道基本程序：下钻具、破岩土钻进、冲洗钻孔、加钻杆、取岩土样、提起钻具。完成一次上述过程称为一个回次。

### 1. 下钻具

一般钻具包括钻头、岩芯管、钻杆柱（包括普通钻杆与主动钻杆）等。水上钻探还要配备隔水套管，隔水套管主要用于阻隔水流对钻杆的影响。在下钻具前，要先下放隔水套管，套管要插入底质一定深度（隔水套管自身不再下沉为止），然后用船艏、尾两条钢丝绳固定住套管，最后在套管内下钻具进行钻探作业。为增加传递转矩的能力，主动钻杆多为方形，而普通钻杆多为长短不等的圆管。钻杆的粗细根据所要传递的转矩及输送冲洗液的要求而定。由于钻具长度与质量的限制，上、下钻具需要有钻塔提供支撑，并由升降机提供（绞车、卷扬机）拉力。因此，钻塔和升降机是完成钻杆柱或其他工具（如隔水套管）升降的必需设备。动力机是驱动钻机工作的动力源。下钻具就是利用升降机和钻塔，把组装好的钻具下入钻孔（刚开始钻进时，可能只下入钻头，或者再加一节较短的钻杆）。接上主动钻杆，主动钻杆上面接上水龙头，启动水泵，准备钻进。

### 2. 破岩土钻进

破岩土钻进是最重要的一道工序。钻头是最直接的破岩土工具。回转钻进中使用的取芯钻头主要有合金钻头和金刚石钻头。有效地破碎岩土，还必须给钻头施加一定的压力，从而使钻头能够在转动的同时切入破碎岩土。目前，钻机普遍采用液压加压的方法给钻杆施加压力，再通过钻杆把压力传递给钻头。

### 3. 冲洗钻孔

破碎的岩土粉要及时通过循环流动的液体带出孔外，否则，岩土粉积聚在孔底产生重复破碎，影响钻进效率。常用的冲洗液为特制的泥浆，冲洗液可以携带和排除岩土粉、保护孔壁、冷却钻头、润滑钻具。在冲洗液循环的同时，会在孔壁上形成一层薄薄的泥皮，从而使孔壁保持稳定。

### 4. 加钻杆

主动钻杆几乎完全钻入孔内时，就要再加一根钻杆。加钻杆的过程是先把钻具提起，卡住钻杆柱，卸下主动钻杆，加一根普通钻杆并接在下面的钻具上，再把钻具下入孔内，接上主动钻杆，继续钻进。

### 5. 取岩土样

在钻进过程中，当岩芯管充满岩芯时，需把岩芯管从孔内提出来。取出岩芯管内的岩芯后，接上一根普通钻杆，继续向下钻进。

**6. 提起钻具**

采用常规回转钻进方法取芯时，必须把钻具提出孔外；钻头磨钝难以钻进，需要更换钻头时，也必须把钻具提出孔外。提升钻杆时，先把主动钻杆卸下，然后把钻杆再提升一定高度，卡住钻杆柱，把钻孔孔口以上的钻杆卸下。把钻杆再提升一段高度，再卸下一段钻杆，如此重复，直到把钻杆卸完。在此过程中，要使用提引器、钻杆自由钳、垫叉、钻头夹钳和岩芯管自由钳等工具。

## 6.2.5  采样要求与方法

1) 采样间距，应根据工程要求和土质条件确定，一般每隔 1~1.5m 采一个样品，样品长度在 20~40cm 之间。

2) 岩芯采取率，是指所取岩芯的总长度与本回次进尺的百分比。对砂性土层不低于 50%，黏性土层不应低于 75%。

3) 采样方法，软黏性土一般采用薄壁取土器静力连续压入取土，硬黏性土一般采用厚壁取土器锤击取土，砂土可尝试使用原状取砂器。

4) 样品处理应符合下列要求：

① 岩芯管内的样品应用推土器从采样管中推出，按上下顺序存放到岩芯箱内，用岩芯牌分开每一回次的岩芯，岩芯牌上用油漆标明钻进开始和终止深度，岩芯缺失处需标明；

② 岩土试样样品应在现场封存，标明深度、上下、编号后，竖直放置装箱。

## 6.2.6  钻探编录及成果报告

**1. 一般要求**

钻探编录包括钻进班报及地质编录。记录应真实、及时，按钻进回次逐次记录。

**2. 钻进班报**

钻进班报内容包括工程名称、作业海区、钻孔编号、钻孔坐标位置、机台高度、钻探日期、钻机类型、钻具配置、钻进方式、开孔水深、终孔水深、回次钻杆长度、回次进尺、回次孔深、回次取样长度、回次取芯率、采样方式、采样器类型、采样编号、备注（天气、海况、设备故障、跳钻、井涌、塌孔、井底落物）等。

**3. 地质编录**

地质编录应符合下列要求：

1) 地质编录的主要内容应包括工程名称、作业海区、钻孔编号、钻孔坐标、开孔水深、回次孔深、取样长度、岩性描述及划分地层等；

2）岩性描述以观察、手触方法为主。必要时采用现有的标准化、定量化的方法，如采用标准色板比色，以颜色代码表示岩土颜色；用袖珍贯入仪贯入指标表示黏性土的状态，用岩石质量指标值表示岩芯的完整性。用照相机拍摄岩芯照片。

3）岩性描述应包括下列内容：

黏性土：颜色、状态、气味、光泽反映、摇震反映、干强度、韧性、结构、包含物等；

粉土：颜色、气味、湿度、密度、摇震反映、干强度、韧性、包含物等；

砂土：颜色、矿物组成、颗粒级配、颗粒形状、黏粒含量、湿度、密实度等；

碎石土：颗粒级配、颗粒形状、颗粒排列、母岩成分、风化程度、充填物性质、充填程度、密实度；

岩石：地质年代、风化程度、颜色、主要矿物、结构、构造和岩石质量指标等；

4）根据岩性描述的工程性质，初步划分工程地质层。

**4. 工程地质钻探报告**

主要内容包括钻探目的、任务、钻孔坐标、标高、水深、施工时间、钻进与取芯方法、钻进中的异常情况、钻孔质量验收签单、钻孔工程地质柱状图、地质剖面图、岩芯照片等，其他需要提交的资料还有钻探班报、钻孔编录表等。

## 6.2.7 主要设备

工程地质钻探的主要设备就是钻机，北京探矿机械厂的 XY-1A 型钻机是一种油压给进的高速轻便钻机，主要用于固体矿床的普查勘探及工程地质勘察等钻孔、各种混凝土结构的检查孔。可根据地层的不同选用金刚石、合金等钻头进行钻进。可钻 2～9 级的砂质黏土及基岩层等。当终孔直径分别为 75mm 和 46mm 时，额定钻孔深度分别为 100m 和 180m，最深不得超过各钻进深度的 110%，额定开孔直径为 110mm，最大开孔直径允许为 150mm。表 6-3 为北京探矿机械厂

表 6-3　XY-1A 型钻机基本技术参数

| 项　　目 | 单位 | 数值 |
| --- | --- | --- |
| 钻进深度 | m | 100、180 |
| 钻杆直径 | mm | 42、43 |
| 终孔直径 | mm | 75、46 |
| 最大开孔直径 | mm | 150 |
| 钻孔倾角 | ° | 90°～75° |
| 钻机外形尺寸（$L×B×H$） | mm | 1433×697×1274 |
| 钻机重量（动力机除外） | kg | 420 |

XY-1A型钻机基本技术参数，图6-8为XY-1A型钻机实物图片。

XY-1A型钻机的特点：①具有油压给进机构，提高钻进效率，减轻工人劳动强度；②钻机配有上球卡式夹持机构并带有六方主动钻杆，可实行不停机倒杆，工作效率高，操作方便，安全可靠；③配有孔底压力计指示压力，便于掌握孔内情况；④手柄集中操作方便；⑤钻机结构紧凑，体积小，重量轻，分解性强，便于搬迁。

图6-8 XY-1A型高速钻机

## 6.3 工程地质测试

### 6.3.1 船上土工试验

主要测试内容为小型十字板剪切、小型贯入、泥温等试验，如船上有试验条件可进行天然密度、天然含水率、无侧限压缩等项目。小型贯入仪由一个小的金属圆杆和圆柱形探头（测头）组成（见图6-9），试验时将其慢慢压入黏土质样品中，直至达到一个标准的贯入深度，通过一个可直接读出抗剪强度值的经过标定的弹簧将贯入的阻力记录下来。小型十字板剪切仪由一个圆杆和带放射状叶片的金属圆盘（测头）构成（见图6-10），这些叶片从一个平面上向外凸起。试验时，将圆盘压向土样中，直至叶片完全进入土中。然后，通过一个转矩弹簧的旋转对圆盘施加转矩，直到压入叶片之间的土从土样中剪断为止，转矩弹簧的旋转经过校正可直接标示出土的抗剪强度。无侧限压缩强度是指试样在无侧向压力

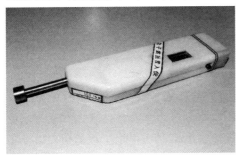

图6-9 小型贯入仪图

图6-10 小型十字板剪切仪

条件下，抵抗轴向压力的极限强度。无侧限抗压强度试验是三轴压缩试验的一种特殊情况，即围压为零的三轴不固结不排水试验，所以又称单轴试验，在一般情况下适用于测定饱和黏性土的无侧限抗压强度。

**1. 试验技术要求**

1）样品取上后，首先进行肉眼鉴定和描述，然后在截取的岩芯样段的顶/底部，进行小型十字板剪切和小型贯入等试验；

2）小型十字板剪切和小型贯入试验适用于均质饱和软黏性土，测试应避开试样中的硬质包含物、虫孔和裂隙部位，试验时应根据土质的软硬程度，选取不同型号的测头和不同测力范围的仪器；

3）泥温可通过已有底层水温与泥温关系进行推算，或在土样取到船上后及时测定；

4）天然密度、天然含水率、无侧限压缩试验的测定方法详见《土工试验方法标准》（GB/T 50123—1999）。

**2. 小型贯入仪试验测试要求**

1）贯入时应避开试样中的硬质包含物、虫孔和裂隙部位；

2）贯入点与试样边缘间的距离和平行试验贯入点间的距离应不小于3倍测头直径；

3）贯入过程中应保持测头与土样平面垂直，且应以1mm/s的速度匀速贯入，直至测头上刻划线与土面接触为止，试验停止，记录试验读数；

4）每个样品平行试验应不少于3次，剔除偏差较大的值后，取其平均值，作为测试结果；

5）每次试验后应清除测头部的泥土，以保证试验结果的准确性。

**3. 小型十字板剪切试验测试要求**

1）用切土刀修平被测土样表面，将剪力板垂直插入被测土样至剪力板翼片的高度，即垂入深度与剪力板高度一致；

2）将指针拨至零点，以6°/s的速度匀速旋转剪力仪的扭筒，直至样品被剪断，试验结束；若样品剪切强度超过仪器量程，试验结束；

3）每个样品平行试验应不少于3次，取其平均值作为测试结果；

4）每次试验后应清除测头部的泥土，以保证试验结果的准确性。

## 6.3.2 原位测试

原位测试的最大优点是能够在原位状态下获得海底底质的重要物理力学参数，在砂质土中，原位测试还是获取土的相对密度等力学参数的唯一方法。原位试验包括静力触探试验、标准贯入试验等方法，勘察时应根据工程类别、岩土条件和现场作业条件等选择原位试验方法，静力触探试验是目前海缆路由勘察最常采用的原位试验方法。

### 6.3.2.1　静力触探试验

静力触探（又称锥探，英文名 Cone Penetration Testing，缩写 CPT）是利用一根安装了若干传感器的圆锥形探头在土体中以准静力匀速贯入时所采集的各项应力数据来实时、连续地反映土质变化特征的一项原位测试方法。海底（水域）静力触探设备的主要功能是将探头以准静力匀速地贯入待测土体中，同时贯入设备本身应具有足够的自重或者采取其他措施（如地锚），以平衡探头与探杆在土体中运动时的贯入反力。

#### 1. 静力触探试验的基本原理

静力触探探头贯入土体的机理是十分复杂的。要把试验数据与土的物理力学参数之间建立理论关系是十分困难的。在工程上广泛采用的是经验对比的方法，但必须在理论分析的基础上建立统计的经验关系，即半理论半经验方法是正确的分析途径。

静力触探的贯入机理的理论包括贯入阻力理论、贯入时超孔隙水压力以及停止贯入后超孔隙水压力的消散理论。

（1）静力触探贯入阻力的理论

包括承载力理论（De Beer 理论、Kerisel 理论、I'Herminier 理论、Berezantzev 理论、Durgunoglu&Mitchell 理论、Janbu 与 Sennest 理论）、孔穴扩张理论（Vesic 理论）、稳定流体理论（Baligh 理论）。

通过对沉桩时周围土体的应力、应变的观测，模型试验的直接观测，以及三轴标定箱的试验等，对静力触探的机理得到一些共同的认识：

1）锥尖阻力 $q_c$、侧摩阻力 $f_s$ 在均质土中是深度的函数，在一定的深度范围内，$q_c$（或 $f_s$）随贯入深度的增大而明显增大，但达到一定深度后（即临界深度），$q_c$（或 $f_s$）随深度的增大而增大的变化变缓。临界深度是土的密实度和探头直径的函数。密实度越大、直径愈大，临界深度也愈大。

2）在临界深度以内，探头贯入时，土体的破坏以整体剪切破坏为主；超过临界深度，由于周围应力的加大，土中不再出现整体的剪切破坏，可出现局部的剪切破坏或孔穴扩张的破坏模式。

3）对于饱和黏性土，可假设为不排水不可压缩的介质，稳定流体理论分析结果与实测很好吻合。

4）对于可压缩的土（如松砂），刺入破坏占优势。理论分析时，不能忽视土的压缩性，亦即贯入阻力不单是土的强度的函数。

5）圆锥探头在贯入过程中，会产生正的或负的超孔隙水压力，影响土的有效应力，从而也影响贯入阻力。这种影响随土的排水条件和贯入速率而异。在利用静力触探试验数据评定土的工程性状时，应注意静探试验条件与实际工程中的排水条件、加荷速率的差异，否则会导致不正确（偏低或偏高）的评价。

（2）静力触探贯入过程中初始超孔压的分布理论

有孔穴扩张理论（Vesic1972）、应力路径法（Randolph 等，1979）、应变路径法（Levadoux，J. 和 Baligh，M. M. 1980）和水力压裂理论（Massarsch 等，1976）等。

（3）孔压静力触探孔压消散的理论

孔压静探探头停止贯入后，贯入时产生的超孔压开始消散。根据 Terzaghi 固结理论，得出孔压消散的固结方程。该固结微分方程的应用是有前提的，假设土是均质各向同性的线弹性介质，土是完全饱和的，土粒与水的体积压缩可忽略不计，土中水的渗流服从达西定律，消散固结过程中总应力不随时间变化，土的渗透系数保持为常数。

实际的土往往是非均质的各向异性的非线弹性介质，在固结过程中总应力不是不变的，渗透系数也不是常数，所以用 Terzaghi 固结微分方程求解的土的固结系数，只是一个估算。

**2. 静力触探的仪器设备**

海缆勘察中常用的 CPT 为海床式静力触探系统，其结构可分为水上部分和水下部分。水上部分主要由计算机、液压绞车、水上控制箱和稳压器组成，液压绞车上配有铠装电缆。水下部分主要是信号台框架，内有电源密封舱、电控密封舱、探杆探头系统（包括探杆、探头、绞盘和其上的各种传感器等，是数据采集系统）和其他辅助设备（倾角传感器、高度计和压力传感器等）。电源密封舱内有电动机和电流转换器等，是水下部分的动力源；电控密封舱内有多种电路板，包括贯入编码转换器等，是水下部分的控制中心。水上部分和水下部分通过铠装电缆进行数据和操作命令的传输。海床式静力触探系统的主要特点是贯入设备稳定支撑于海床面上，将探头直接连续地贯入海底，以取得探头所检测到的土体应力，触探操作的基准为海床面且该基准唯一；海床式静力触探系统的优点在于能够在空间上保证触探路径的完整性，但其缺点在于直接连续的贯入方式和触探基准决定了此种工艺不适合深层海底测试，如需要较长的探杆从海床面的贯入设备延伸到触探的最大深度以提供贯入力，很难保证触探路径与海平面的垂直度，需要提供较大的贯入力平衡探杆匀速运动时土体产生的摩擦阻力等。

CPT 通过分析探头贯入土层中受到的阻力大小来评估土的性状，适用于软土、黏性土、粉土和砂土。CPT 的贯入速度通常为 2cm/s，标准探头的锥角为 60°，横截面积通常在 5～20cm² 之间，10cm² 和 15cm² 是最常用的尺寸，小型 CPT 常用的截面积是 1cm² 和 2cm²。安装在探头中的电子压力传感器可以测量锥尖和侧摩阻力，孔压静力触探试验中，土的孔隙水压力通过安装在锥尖面或锥端和锥壁间的传感器测量得到。试验数据被实时传输到船上。底质类型可由锥尖阻力（$q_c$）和侧摩阻力比（$f_s/q_c$）的相关关系确定；其他的一些经验公式可以用来确定黏土的剪切强度和砂土的相对密度与内摩擦角；孔隙水压力测试可以获取土的渗透系数和应力状态（如欠固结、正常固结或超固结）。下面介绍两种在海底光缆路由勘察中常用的CPT。

（1）轮式驱动CPT

轮式驱动CPT由轮式驱动机构、控制系统和数据采集系统构成。轮式驱动一般有电力和液压两种，CPT探杆由钢轮夹紧后以2cm/s速度压入海底，通过脐带缆提供所需的电力和信息传输。目前最大的轮式驱动海底CPT重达$25 \times 10^3$ kg，能提供200kN的驱动压力，这样的压力能使CPT在密实砂或硬的含砾黏土中的贯入深度达到20m，而在正常固结的土中贯入深度可以达60m，工作水深超过1800m。这种大型的CPT需要40kN起吊能力的水平吊臂和足够的甲板作业面，对作业船的要求非常高。

在海底光缆路由勘察中常用的是一种轻型轮式驱动CPT，通常由4m高的支架和重约$2 \times 10^3$ kg的直径4m的底盘组成，驱动装置和传感器系统都安装在底盘上。这种CPT能提供150kN的驱动力，探头横截面积为10cm$^2$，能达到5m的贯入深度，可在1500m水深海域工作，一些无缆型的CPT的最大工作深度为2000m。这种CPT可在具备50kN水平吊臂或A型架的勘察船上使用。图6-11为Furgro公司使用的一种名为Seacalf海床轮式驱动CPT测试系统。

（2）柔性杆CPT

与轮式驱动型CPT最大的不同在于，它具有柔韧性极高的探杆，不作业时，这种探杆盘绕在一定直径的转盘上，作业时，转盘旋转将探杆以2cm/s的速度压入海底。这种CPT探头的横截面积通常为2cm$^2$或5cm$^2$，主要提供锥尖阻力和侧摩阻力参数，在适用的沉积物中，通常可以达到15m以上的贯入深度。

这种CPT对调查船的要求不高，需要25~50kN的水平吊臂或A型架即可，较小的作业甲板面积也能满足要求。作业效率高，一般10~15min就能完成一个原位测试。因为CPT的横截面积小，所以对沉积物中的微细层理比较敏感，例如它能分辨出软黏土中的细砂夹层。图6-12为英国Datem公司的一种名为Neptune 5000柔性杆海床式CPT测试系统。

**3. 静力触探的测试方法**

海上静探试验与陆上普通的静力触探试验有所不同，特别是在饱和、消散等试验环节上，操作程序要复杂一些。

（1）测试前的准备工作

1）孔压探头的率定

在使用孔压探头前必须先进行率定，新探头或使用一段时间后（如3个月）的探头也应进行率定。率定的目的是得到测量仪表读数与荷载之间的关系——率定系数，将率定系数乘以相应的仪表读数，可以求出各贯入阻力值及孔隙水压力的大小。

图 6-11 Seacalf 海床轮式
驱动 CPT 测试系统

图 6-12 Neptune 5000 柔性杆海床式
CPT 测试系统

孔压探头的率定包括孔压传感器的率定和测力传感器的率定，它们的率定装置和率定方法都各不相同。

① 测力传感器的率定

a. 率定方法

对测力传感器的率定应在专门的标定装置上进行。率定时首先装好率定设备及探头，接通仪器，然后加荷、卸荷 3 次以上，以释放掉空心柱由于机械加工而产生的残余应力，同时减少应变片的滞后和非线性。随后正式加压率定，率定所用记录仪表同测试用仪表，率定方法可根据 TB 10041—2003 规定进行。

根据供桥电压对仪表、探头输入和输出的关系的不同，探头率定方法分为固定桥压法和固定系数法两种。

b. 零漂检验率定

对一批检测精度合格的探头，应抽出其总数的 10% ~ 20%，进行如下两种检验性率定：

a）对探头进行时漂检验。应在恒温条件下，将探头与仪器接通工作电源，待其预热并统调平衡后，记录探头在空载状态下仪表的零输出随时间而变化的过程值。记录的时间间隔由密而疏，累计观测时间不宜少于 2h。然后绘出零输出值与时间的关系曲线，即为探头的时漂修正曲线。

b）对探头进行温漂检验。应利用温度可调可控热处理装置，在 −10~45℃ 范围内，分级测定探头在各级温度下仪器的零输出值，绘出零输出值与时间的关系曲线，即为探头的温漂修正曲线。

② 孔压传感器的率定

对探头孔压传感器进行率定是为了得到测量仪表读数与探头所测孔隙水压力之间的关系——孔压率定系数。对孔压传感器的率定要在安装有专门标定装置的饱和器——在排气饱和装置的密封容器上设置一个压力表和加压通道中进行。

2）孔压探头的饱和

研究表明，孔压探头完全饱和是非常必要的，对于饱和不充分的孔压静探头，孔隙水压力的反应可能会不准确和不灵敏。在一个大气压下，水中若含有 1% 的空气，其压缩性为纯水的 1000 倍；含有溶解空气的水压缩性为纯水的 100 倍。如果探头孔压量测系统通道未被饱和，测量孔压时则会有一部分孔隙水压力在传递过程中消耗在压缩空气上，因而严重影响孔隙水压力的最大值及其消散时间，使所测孔隙水压力值比实际值小，且滞后。

排除水中空气的方法有加热排气法和真空排气法。加热排气法中，用于加热排气的水在冷却过程中仍有空气溶解于水中。真空排气法是对充有水的透水滤器及空腔施加真空，同时施加振动，达到排气的目的。目前常用的真空排气法，抽真空所需的时间与透水滤器的微孔直径、容器中的水量、水-气接触面面积、水温及真空泵的能力有关。当室温为 20℃ 时，排除 5L 水的空气一般需 10~12h。

3）孔压量测系统的检验

对于孔压探头除应进行率定和测力传感器的检验（非线性误差、滞后误差、归零误差、锥端阻力与侧壁摩阻力测力传感器的相互干扰、绝缘电阻等）外，还要对孔压量测系统进行检验。

① 饱和度检验。孔压探头的饱和与否直接关系着孔压触探试验的成败。孔压量测系统饱和度检测，采用孔压相应试验。同孔压率定试验一样，在对探头进行饱和度后向密封容器内逐级加压，同时观察密封容器压力与探头孔压传感器输出值的变化。如两者同步变化，无时间上滞后现象，幅值大小相等，即认为完全达到饱和，否则，应检查原因，重新对探头进行饱和。

② 传感器相互干扰检验。测力传感器与孔压传感器之间的相互干扰的检验，包括 $q_c$ 与 $f_s$ 测力传感器受力。容器孔压为一个大气压时探头孔压传感器的变化检测；$q_c$ 与 $f_s$ 测力传感器不受力，容器孔压变化时探头测力传感器的变化检测。

③ 探头孔压传感器高孔隙水压力下的绝缘检验。探头孔压传感器在高孔隙水压力下的绝缘电阻不得低于 20MΩ。

（2）现场测试

1）试验孔和消散点的布置

① 海上静力触探孔应根据工程需要与钻探、十字板剪切试验孔配合布置。在钻孔等试验孔旁进行触探时，离原有孔的距离应大于原有孔径的 20~25 倍，以防土层扰动。试验孔的设计深度和数量应视地质条件、设备贯入能力及探头耐压能力而定。

② 消散点的布置应符合：超孔压消散试验宜在黏土、粉质黏土层中进行；在测试场区内应有两个以上的孔对各个层位进行超空压消散试验，具体数目视工程要求及土质情况而定；再同一孔中，对于厚度大（>3m）的土层，视需要可进行 2 或 3 个深度的孔压静力触探超孔压消散试验。

2）触探贯入速率

由于不同土类的渗透性差别很大，曾有人建议，可以用加快或减缓贯入速度的方法来控制试验的排水条件。但是，因为这些范围值相差几个数量级，要改变排水条件，贯入速率就有很大的变化，通常也要增减几个数量级（Campanecca 等，1983），但快于 20m/s 或慢于 0.2m/s 的贯入速率都是不切合实际的，而且也会另外产生对应变率的影响。

海上静探试验的标准贯入速率为 2cm/s。在中粒干净砂和粗粒土层中贯入时，引起的超孔隙水压力，其消散几乎与它们的产生一样迅速，贯入是在排水条件下进行的。在像黏土和粉质黏土之类的细粒土中贯入时，由于这些土的渗透性相对较低，可能产生很高的超孔隙水压力，贯入主要是在不排水条件下进行的。在细砂和粉质砂土中的贯入也能产生超孔隙水压力。

3）孔隙水压力的消散

由于大部分探杆的长度是 1m，因此在触探贯入过程中每次行程一般也是 1.0m。这就导致了贯入过程中的停顿，停顿时间一般为 15~90s，具体长度取决于压入设备。由于在贯入停顿时超孔隙水压力会出现消散，因此停顿后继续贯入时需压入一段深度后才能恢复到原来的孔隙水压力值。该深度随土性的不同而变化，一般在 2~50cm 范围内。在处理孔压静探试验资料时，修正停顿所引起的消散或标注贯入过程中的停顿是很重要的。为避免贯入过程中经常停顿而引起的问题，现在已经研制出多种压入装置，实现了真正的连续贯入而无需停顿。

孔隙水压力的消散速率取决于土的渗透固结特性，因此可通过贯入停顿后超孔隙水压力的消散来获取一些有价值的资料，包括土的渗透性、地下水水位、排水条件等。在预定深度停止贯入，观察孔隙水压力随时间的变化过程，记录不同时刻的孔隙水压力的大小，这种试验称为孔压消散试验。孔压消散试验观测时间的长短可根据不同情形，采用下列某一标准确定：

① 直至超孔隙水压力完全消散，达到稳定的静水压力为止；

② 至超孔隙水压力消散 50% 为止，即采用的消散时间为 $t50$；

③ 对各土层根据经验采用一定的持续时间。

**4. 静力触探试验数据的整理与解译分析**

（1）数据整理

1）静力触探原始数据校正

包括深度修正、归零修正、孔压修正、锥尖阻力和侧壁摩阻力的孔压修正等。

① 深度修正。当记录的深度与实际贯入的深度有出入时（特别是用海床 CPT 系统时），可按误差随深度线性分配的方法对深度进行修正。如在静力触探的同时量测了探头的倾斜角 $\theta$（相对铅垂线），可考虑探杆倾斜对深度进行修正。

② 归零修正。如果试验前和试验后的归零值的误差超过了规定的误差值，应对各传感器的输出按归零检查的深度间隔以线性内插法加以修正。

③孔压修正。当探头在水下贯入土中时，使用孔压探头可测得孔压值，由于锥头及摩擦筒上下端面受水压力面积的不同，量测的锥尖阻力或侧壁摩阻力并不代表实际的真锥尖阻力和真侧壁摩阻力，这时就可以用孔压值对锥尖阻力和侧壁摩阻力进行修正以便得到真值。

在饱和软黏土中，由于测得的锥尖阻力很低，而孔压数据却很高，往往孔压值大于锥尖阻力值，因此把测得的并不代表实际值的锥尖阻力修正为真锥尖阻力就显得特别重要。对于砂土，测得的孔压接近于初始孔隙水压力，当砂土锥尖阻力很高时，相对于锥尖阻力来说，孔压就显得很小，且测得的锥尖阻力近似等于真锥尖阻力，因此通常在砂土中对锥尖阻力的孔压修正就显得并不很重要。

2）静力触探数据曲线

静力触探测试数据通常以连续的图表形式表示，对于孔压静力触探数据需注明孔压传感器的位置，内容包括：锥尖阻力与贯入深度的关系曲线、侧壁摩阻力与贯入深度的关系曲线、孔压与贯入深度的关系曲线。

对于孔压静力触探，同时需要以下校正的图表：真锥尖阻力与贯入深度的关系曲线、摩阻比与贯入深度的关系曲线、孔压比与贯入深度的关系曲线。

（2）数据解释

典型的 CPT 测试记录显示了锥尖阻力和套筒摩擦力随贯入深度的变化。测得的锥尖阻力可以估算粒状土的相对密度和黏性土的抗剪强度值。侧壁摩阻力数据，摩擦比（定义为侧壁摩阻力和锥尖阻力之比，%）将用于评估土质特性。当使用孔压探头时，根据测得的孔压和锥尖阻力计算的孔压比将用于评估土质特性。测试结果将用于：土层划分和土类判别、黏性土的抗剪强度估算、黏性土的超固结比估算、黏性土的灵敏度估算、砂土相对密度估算、砂土液化判别。

1）土层划分和土类判别

锥尖阻力 $q_c$、侧摩阻力 $f_s$ 以及孔隙水压力 $u$ 等数据能直观地反映土层变化，同时也能反映不同的土的类型。随着探头从机械探头、电子探头到孔压探头的发展，使 CPT 数据在土层划分和土类判别的应用更加准确。

在早期，由于探头为机械探头，因此只能大致判定土层界线，不能判别土质类型，土质类型只能从钻探资料获知。Begemann（1965）首先提出了可信的土分类图。随着孔压探头的开发和应用以及土分类图的不断改进，使 CPT 测试逐渐成为一种有效的原位测试工具。下面介绍两种常用的基于孔压静力触探 CPTU 指标的土分类图。

① Robertson 等（1986）土分类图。Robertson 等（1986）首先提出基于孔压静力触探的土分类应当采用经过孔压 $u_2$ 修正后的锥尖阻力 $q_t$，与摩阻比 $R_f$、孔压参数比 $B_q$ 建立了 $q_t$-$R_f$ 和 $q_t$-$B_q$ 的 12 区域土分类图（见图 6-13），也被称为 SBT 图。

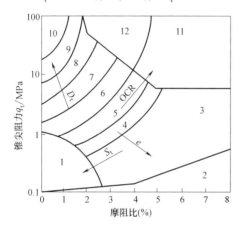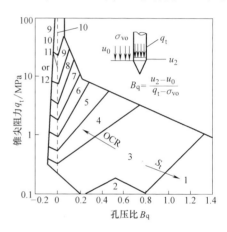

| 区域 | 土类 | 区域 | 土类 |
|------|------|------|------|
| 1 | 灵敏细粒土 | 7 | 粉质砂土—砂质粉土 |
| 2 | 有机质土、泥炭 | 8 | 砂土—粉质砂土 |
| 3 | 黏土 | 9 | 砂土 |
| 4 | 粉质黏土—黏土 | 10 | 砾砂—砂土 |
| 5 | 黏质粉土—粉质黏土 | 11 | 非常坚硬的细粒土[*] |
| 6 | 砂质粉土—粉质粉土 | 12 | 砂土—黏质砂土[*] |

注：* 指强超固结土类或胶结性土类。

图 6-13 Robertson 等（1986）土分类图

采用 $q_t$ 和 $R_f$ 进行土分类时存在一个问题，表现在于贯入阻力 $q_t$ 和 $f_s$ 以及孔隙水压力 $u$ 随着上覆应力的增加而增加，因此土分类准确性也会受到影响。早期的 CPT/CPTU 土分类图研究所达深度均未超过 30m，因此对深部土体采用该分类图时会产生一定误差。

从概念上而言，任何对应力增加的归一化均应考虑水平应力的改变，这是由于贯入阻力很大程度地受到有效水平应力的影响，然而在当前工程实践中很少做出如此考虑，主要原因在于难以预先确定土体的原位水平应力。

②Robertson 等（1990）土分类图。Robertson 等（1990）对其 1986 年提出的土分类图进行了改进，采用归一化指标——归一化锥尖阻力 $Q_t$、归一化摩阻比 $F_r$ 以及孔压参数比 $B_q$，重新提出了土分类图，如图 6-14a 和图 6-14b 所示。最初的 Robertson 土分类图对 $Q_t$-$F_r$ 图而言分为了 9 个区域，而对 $Q_t$-$B_q$ 图而言分为了 6 个区域。Lunne 等（1997）进行了补充与修正，如图 6-14c 所示。常用的 Robertson 归一化分类图即指图 6-14a、图 6-14c，也被称为 SBTn 图。Robertson 等（1990）指出，当原位有效上覆应力位于 50~150kPa 时，SBTn 与 SBT 图往往并无区别。

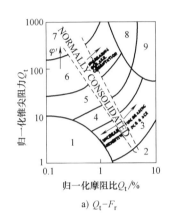
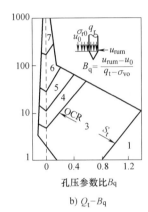
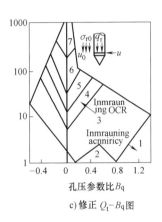

a) $Q_t$-$F_r$　　　　b) $Q_t$-$B_q$　　　　c) 修正 $Q_t$-$B_q$ 图

| 区域 | 土类 | 区域 | 土类 |
| --- | --- | --- | --- |
| 1 | 灵敏细粒土 | 6 | 粉质砂土—纯砂 |
| 2 | 有机质土、泥炭 | 7 | 砂—砾质砂 |
| 3 | 黏土—粉质黏土 | 8 | 黏质砂—极硬砂 |
| 4 | 粉质黏土—黏质粉土 | 9 | 极硬细砂 |
| 5 | 砂质粉土—粉砂 | | |

图 6-14　Robertson 等（1990）土分类图

③Eslami 和 Fellenius（1997）土分类图。Eslami-Fellenius（1997）研究了 5 个国家 20 个试验场地的数据，对 CPTU 测试采用 $u_2$ 孔压值，对不含孔压测量的 CPT 试验，其试验场地多为砂土，因此假定贯入孔压为静水压力，也即 $u_2 = u_0$，采用有效锥尖阻力 $q_E$ 和侧壁摩阻力 $f_s$，提出了基于 CPTU 的土分类图，将土分为 5 类，如图 6-15 所示。有效锥尖阻力 $q_E$ 如下计算：首先，实测锥尖阻力 $q_c$ 经过孔压修正为总锥尖阻力 $q_t$；其次，总锥尖阻力 $q_t$ 减去贯入孔隙水压力 $u_2$，即为有效锥尖阻力 $q_E = -(q_t - u_2)$。

2）黏性土的抗剪强度估算

原位抗剪强度（$S_u$）取决于土的破坏模式、土的各向异性、应变速率和应

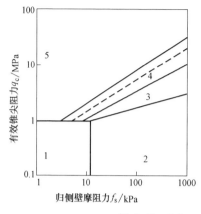

| 区域 | 土 类 |
|------|------|
| 1 | 非常软的黏土、或灵敏性、或湿陷性土 |
| 2 | 黏土或粉土 |
| 3 | 黏质粉土或粉质黏土 |
| 4 | 砂质粉土或粉质砂土 |
| 5 | 砂土或砂砾 |

图 6-15　Eslami 和 Fellenius(1997)土分类图

力历史。强度各向异性在灵敏的黏性土中更具重要性。土的各向异性和应变速率将影响原位 CPT 测试的结果。在 CPT 数据解释中需要结合经验,同时要考虑可能的土扰动的影响。因此,在利用 CPT 数据进行不排水抗剪强度估算时,应考虑和说明是何种条件下的不排水抗剪强度。

关于不排水抗剪强度的估算的大量研究工作和其结果已在文献上发表,主要可分为两种估算方法,即理论方法和经验方法。

a. 理论方法

理论方法可概括如下五点:

- 经典承载力理论;
- 孔穴扩张理论;
- 能量守恒和孔穴扩张理论;
- 用线性和非线性应力应变的关系经分析和数据处理方法;
- 应变路径理论。

所有理论方法得出了一个关于锥尖阻力 $q_c$ 和原位抗剪强度 $S_u$ 的理论关系式:

$$q_c = N_c S_u + \sigma_o \tag{6-1}$$

式中, $N_c$ 为理论锥头系数; $\sigma_o$ 为原位总的上覆土压力(根据不同理论, $\sigma_o$ 可为 $\sigma_{vo}$、$\sigma_{ho}$ 或 $\sigma_{mean}$)。

由于探头贯入土中是一个复杂的现象。所有的理论方法都对土体的特性和机械破坏与边界条件做了简化和假设。理论方法需要在现场和实验室进行验证,因此尽管理论方法提出了一种非常有用的解释方法,但仍然需要经验的校正。

b. 经验方法

用 CPT 数据估算 $S_u$ 的经验方法可概括为以下三个主要的方法:

- 用总的锥尖阻力估算 $S_u$

$$S_u = (q_c - \sigma_{vo})/N_k \qquad (6\text{-}2)$$

式中：$N_k$ 为经验锥头系数；$\sigma_{vo}$ 为原位总的上覆土压力。

Kjekstad 等（1978）对超固结土的三轴试验结果研究显示，$N_k$ 的平均值为 17。Lunne 和 Kleven（1981）通过对正常固结的海相土实验显示，$N_k$ 值的变化范围为 11~19，其平均值为 15。这些现场和实验室结果与近期的理论方法建议值相似。

用孔压 CPT 数据对上述方法进行了修改，用经过孔压校正的锥尖阻力 $q_t$ 代替测试的锥尖阻力 $q_c$。探头系数可用下列公式计算：

$$N_{kt} = (q_t - \sigma_{vo})/S_u \qquad (6\text{-}3)$$

通过多年的大量研究，$N_{kt}$ 值的变化范围大多在 15~20 之间（ESOPT 1974 和 1982，ISOPT 1988）。可是每次研究中估算 $S_u$ 的方法是不同的。因此需要实验室方法对估算的 $S_u$ 进行验证。另外，实验室试验时对土样的扰动对 $S_u$ 值影响较大。对土样的扰动越小，得到的试验值就越高，$N_{kt}$ 值就越小。

- 用有效锥尖阻力估算 $S_u$

Senneset 等（1982）提出用有效锥尖阻力 $q_e$ 估算 $S_u$，其中 $q_e$ 定义为锥尖阻力和孔压 $u_2$ 的差值。Campanella 等（1982）重新定义了有效锥尖阻力，用锥尖阻力校正值 $q_t$ 估算 $S_u$：

$$S_u = q_e/N_{ke} = (q_t - u_2)/N_{ke} \qquad (6\text{-}4)$$

Senneset 等（1982）研究显示，$N_{ke}$ 变化范围为 9±3。Lunne 等（1985）研究显示，$N_{ke}$ 变化范围为 1~13。用 $q_e$ 估算 $S_u$ 的一个主要缺点是：在某些软土中 $q_c$ 值非常小，因此测得的 $q_c$ 和 $u$ 值精度较差。在某些土中用超孔压（$\Delta u$）来估算 $S_u$ 可能会更准确。

- 用超孔压（$\Delta u$）估算 $S_u$

Campanella（1985）等利用经验、半经验的洞穴扩张理论方法，提出了许多超孔压（$\Delta u$）和 $S_u$ 的关系式。这种关系式可用下列公式表示：

$$S_u = \Delta u/N_{\Delta u} \qquad (6\text{-}5)$$

式中，$\Delta u = u_2 - u_0$；根据洞穴扩张理论 $N_{\Delta u} = 2~20$。

Lunne 等（1985）通过对英国北海的黏土的三轴试验结果，得出 $N_{\Delta u}$ 和 $B_q$ 间有很好的关联，$N_{\Delta u}$ 值的变化范围为 4~10。上述关系式的超孔压值是基于孔压值为 $u_2$。

目前在国外使用较多的估算方法是用总的锥尖阻力估算 $S_u$，用下列公式计算：

$$S_u = (q_t - \sigma_{vo})/N_{kt} = q_{net}/N_{kt} \qquad (6\text{-}6)$$

式中，$S_u$ 为不排水抗剪强度；$q_t$ 为校正的锥尖阻力；$\sigma_{vo}$ 为总的上覆压力（包括水压）；$N_{kt}$ 为锥头系数。

如 Schmertmann（1975）讨论的，$N_{kt}$ 值取决于许多可变的因素，如：决定参考的不排水抗剪强度的方法，原位土应力条件，应力历史，土的结构，灵敏度，塑性特征，探头类型，CPTU 操作方式和贯入速度。

3）黏性土的超固结比估算

土的应力历史通常用超固结比（OCR）来表达：

$$OCR = p'_c / \sigma'_{vo} \tag{6-7}$$

现有上覆盖土压力（$\sigma'_{vo}$）可直接从测得的浮容重计算得出，同时前期有效应力或前期固结压力（$p'_c$）可从固结试验结果中得出。另外，OCR 值可从土的强度特性和 CPT、CPTU 结果估算得出。

从 20 世纪 80 年代以来，建立了许多 OCR 和多种规化的孔压与规化的锥尖阻力之间的关系式。从 CPT/CPTU 数据估算 OCR 可概括为以下三种方法：

• 不排水抗剪强度（$S_u$）方法

Schmertmann（1974，1975）提出的下列步骤用于估算 OCR：

√ 根据黏性土抗剪强度估算的方法估算 $S_u$；

√ 利用实验室结果计算有效上覆盖土压力 $\sigma'_{vo}$ 和计算 $S_u/\sigma'_{vo}$ 值；

√ 用实验结果或估算的塑性指数（$I_p$）估算相关的正常固结的 $S_u/\sigma'_{vo}$ 值；

√ 根据图 6-16（Andresen 等，1979）估算 OCR。

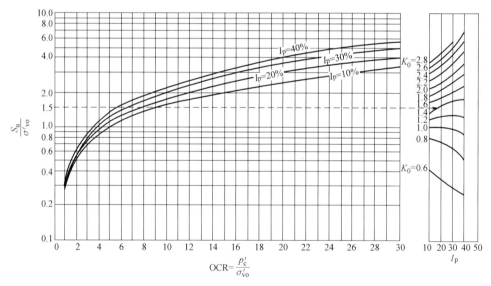

图 6-16　从 $S_u/\sigma'_{vo}$ 和 $I_p$ 估算 OCR 和 $K_0$

（Andresen 等，1979 和 Brooker&Ireland，1965）

• CPTU 数据剖面形状方法

锥尖阻力剖面的形状能大致给出先期固结压力。对于正常固结的黏土，下面公式可用来估算规划锥尖阻力的变化范围：

$$Q_t = (q_t - \sigma_{vo}) / \sigma'_{vo} = 2.5 \sim 5.0 （受 I_p 值控制） \tag{6-8}$$

如果沉积物的规化锥尖阻力大于上述范围，那么此沉积物为超固结土。

· 直接依靠 CPTU 数据方法

Baligh 等（1980）指出，当不排水的探头贯入时测得的孔隙水压力值能反映黏性土的应力历史。

Lunne 等（1989）根据不扰动土样的试验结果，给出了试验结果和 CPT 数据的修正关系图。

Sully 等（1988）提出了，规划孔隙水压力不同值 PPD 和 OCR 有关。

Mayne（1991）根据孔穴扩展理论和临界状态理论，提出了修正公式。

4）黏性土的灵敏度估算

黏土的灵敏度（$S_t$）定义为不扰动土抗剪强度和扰动土抗剪强度值之比。灵敏度（$S_t$）可从现场原位十字板试验和实验室强度试验结果计算得出。

$$S_t = S_u / S_{ur} \tag{6-9}$$

式中，$S_u$ 为不扰动土的不排水抗剪强度值；$S_{ur}$ 为扰动土不排水抗剪强度值。

虽然现场十字板实验结果能较好地反映原位土的灵敏度，但如果不适合十字板实验时，可用 CPTU 数据粗略地估算灵敏度（$S_t$）。CPT 试验的侧摩阻力是扰动土不排水抗剪强度的函数，Schmertmann（1978）提出灵敏度（$S_t$）可从摩擦比（$R_f$）估算得出：

$$S_t = N_s / R_f \tag{6-10}$$

式中，$N_s$ 为无量纲系数。Robertson 和 Campanell（1988）通过对 CPT 解释结果和实验室结果比较得出，$N_s$ 平均值为 6。Rad 和 Lunne（1986）通过研究显示 $N_s$ 值的变化范围为 5～10，平均值为 7.5。Lunne（1997）讨论的，$N_s$ 值取决于矿物、OCR 和其他因数。对所有的黏土不能给出一个唯一的 $N_s$ 值。

5）砂土相对密度估算

对于砂土，相对密度（$D_r$）是一个用于工程设计的主要土质参数。通过对大量的三轴标定箱对砂土的静力触探试验，表明砂土的压塑性和粒径是影响由 CPT 确定 $D_r$ 的主要因素。砂土的锥尖阻力主要受砂土的密实度、原位垂直和横向有效应力和砂的压塑性影响。$D_r$ 与 $q_c$ 和 $\sigma'_{vo}$ 的关系式可表达为

$$D_r = (1/C_2) \ln \left[ (q_c / C_0 / \sigma'_{vo}) C_1 \right] \tag{6-11}$$

式中，$q_c$ 和 $\sigma'_{vo}$ 以 kPa 计；$C_0$、$C_1$、$C_2$ 是经统计得的经验系数（见表6-4）。

6）砂土液化判别

饱和砂土的液化判别依赖于地震作用的影响，可通过分析应力应变条件结合实验室试验结果或用某些现场观测的现象和测得的参数进行经验上的校正后进行判别。我们知道，实验室动力试验有其缺点，既我们很难获取完全不扰动的砂土

样。由于原位 CPT 测试的数据连续，也不易受现场作业程序的影响，同时 CPT 数据可用于土类判别，这也将有助于砂土的液化判别。随着 CPT 原位测试方法的不断应用，国外许多研究人员提出了贯入阻力 $q_c$ 和液化剪应力之间的修正关系式，同时也提出了用图示方法判别砂土液化。如 Douglas 和 Olsen（1982）利用 $q_c$ 和 $R_f$ 的土分类图划定了液化土的区域 A，见图 6-17；Robertson（1983）根据现场及室内试验资料用修正后的归一化贯入阻力 $Q_c$，用图 6-18 判定砂土液化可能性。

表 6-4　$C_0$、$C_1$、$C_2$ 数值

| 作者 | $C_0$ | $C_1$ | $C_2$ | 备注 |
|---|---|---|---|---|
| Schemertmann（1978） | 172 | 0.51 | 2.73 | NC-Ticino 砂土 |
| | 88 | 0.55 | 3.57 | OC-Ticino 砂土 |
| Baldi 等（1986） | 157 | 0.55 | 2.41 | NC-Ticino 砂土 |

注：Ticino 砂为未胶结中等压缩性的中细石英砂（$K_0 = 0.45$）

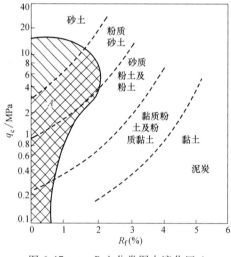

图 6-17　$q_c$-$R_f$ 土分类图中液化区 A

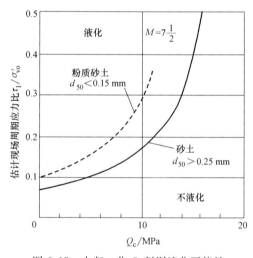

图 6-18　由归一化 $Q_c$ 判别液化可能性

在进行初步液化分析时，可用图示法进行砂土液化的判别。但不管是图示法或计算法的评估结果，仅能作为参考。在设计时应以实验室的动力实验结果为依据，比较和参考 CPT 液化分析结果。

除上述 CPT 结果应用外，CPT 成果还可用于光缆可埋设性评价（BAS）。BAS 首先分析路由调查获得的各个站位的土工数据，包括 CPT 数据、底质取样的土工测试分析结果，以及一些电法和声学折射法的探测资料，结合连续的地球物理调查资料进行综合分析，获得连续的海底沉积物类型分布和海底沉积物土工特性。在此基础上可以评价埋设深度、埋设方式、牵引张力、犁刀磨损、埋设速

度和埋设风险等一系列参数。

### 5. 影响测试数据的主要因素

影响静探测试成果的因素很多，只有更深入地了解这些影响因素，才能更好地校正和应用测试数据，同时，对系统设备的标准化及测试方法的科学化也会有很大的促进作用，下面将对一些主要因素进行叙述和探讨。

（1）探头和探杆的规格

探头的形状及尺寸是影响测试成果的主要因素，因为测量土层各种贯入阻力是通过探头完成的。探头的形状及尺寸的标注化与科学化对测试成果的应用，交流和对比都有很重要的意义。

目前，国内外已普遍规定静力触探的探头为圆锥形，其顶角为60°，所不同的是锥头底面积，国际上建议锥头底面积为10cm$^2$。仅对坚硬土层才允许使用15cm$^2$或20cm$^2$的锥头。经多家实验证明，锥尖阻力$q_c$及侧摩阻力$f_s$皆随底面积的增大而减少。用10cm$^2$探头所测的$q_c$和$f_s$与用15cm$^2$或20cm$^2$探头所测的$q_c$和$f_s$的差值，各家实验值不同。

侧壁摩擦同长度增加时，会使$q_c$增大，$f_s$减小，因此，侧壁摩擦筒长度也应有统一规定为好。另外，锥头后边侧壁摩擦筒及探杆的外径对圆锥贯入阻力也有一定影响。若摩擦筒和探杆外径比锥头底面直径小，则探头贯入后在孔壁与探头之间会形成一定的孔隙，破坏后的土体能沿空隙向上挤出，使所测阻力值偏小。如果摩擦筒和探杆外径与锥头底面直径形同，则使贯入阻力比前者增大，一般认为，两者的直径不同时，可使锥头阻值差10%~20%。因此，普遍使用直径相同的锥头、摩擦筒和探杆。

（2）贯入速率

进行常规静力触探试验的贯入速率为2cm/s，允许有±5%的误差，贯入速率有一定范围的变化对$q_c$和$f_s$的影响可以忽略。但对于孔压静力触探试验，贯入速率的匀速控制至关重要。这是因为孔压静探的贯入速率决定着试验的排水条件，不同贯入速率对孔压测试结果有明显影响。

国内外均进行过贯入速度对孔压的影响规律的试验。南京水利科学研究院所做的不同贯入速率对孔压影响的试验研究结果，得到的结论是超孔压基本上随着速度的增加而增加。而国外的Campanella等人的试验结果指出当贯入速率大于0.2cm/s时孔隙水压力基本为一定值，处于不排水状态；当贯入速率低于此比值时，孔隙水压力随贯入速率的降低而降低。

孔压静探的标准贯入速率应控制为2cm/s左右，且应尽量保持匀速。

（3）孔压探头的饱和问题

进行孔压触探时，必须对探头进行严格饱和，这样才能准确测量出触探时所产生的孔隙水压力及超孔隙水压力的消散值。如果探头孔压量测系统通道未被饱和，测量孔压时则会有一部分孔隙水压力在传递过程中消耗在压缩空气上，即施加的压力被空气消散，因而严重影响孔隙水压力的最大值及其消散时间，使所测孔隙水压力值比实际值小，且滞后。目前，检验系统的饱和情况一般采用孔压响应时间有无滞后以及幅值是否相同，以及分析孔压测试资料，来度量孔压量测系统排气饱和的情况。

（4）温度的影响

孔压触探仪量测各种贯入阻力和孔压值的关键部位是各种传感器上的电阻应变片。如果由于各种原因使应变片发生不应有的温度变化，则会使应变片产生电阻变化，进而产生零位漂移或自动记录曲线发生非正常扭曲。产生温度变化的主要原因有：①量测时应变片的通电时间长，产生电阻热；②地面温度与地下不同深度的温度有差异，在严寒及酷暑季节极其明显；③探头在贯入过程中与土摩擦，产生摩擦热；④探头传感器在反复变形中也将产生一种应力热。为了消除温度变化对测试成果的影响，须在仪器和测试方法两方面采取一些措施。

### 6.3.2.2 标准贯入试验

标准贯入试验（Standard Penetration Test，SPT）是工程地质钻探过程中一种在现场用 63.5kg 的穿心锤，以 76cm 的落距自由落下，将一定规格的带有小型取土筒的标准贯入器先打入土中 15cm，然后记录再打入 30cm 的锤击数的原位试验方法。

标准贯入试验设备主要由贯入器、贯入探杆和穿心锤三部分组成。标准贯入器有两个半圆管合成的圆筒型探头（见图 6-19）；穿心锤为重 63.5kg 的铸

图 6-19 标准贯入器

钢件，中间有一直径 45mm 的穿心孔，此孔为放导向杆用；国际上触探杆多用直径为 40~50mm 的无缝钢管，我国则常用直径为 42mm 的工程地质钻杆。SPT 操作简单，地层适应性广，对不易钻探取样的砂土和砂质粉土尤为使用，当土中含有较大碎石时，使用受限制。通过 SPT，从贯入器中还可以取得土样，可对土层进行直接观察，利用扰动土样，可以进行鉴别土类的有关试验。SPT 的缺点是离散性比较大，故只能粗略地评定土的工程性质。SPT 并不能直接测定土的物理力学性质，而是通过与其他原位试验手段或室内试验成果进行对比，建立关系式，积累地区经验，才能用于评定土层的物理力学性质，如对砂土、粉土、黏性土进行土层的力学分层，定性地评价土层的均匀性和物理性质（状态、密实度），查明土洞、滑动面、软硬土层界面的位置，还可评定土层的强度、变形参数和地基承载力。

现阶段，随着工程的大量建设及经验的积累，利用 SPT 确定黏性土的不排

水抗剪强度 $c_u$ 已在工程实践得到一定的应用（见表6-5）。

表6-5　黏性土中 $c_u$ 和 SPT-N 的相关关系

| 作者 | 土性 | $c_u/kPa$ | $c_u$ 确定方法 |
|---|---|---|---|
| Terzaghi and Peck (1967) | 细粒土 | $(2.5 \sim 16.7)N$<br>$6.67N$ 平均值 | UC |
| Stroud(1974) | 超固结的非灵敏黏土 | $4.2N, I_p \geqslant 30$<br>$(4 \sim 5)N, 20 \leqslant I_p < 30$<br>$(6 \sim 7)N, I_p < 20$ | UU |
| Sowers(1979) | 均质细粒土 | $12.5N$ 高塑性黏土<br>$7.5N$ 中等塑性黏土<br>$3.8N$ 低塑性黏土和粉土 | UC |
| Sivrikaga and Togrol (2006) | 细粒土 | $7.52N$ CH<br>$7.80N_{60}$ CH<br>$3.70N$ CL<br>$5.35N_{60}$ CL<br>$6.38N$ Clay | UU,UC,FVST |

从表6-5可知，不同研究者提出的 $c_u$ 和 SPT 之间的经验关系，其比例系数（$c_u/N$）相差较大。该现象主要与以下几个因素有关：

1）比例系数与研究的土层性质有关，不同研究者是针对不同地区的土层进行了相关研究；

2）SPT 的测试值受仪器规格和人员操作的影响很大，而上述文献中对 SPT 的试验参数未有具体描述，例如对 SPT 数据是否进行过修正，采用了何种修正方法也未有说明；

3）上述文献中的 $c_u$ 是通过不同的试验方法确定的，试验方法的差异也造成了比例系数有不同。此外，从表6-5中可以看出，塑性指数对比例系数影响较大，已成为众多研究所者的共识。但对其影响机制，尚存在不同的看法，Stroud（1974）认为 $c_u/N$ 的比值随着塑性指数 $I_p$ 的增大而减小；而 Sowers（1979）和 Sivrikaga and Togrol（2006）却认为 $c_u/N$ 比值随着塑性指数 $I_p$ 的增大而增大，不同研究者的结论差异也从另一方面说明了该问题的复杂性。

### 6.3.3　室内测试

1）试验内容包括天然密度、天然含水率、比重、界限含水率、颗粒分析、固结试验和抗剪强度试验等，详见表6-6。

2）试验项目按《土工试验方法标准》（GB/T 50123—1999）的要求，根据工程要求也可参照国内或国际相关标准。颗粒分析试验首先对溶液进行洗盐处理，当大于 0.075mm 的颗粒超过试样总质量的 10% 时，应先进行筛析法试验，然后经过洗筛，过 0.075mm 筛，再用密度计法或移液管法进行试验分析；界限含水率可采用液塑限联合测定法、76g 圆锥仪法、蝶式液限法和滚搓法；固结试验的稳定时间以 24h 为准，为缩短固结试验周期，可采用 1h 逐级加荷的快速试验法。

表 6-6　海洋沉积物的物理力学性质测试项目一览表

| | 测试项目 | 测试方法 | 测定与计算参数 |
|---|---|---|---|
| 物理性质 | 天然密度 | 环刀法 | 天然密度、干密度 |
| | 天然含水率 | 烘干法 | 水/土的质量比 |
| | 比重 | 比重瓶法 | 土粒相对水的比率 |
| | 界限含水率 | 液塑限联合测定法 | 液塑限、液塑性指数 |
| | 颗粒分析 | 综合法 | 砂、砾和小于 200# 的颗粒组分 |
| 力学性质 | 固结试验 | 常规固结法 | 孔隙比-压力曲线 |
| | 直接剪切试验 | 快剪试验法 | 应力-应变曲线<br>抗剪强度-压力曲线 |
| | 三轴压缩试验 | 三轴不固结不排水试验方法（UU） | 应力-应变曲线<br>不固结不排水剪切强度曲线 |

抗剪强度试验主要用来获取土体的抗剪强度指标，室内常用的方法有直接剪切试验和三轴剪切试验两种。按加荷方式的不同，直剪仪可分为应变控制式和应力控制式两种，前者以水平等速推动试样产生位移并测定相应的剪应力；后者则是对试样分级施加水平剪应力，同时测定相应的位移。目前通常使用应变控制式直剪仪，试验时，垂直压力由杠杆系统通过加压活塞和透水石传递给土样，水平剪应力则由轮轴推动活动的下盒施加给土样。土体的抗剪强度可由量力环测定，剪切变形由百分表测定。在施加每一级法向应力后，匀速增加剪切面上的剪应力，直至试件剪切破坏。图 6-20 为美国 GEOTEC S2220-2 型直剪仪。

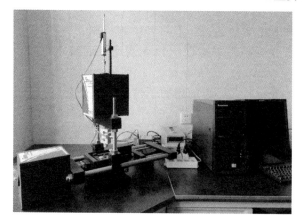

图 6-20　GEOTEC S2220-2 型直剪仪

三轴压缩试验是测定土的抗剪强度的另一种方法。三轴压缩仪由受压室、围压控制系统、轴向加压系统、孔隙水压力系统以及试样体积变化量测系统等组成。试验时将土样用胶膜包裹，固定在压力室的底座上，向压力室内注入液体，使试样受到围压，并在试验过程中保持不变，在压力室上端的活塞杆上施加垂直压力，直至土样受剪破坏。它通常用 3 或 4 个性质相同的圆柱形试样，分别在不同的恒定的围压下（根据土质情况确定），施加轴向压力，进行剪切直到破坏，然后根据摩尔库伦理论，绘制莫尔圆，求得抗剪强度参数（黏聚力 $c$ 和内摩擦角 $\phi$）。图 6-21 为美国 GEOTEC TurePath 全自动应力路径三轴仪。

图 6-21  GEOTEC TurePath 全自动应力路径三轴仪

# 第 **7** 章

# 已有管线探测

## 7.1 磁法探测

### 7.1.1 基本原理

#### 1.海底电缆磁性产生原理

海底电缆系统按照功能和用途一般可以分为电力电缆、海底光缆以及能同时进行电力和通信传输的光电复合缆。不同的海底电缆因其结构的不同，磁异常产生的原因各有不同。

电力电缆以提供电力为主，加载电流是产生磁力异常的主要原因，而电力电缆外包裹的铠装铁磁性材料所产生的磁异常相对加载电流通过时产生的磁异常要小很多。电力电缆通电时在水深 10m 的环境中可产生约 2000nT 的磁异常，异常幅度宽 150m，所以电力电缆更容易被磁力仪探测到。

常见海底光缆由许多光纤、光信号转发器、铠装铁磁性包裹层、隔水保温层、防压防腐层等结构组成。当光缆传输光信号时本身不会产生磁异常，但在用磁力仪做光缆检查时却能探测到磁异常。通常认为海底光缆产生磁异常的原因有两种：一是为了达到光信号远距离传输的需要，在光缆上都要加装一定数量的光信号转发器，这些转发器必须依靠电流才能正常工作，这个电流可能是产生磁异常的原因；二是光缆包裹层含有刚性或其他能产生磁异常的铁磁性材料，光缆就相当于一个无限延伸的圆柱体，同样可能产生磁异常。根据长期的海洋磁测作业，一条光缆所产生的磁异常幅度和异常形态与光缆埋藏深度、电流加载方向、水深有关，海底光缆可以产生小于 30nT 的磁异常。

因此，不论是电力电缆、海底光缆还是兼具两者磁性特征的光电复合缆，均可建立一套相同的模型，该模型由两部分构成：

$$T = T_1 + T_2$$

其中，$T$ 为海底电缆磁场；$T_1$ 为电缆铁磁性材料自身产生的磁场；$T_2$ 为通电情况下产生的附加磁场。

### 2. 海底电缆的磁异常模型仿真

（1）电缆铁磁性材料磁异常仿真

为提高海底电缆探测的效率，任来平、黄谟涛、翟国君等从磁偶极子模型出发，通过磁矩的轴向分解及其磁场的矢量合成，并考虑地磁背景场影响，提出了一种计算海底电缆磁场的数学模型。

选择三种不同走向即南北走向、东西走向和45°走向的未通电海底电缆作为仿真对象，按照微分学的极限概念，认为海底电缆是无数个无限小点状铁磁体的线状排列，海底电缆在空间某点产生的磁场是无数个无限小的点状铁磁体磁场的叠加。因为海底管线一般掩埋于海底下面0.5~1m处，故将海洋磁力仪探头距离海底的距离设定为2m。

设某海域的地磁背景场总强度46865nT，地磁倾角41.21°，地磁偏角为0°。在该海域铺设的一条海底电缆粗细均匀，每单位分米长度的磁矩量为0.1Am²/dm，磁矩方向与地磁场方向保持一致。分别布置剖面线横切南北走向、东西走向和45°走向的海底电缆，得到如下三条剖面曲线图，如图7-1、图7-2、图7-3所示。

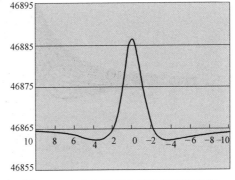

图 7-1　南北向海底电缆磁场剖面曲线

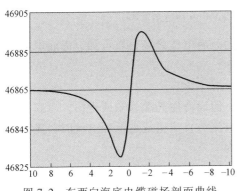

图 7-2　东西向海底电缆磁场剖面曲线

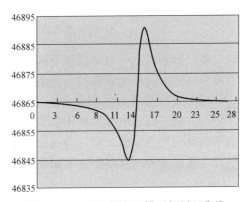

图 7-3　45°走向海底电缆磁场剖面曲线

从图7-1可知，南北向海底电缆磁场呈对称分布，在海底电缆正上方磁场出现最大值，在东西两侧各出现一个最小值；从图7-2可知，东西向海底电缆磁场具有以下特点：沿海底电缆走向的北部出现一个凹陷带，沿海底电缆走向南部出现一个磁突起带，而且磁异常的量值要远远大于南北向海底电缆磁场，因此东西向海底电缆比南北向海底电缆更容易被探测到。从图7-3可知，45°走向海底电缆磁场分布与东西向海底电缆类似，沿海底电缆走向的北部出现一个磁凹陷带，沿海底电缆走向南部出现一个磁突起带，磁异常的量值介于南北向海底电缆和东西向海底电缆之间。

改变磁倾角的方向（不同纬度时），可绘制出东西向海底电缆模型的磁异常曲线定性示意图，如图 7-4 所示。磁倾角为 0° 时，圆柱体模型为关于 $y$ 轴对称的负异常；磁倾角为 90° 时，圆柱体模型为关于 $y$ 轴对称的正异常。

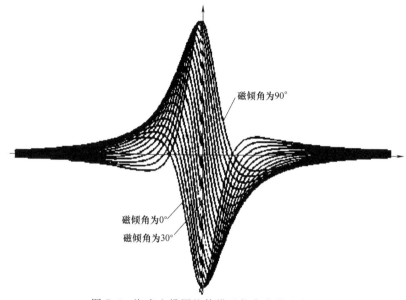

图 7-4　海底电缆圆柱体模型仿真曲线示意图

综合分析以上三种走向和不同磁倾角的海底电缆磁场分布可知，海底电缆的磁场分布随走向和磁倾角的不同而不同。

（2）海底光缆通电磁异常仿真

为方便与海底电缆圆柱体模型相比较，假设海底光缆为东西走向。海底光缆周围的介质均为非磁介质，当通过光缆的电流为直流电或者低频电流时，光缆中的线电流在其周围空间产生的磁场可表示为

$$H = \frac{I}{2\pi r}$$

由于磁力仪测得的是在 $T_0$ 方向的分量 $\Delta T$（如图 7-5），因此

$$\Delta T = H\cos(\alpha + i) = \frac{I}{2\pi r}\cos\left(\arctan\frac{x}{z} + i\right)$$

即

$$\Delta T = \frac{I}{2\pi(x^2 + z^2)^{\frac{1}{2}}}\cos\left(\arctan\frac{x}{z} + i\right)$$

式中，$\Delta T$ 为电流磁场 $H$ 在 $T_0$ 方向的分量（nT）；$I$ 为光缆的电流强度（A）；$x$ 为观测点至光缆的水平距离（cm）；$z$ 为光缆的埋深（cm）；$\alpha$ 为电流磁场 $H$ 与水平面之间的夹角（°）；$i$ 为正常场 $T_0$ 方向与水平面之间的夹角（°）。

光缆电流模型的磁异常曲线定性示意图如图 7-6 所示。由图可见，在磁倾角为 30° 的区域，该磁场曲线与圆柱体磁场模型的磁场曲线（图 7-4）除了都为南正北负外，其他特征均截然相反，如当磁倾角为 0° 时，圆柱体模型为关于 $y$ 轴对称的负异常，而电流模型则为关于 $y$ 轴对称的正异常；90° 时，圆柱体模型为关于 $y$ 轴对称的正异常，而电流模型则为关于原点对称的南正北负异常。

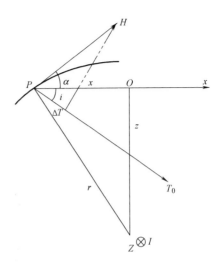

图 7-5　光缆横剖面内磁场分布示意图

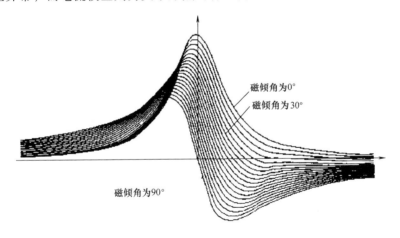

图 7-6　电流模型磁异常曲线定性示意图

## 7.1.2　磁法探测管线的主要设备

海底管线磁法探测可以使用的海洋磁力仪目前主要分为：质子旋进式磁力仪、Overhauser 型磁力仪以及光泵磁力仪等。美国 GEOMETRICS 公司于 20 世纪 70 年代生产的 G-801 磁力仪和目前生产的 G-887 磁力仪属于质子旋进式磁力仪。加拿大 Marine Magnetics 公司生产的 SeaSPY 磁力仪和法国 Geomag SARL 公司生产的 SMM-Ⅲ 海洋磁力仪属于 Overhauser 型磁力仪。中国船舶重工集团公司第七一五所研制的 RS-YGB6A 型磁力仪和 Geometrics 公司生产的 G-880、G-882 磁力仪都是光泵式海洋磁力仪。目前我国应用于海底缆线探测的主流磁力仪是 SeaSPY 磁力仪（见图 7-7）和 G-882 磁力仪（见图 7-8）两种。

图 7-7　SeaSPY 磁力仪

图 7-8　美国 Geometrics G-882 光泵磁力仪

SeaSPY 磁力仪根据质子自旋共旋理论设计，通过内部富含质子的液体产生的 Overhauser 效应测量磁场强度，SeaSPY 磁力仪的独特之处在于它的全向性，它所产生的信号量完全独立于地磁场方向，在全球的任何一个地方，无论此处地球的磁场强度如何，SeaSPY 磁力仪均可持续提供超强的信号和精确的数据。又因其传感器拥有磁力传感中最高的绝对精度，达到 0.2nT，且重复精度优于 0.01nT，因此一般也用来作为磁力梯度仪的理想配置。

G-882 光泵磁力仪基本原理：光泵磁力仪建立在塞曼效应基础之上，是利用拉莫尔频率与环境磁场间精确的比例关系来测量磁场的。$T = K \times f$，这里 $f$ 是拉莫尔频率；$K$ 为比例系数；$T$ 是地磁场，单位为 nT。只要测量拉莫尔频率 $f$，就可以得到地磁场 $T$ 的大小。光泵磁力仪灵敏度可达 0.01nT 或更高，梯度容忍度远大于质子旋进式磁力仪，采样率可达 10Hz 或更高，但由于工作原理的限制，一般有死区和进向误差，主要应用于对灵敏度要求较高的海洋磁力梯度调查等领域。

G-882 光泵磁力仪灵敏度高，但受测线方向和调查地区的纬度影响；SeaSPY 磁力仪更为小巧，绝对精度略低，但不存在调查盲区。调查过程中可根据实际调查区域和目标管线特征来选择合适的磁力仪。

### 7.1.3　磁法测线布设及外业实施

#### 1. 离底高度控制

磁法探测海底电缆目前主要以船尾拖曳式单探头磁力仪为主要手段。根据前文所述，不同海底电缆所产生的磁场强度的原理可知，缆线在相同埋深的情况下所产生的磁场与电缆本身的内部结构以及工作原理有关，相关实验表明：在海底电缆模型中，电流模型占主导地位，海底电缆产生的磁场强度随着埋深的增加而急剧减小。为保证埋深2m，磁场较弱的电缆也能被探测到，建议在海底电缆的探测中，拖鱼距离海底电缆理论上最大不能超过10m，理想距离为2~5m。

为使拖鱼下沉，可以采取三种办法，

1）加配重，如果是单独使用磁力仪拖鱼，首先保证磁力仪拖缆大于三倍船长，避免船体本身磁性干扰，另外需在距拖鱼较近位置的海缆上加上多个铅块配重，每个铅块重量大于2kg，铅块使拖鱼因重力而下沉，在深水区域，需要较多的铅块配重，而较多的配重往往影响到拖鱼的姿态，因此使用的该方法常用于水深不大的近岸海域作业；

2）以拖曳式侧扫拖鱼（或者侧扫浅剖二合一）作为前导，将磁力仪拖鱼用特制的9m或者10m缆与前导拖鱼连接（图7-9），由于前导拖鱼作为配重且一般重量较大，加之其自身姿态，即使在深水中也能保持良好，故而在深水区域多使用此拖曳方法；

3）降船速，很低的船速可以确保拖鱼在到达海底电缆的已知坐标点附近时能以较小的离底高度从上面缓缓滑过。当船速过高时，拖鱼沉不下去。

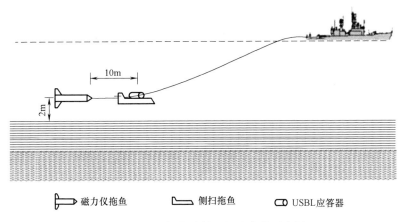

磁力仪拖鱼    侧扫拖鱼    USBL应答器

图7-9 磁力仪管线外业调查实施示意图

### 2. 位置精度控制

海底电缆探测过程中，磁力仪传感器拖于测量船的尾部，由于要保证拖鱼距离船尾三倍船长，拖缆长度几十到几百米，而GPS定位系统位于测量船上。受船速、流速及流向等因素的影响，单独使用GPS系统存在较大定位误差，难以准确确定磁力仪传感器的位置，因此有的业主要求测量中配合使用超短基线（Ultra Shot Baseline，USBL）定位系统。USBL是水声定位系统的一种，主要由水声换能器、应答器和数据采集系统组成。USBL使用时，将水声换能器固定于船舷一侧的海水中，应答器捆绑在磁力仪拖缆上，为保证定位精度并且不能干扰磁力仪工作，应答器距磁力仪传感器的距离一般在 10m 左右或者直接绑定在前导拖鱼上。为保证定位精度，USBL 需要配合差分 GPS、涌浪校正系统和罗经等外围传感器使用。

### 3. 测线布设

按照海底电缆管道路由勘察规范的要求，海底缆线磁力探测测线一般垂直于已敷设缆线布设，并以路由交汇点为中心布设 3 条测线，测线长度 1km，测线间距 200m（见图 7-10）。为了能够更好地确定缆线的位置和走向，进一步消除探测定位误差，可垂直于已敷设海缆布设 5 条测线，中间 3 条测线间距 200m，两侧测线外延至 300m 处。此外为尽量减小由于磁力仪拖鱼定位不准引起的系统误差，中央一条测线补测反航向测线（见图 7-11）。

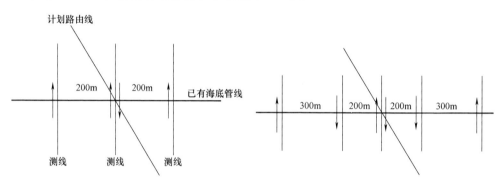

图 7-10　海底电缆磁力探测 3 条测线布设法　　图 7-11　海底电缆磁力探测 5 条测线布设法

## 7.1.4　海底电缆图像定位法

如前文所述，海底电缆因其走向、所处地理纬度以及埋深的不同，实际测量时所得到的二维图像也是大相径庭的。参考海底电缆的磁异常仿真模型，可以得到以下一些推断：

关于 $y$ 轴对称的磁异常曲线，极值点在航迹线上的投影点就是海底电缆在海平面的投影点，如图 7-12a 所示。

1）关于原点对称的异常曲线，曲线的拐点在航迹线上的投影点就是光缆在海平面的投影点，如图 7-12b 所示。

2）非对称的异常曲线，则根据其与上述两种对称曲线的接近程度来确定光缆的定位点。如与 $y$ 轴对称的曲线较接近，则其定位点较接近极值点（见图 7-12c）；如与原点对称的曲线较接近，则其定位点较接近拐点（见图 7-12d）。

3）所有定位点的连线即是所测海底电缆的走向。

4）海底电缆的埋深以及海底电缆本身的磁场强弱主要对图像的幅值产生影响，以图像大致形态推断海底电缆走向的方法适用于不同埋深的海底电缆。

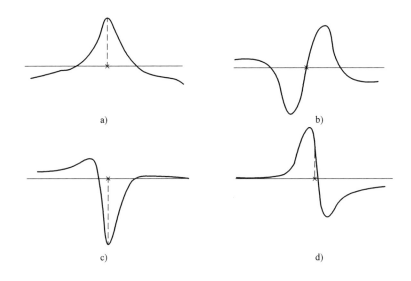

图 7-12   海底电缆定位原则示意图

## 7.2   声呐探测

### 7.2.1   海底电缆声呐探测原理

声呐剖面仪记录图像是海底不同介质层对声波传输过程中的反射强弱呈现，在不同的介质中，声波的传播速度不同，其反射和透射系数也不同，当两种介质的反射和透射系数越大，接收到的反射信号就越强，反之则较弱。

声呐海底电缆探测技术是利用声波在其传播过程中遇到金属质管线界面时，一部分能量被反射的特征进行的。当声呐探测设备横切管线时，换能器接收到来自金属制电缆表层的反射波，声呐反射信号在图像上形成一个明显的抛物线状强反射（见图 7-13），该强反射下方声呐信号屏蔽现象明显出现空白带中断了底层反射的连续性，抛物线顶端与海底界面间的距离即为海底电缆埋深。所以，海底电缆的埋设位置和深度可以通过声呐反射影像进行精确探测。

### 7.2.2   声呐探测管线的主要设备

声呐海底电缆探测可以使用的设备目前主要分为管线仪和浅地层剖面仪，两者工作原理类似，两者的区别主要是管线仪相对发射频率更高，另外两者的换能器形状也不太一样，管线仪换能器一般为方口，相对浅地层剖面仪的圆口换能器更容易在图谱形成反射曲线。

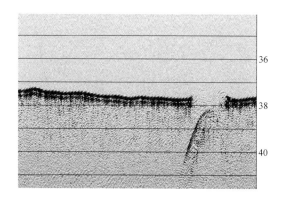

图 7-13　埋藏海底电缆剖面声呐图像

管线仪包括发射机、接收机和换能器。发射机通过控制输出功率、频率和输出脉冲循环周期。激活 14kHz 换能器，采集数据并精确确定管线埋设位置和埋深。接收机通过模拟方法调节海底回波。为减小定位精度误差，通常采用船舷悬挂式安装，并将 GPS 天线安装于换能器正上方。换能器的吃水深度要超过或者持平于船的吃水深度，以避免船底产生信号干扰。目前常用的管线仪为英国 Ashtead Technology 公司生产的 GeoAcoustics GeoPulse（见图 7-14）。

浅地层剖面仪由甲板控制单元、拖缆以及水下拖鱼（或者固定安装式换能器）组成。它通过发射低频声波（2~20kHz）对海底进行一定深度的穿透，准确反映海底不同深度海底沉积物的结构构造特征。高能发射的低频声波穿入海底，部分能量由浅部地层各声学反射介面反射回来被换能器所接收，反射信号转化成图像后依次以时间函数的形式记录下来，构成一幅连续地层剖面。浅地层剖面仪的穿透深度小于 50m，分辨率大于 1cm。目前浅地层剖面仪的种类较多，用于海底电缆探测的浅地层剖面仪通常需要接近 14kHz 的可选发射频率，常用的浅地层剖面仪为美国 Benthos 公司生产的 Chirp III 系统（见图 7-15）以及美国 EDGETECH 公司生产的 2000 DSS 浅剖侧扫二合一系统（见图 7-16）等，其中 Chirp III 系统能够以双频（2~7kHz 和 10~20kHz）同时工作，

图 7-14　GeoAcoustics GeoPulse 管线仪

2000DSS 工作频率范围为 2~16kHz，工作频率均涵盖了探测海底电缆所需的发射频率。

图 7-15   Benthos Chirp III 系统

图 7-16   EDGETECH 2000 DSS 浅剖侧扫二合一系统

### 7.2.3   声呐探测测线布设及外业实施

根据侧扫声呐测量结果或者已知海底电缆路由情况，采用管线仪或者浅地层剖面仪进行详细信息探测，主要探测裸露海底电缆是否存在悬跨和裸露高度、以及埋藏电缆回淤深度等信息。按垂直于海缆路由方向布设探测计划线，按照规范要求，测线间距为 50~250m，测线长度不小于 50m，在管道拐点处应加密探测。

测量前应对拖鱼相对 GPS 位置进行测定，通过软件将拖鱼位置归算至 GPS 位置处。测量期间，对剖面图像进行参数（海底跟踪、脉冲长度、增益、TVG 等）调整，保证抛物线状强反射以及抛物线下的空白屏蔽带清晰可见。

### 7.2.4   声呐剖面图像判读方法

声呐探测海底已知电缆可得到如下图 7-17 和图 7-18 的声呐剖面图像。图 7-17 为管道裸露于海底的海底电缆声呐剖面图，海底界面明显，电缆图像清晰圆滑，剖面声呐记录中海底电缆因较强的反射而形成颜色较深声影，且电缆下方信号屏蔽现象明显，而海底底质对声波反射均匀且较弱，形成的剖面声影颜色较浅目均匀。根据如下公式 $h = h_2 - h_1$，可得电缆裸露于海底的高度 $h$，其中 $h_2$、$h_1$ 可由测深仪精确测出，$h$ 也可由声呐剖面图上直接量取。在已知电缆直径 $D$ 的情况下，若 $h>D$，则电缆悬跨于海底；若 $h<D$，则电缆裸露于海底。图 7-18 为电缆埋藏于海底面以下的声呐剖面图，海底底质剖面图像均匀较浅，弧状电缆信号清晰，而电缆的埋深 $H$ 可由声呐剖面图上准确量出。对所有声呐剖面抛物线顶点位置进行识别定位，这些定位点的连线即是所测海底电缆的走向。

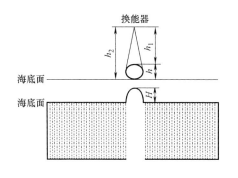

图 7-17　裸露电缆悬空高度分析图

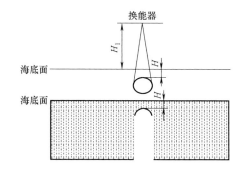

图 7-18　电缆埋设深度分析图

# 7.3　海缆追踪探测方法

海底电缆的埋深探测一直是海底电缆运作维护的难点。近年来，水下机器人作为海底电缆工程的一种重要施工设备，得到了广泛的应用和快速的发展。现代的海底电缆施工中，国际上已经大量使用海底电缆埋设方式进行铺设并通过水下机器人来实施施工和维护工作，而水下机器人应用于海底电缆的维修和埋设必须解决以下几个问题：一是水下机器人需要探知海底电缆的位置，海底电缆的检测或是故障维修，机器人平台都必须精确确定海底电缆位置以到达海底光缆上方进行作业，所以需要专门的设备来探知海底电缆的位置信息；二是埋设海底电缆的维修施工需要准确定位海底电缆故障点的位置，为维修提供准确的位置信息；三是海底电缆埋设深度的探测，海底电缆埋设深度的检测对于埋设工程的复验和海底电缆维修都是必不可少的。

海底电缆路由追踪系统是一个能够连续探测、追踪铺设于海底（敷设或埋设）的电缆空间位置的有源探测系统。其基本功能是实时探测海底电缆相对天线阵列的距离和方法、故障点的位置以及海底电缆的埋设深度。

目前的海底电缆追踪系统的探测原理有三种：交流载波法、磁法和脉冲感应法。其中，交流载波法是有源方法，磁法和脉冲感应法属于无源方法。

## 7.3.1　有源海缆追踪系统

由于市场专一，世界上生产用于水下机器人的海底电缆路由有源跟踪系统装置主要是英国 TSS 公司生产，其主要设备 TSS-350 海底电缆路由追踪系统具有提供海底电缆位置信息、埋设海缆深度信息、海缆故障点信息、机器人航向与海缆走向偏离角信息等功能。下面以 TSS-350 系统作为海底电缆路由追踪系统的代表进行详细介绍。

由电磁感应定律可知，带有交变电流的电缆必然会在其周围产生相同频率的交变磁场，当交变磁场通过感应线圈时，就会在探测线圈上产生交变的电压。由于单个分量的线圈与电缆成平行状态时，其线圈中输出的电压为 0；当处于垂直状态时，输出的电压信号达到最大，而夹角是介于中间。当采用两个互相垂直度的线圈——$x$ 方

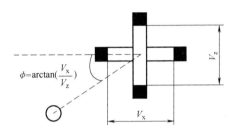

图 7-19　通过两个垂直线圈确定夹角示意图

向和 $z$ 方向探头同时探测电缆时，探头与电缆之间的夹角可以由两个方向的电压比值计算得到（见图 7-19）。

当使用两组线圈进行探测时，两组线圈之间的距离已知，再根据两个线圈计算夹角，利用集合关系可以计算得到电缆相对于线圈的水平距离和垂直距离（图 7-20），再根据上述距离来计算电缆的路由和埋深。需要注意的是，被探测电缆电流频率为已知，对设备供电的电流频率不能与其相同或值为其整数倍，否则容易产生干扰。

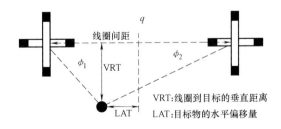

图 7-20　利用线圈组探测电缆埋深示意图

另外，两组组线圈各还有一个线圈垂直于已知的这两个线圈——$y$ 方向线圈，$x$ 方向和 $y$ 方向探头主要用来确定线圈组连线的垂直方向与被探测电缆的夹角。TSS-350 系统的构成见图 7-21。

TSS-350 系统通过加载在水下机器人（ROV）上，贴近海底面对海底电缆进行探测（图 7-22）。系统运行时可以选择前向搜索模式和运行模式，首先采用前向搜索模式确定电缆位置，当确定电缆位置之后，采用运行模式保持 ROV 处于电缆的正上方继续追踪探测。

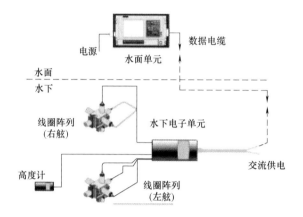

图 7-21　TSS-350 系统结构示意图

图 7-22　TSS-350 测量示意图

## 7.3.2　无源海缆追踪系统

目前，只有英国 INNOVATUM 公司的 SMARTRAK3 和 SMARTSEARCH 可以称之为磁法海缆追踪系统，检测时磁梯度传感器阵列垂直装于 ROV 上，用来采集目标体附近磁场梯度的变化信息；目标体附近梯度场的变化来自目标体本身和附近的磁影响因素，地磁场可以进行计算剔除，从而产生了目标体的二维信息；由 TRITECH 高度计提供高度信息；三分量的磁通门传感器用来提供前视信息，这与已知目标体的方向相结合来校正计算角度误差。如果事先采用其公司 MAG-NETISER SYSTEM 设备磁化电缆后不仅提高了磁场强度，而且产生的信号特征是固定的，便于分辨和识别电缆。SMART SEARCH 系统是一款最新的无源磁法探测系统，其磁传感器可以从 1 到最大 12 个，间隔 60cm，扫描范围为 6.6m；但是由于所有的传感器探头均是水平分布，其电缆的水平分辨能力会很高；如果其传感器呈面排布，其垂向分辨能力会有很大提高。

　　英国 ELESEC 公司生产的 Type 5000，采用电磁感应的原理检测低阻体，因此也称作金属探测器，适用于浅水、人为手持式、大异常体的快捷检测。英国 TSS 公司生产的 TSS340/440 系列仪器是另外一款采用脉冲感应法探测电缆的系统。这款系统组装在 ROV 上，可以对任何电导性材料，暴露的或埋藏的进行检测。该系统采用 3 个线圈加一个高度计对目标体定位，采用软件背景补偿、海水影响补偿、手动补偿等消除各种外界因素的影响。这两类基于 ROV 的无源探测系统，不论是从仪器的构成还是算法来说都很先进，测量不需要外界输入跟踪信号，但是探测目标体的体积对探测效果影响较大，因此这类系统更适用于管线的探测，除非有源方法无能为力时。

# 第 8 章

# 海洋水文气象环境调查

　　海洋水文气象环境是一个非常复杂的体系，对于海缆工程的规划、设计、施工和营运具有十分重要的意义。海缆工程的高速发展需要了解和掌握海缆路由浅海区域、潮间带和登陆点海域的潮汐、海流、波浪、风等海洋水文气象环境相关特征，以及各种设计水位、设计海流流速和流向、设计波高和波向等参数，还应分析极端海洋环境（如大风、雷暴、大雾、强降水、恶劣能见度、强热带风暴等危险天气和强烈的浪、流、潮、风暴潮等海洋环境灾害）对海缆路由敷设和维护、登陆点设施造成二次伤害的影响。通过现场观测、历史收集、理论分析和模型预报海洋水文气象环境资料，可为海缆路由的规划和设计、作业时间窗的选择，以及海缆敷设保障、维护和营运提供科学依据。

## 8.1　海洋气象

### 8.1.1　风

　　气压在水平方向上分布的不均性而产生的空气从高压区向低压区的水平运动称为风。风的特征是用风向和风速两个量来表示。风向指风来向，在气象上常按16方位记录，16个方位与读数的换算关系见表 8-1，无风时用 C 表示。风速是空气在单位时间内移动的水平距离，以 m/s 为单位。大气中水平风速一般为1.0~10m/s，台风、龙卷风有时达到 102m/s。为便于使用，又根据风速的大小划分了 13 个风级，称为蒲福（Beanfort）风级表。由于风场是一随时间变化的过程，其瞬时变化还具有明显的脉动特性，因此测定风况需要观测一段时间内的风速和风向并确定其平均值。

　　风场在海缆工程方面都具有重要影响，不但要考虑大风会影响大浪、风暴潮等极端海况，对海缆设施造成损害，还需考虑海缆敷设过程中的台风和季风会增加施工难度，降低安全系数。此外，海洋波浪的监测和预报离不开对海表面风场变化特征的准确把握，同时海洋热带风暴和风暴潮等灾害性海况也与海表面风场有重要关系。因此，了解和掌握海表面风场的时空变化特征，对选择海缆登陆点

表 8-1　方位对应度数表

| 方位 | 度数 | 方位 | 度数 |
|---|---|---|---|
| N（北） | 348.9°~11.3° | S（南） | 168.9°~191.3° |
| NNE（北东北） | 11.4°~33.8° | SSW（南西南） | 191.4°~213.8° |
| NE（东北） | 33.9°~56.3° | SW（西南） | 213.9°~236.3° |
| ENE（东东北） | 56.4°~78.8° | WSW（西西南） | 236.4°~258.8° |
| E（东） | 78.9°~101.3° | W（西） | 258.9°~218.3° |
| ESE（东东南） | 101.4°~123.8° | WNW（西西北） | 281.4°~303.8° |
| SE（东南） | 123.9°~146.3° | NW（西北） | 303.9°~326.3° |
| SSE（南东南） | 146.4°~168.8° | NNW（北西北） | 326.4°~348.8° |

位置和海缆敷设的作业时间窗具有重要的意义。

### 8.1.1.1　观测设备

风的观测方式包括定点观测和走航观测，其中定点观测主要利用岸站（见图 8-1）、石油平台（见图 8-2）、浮标（见图 8-3）等长时间序列的观测，也包括海缆路由登陆段附近海域大、中、小潮期的短期连续观测；走航观测是利用自动气象站在船舶航行期间进行风观测。

图 8-1　岸站长期风观测

图 8-2　石油平台长期风观测

在我国风况观测一般采用自动记录的电接式风向风速仪，该仪器由风速传感器、风向传感器、指示器和记录器组成。其中风向风速传感器是电接式风向风速仪最主要的部件，是整个风观测系统的核心。目前国内外风向风速传感器可以分为三类：第一类为螺旋桨式风向风速传感器；第二类为风速是三杯式、风向是单翼式的风向风速传感器；第三类为超声波风向风速传感器。

**1. 螺旋桨式风速传感器**

螺旋桨式风速传感器主要由测风旋桨、尾舵、机身、机芯、机座和信号转换电路等部分组成，（见图

图 8-3　浮标长期风观测

8-4），具有外形美观、安装方便等特点，在海上使用可靠性高，寿命长。该产品可以在海上石油平台、港口、海洋站、船舶、浮标等海洋领域和气象站、高速公路、机场以及风力发电工程等气象、交通、能源领域进行推广应用。

工作原理：风速测量是利用一个低惯性的三叶螺旋桨作为感应元件，桨叶随风旋转并带动风速码盘进行光电扫描，输出相应的电脉冲信号。风向测量是由竖直安装在机身的尾翼测定的，风作用于尾翼，使机身旋转并带动风向码盘旋转，此码盘按 8 位格雷码编码进行光电扫描并输出脉冲信号。

图 8-4　螺旋桨式风速传感器

### 2. 三杯式风速传感器

三杯式风速传感器（见图 8-5）中风速的测量部分采用了微机技术，可以同时测量瞬时风速、瞬时风级、平均风速、平均风级、对应浪高等 5 个参数；并采取了许多降低功耗的措施，大大减少了仪器的功耗；它带有数据锁存功能，便于读数；该仪器体积小、重量轻、功能全、耗电省，广泛应用于农林、环境、海洋、科学考察、气象教学等领域测量大气的风参数。

工作原理：

1）风向部分由保护风杯的护圈所支撑，由风向标、风向轴及风向度盘等组成。装在风向度盘上的磁棒与风向度盘组成磁罗盘，用来确定风向定位。当旋转架处于风向度盘外壳下的托盘螺母时，托盘把风向度盘托起或放下，使锥形轴承与轴尖离开或接触。风向指示值由风向指针在风向度盘的稳定位置来确定。

图 8-5　三杯式手持风速风向仪

2）风速传感器采用的传统三杯旋转架结构，它将风速线性地变换成旋转架的转速。为了减小启动风速，采用塑制的轻质风杯，锥形轴承支撑，在旋转架的轴上固定有一个齿状的叶片，当旋转架在随风旋转时，轴带动着叶片旋转，齿状叶片在光电开关的光路中不断切割光束，从而将风速线性地变换成光电开关的输出脉冲频率。

仪器内的单片机对风速传感器的输出频率进行采样、计算，最后仪器输出瞬时风速、1min 平均风速、瞬时风级、1min 平均风级、平均风级对应的浪高。测得的参数在仪器的液晶显示器上用数字直接显示出来。

### 3. 超声波风速传感器

超声波风速传感器是一种全数字化信号检测仪器（见图 8-6），可以通过超声波在空气中传播的时间来计算风速，具有重量轻、没有任何移动部件、坚固耐用的特点，而且不需维护和现场校准，能同时输出风速和风向，能全天候地、长久地正常工作，越来越广泛地得到使用，被广泛用于多个领域中。

图 8-6　超声波风速传感器

工作原理：超声波风速传感器是利用超声波时差法来实现风速的测量。声音在空气中的传播速度，会和风向上的气流速度叠加。若超声波的传播方向与风向相同，它的速度会加快；反之，若超声波的传播方向与风向相反，它的速度会变慢。因此，在固定的检测条件下，超声波在空气中传播的速度可以和风速函数对应，通过计算即可得到精确的风速和风向。由于声波在空气中传播时，它的速度受温度的影响很大，而本风速仪检测两个通道上的两个相反方向，因此温度对声波速度产生的影响可以忽略不计。

### 8.1.1.2　资料收集

风况受局部地形影响明显，针对海缆路由特征应收集能代表不同区域的风场资料。在路由登陆点附近，应收集中国气象局或国家海洋局海洋环境监测站的长期自动气象资料、或相邻工程附近周年风观测资料；在浅海区，应收集近海海岛、近海测风塔、近海浮标观测资料、石油平台上观测资料；在深海区，应收集深海浮标资料，或深海岛屿资料。若海缆路由区没有观测资料，则应收集卫星资料进行统计分析。随着卫星海洋遥感技术的发展，利用卫星遥感手段监测海面风场的技术不断完善，其中利用微波散射计、SAR、高度计监测海面风场已经比较成熟，或利用 ECMWF、NCEP/NCAR、NOGAPS 再分析风场资料进行统计分析时空变化特征，并挑选出适合作业的时间窗。

### 8.1.1.3　资料统计

由于风速在时间上和空间上的变化是很大的，因此风速的取值在时距上和高度上应有一个统一的标准。我国海港工程技术规范规定：对于波浪推算采用的标准是海面上 10m 高度处 2min 风速的平均值；对于港口建筑物设计采用的标准是海面上 10m 高度处 10min 风速的平均值。当所取得的资料不符合这些标准时，就需要进行风速的高度换算和时距换算。

#### 1. 风速的高度切变

如上所述，由于地面摩擦的影响，摩擦层内近地面处的空气运动较为复杂：风向逐渐偏等压线方向；而风速，即使气压随高度不变化，其垂直分布也是变化的，即随高度减小，风速逐渐减小。一般认为在近地（海）面处，风速沿高度的变化规律接近于对数规律；从海面以上 100m 至摩擦层顶，如气压场随高度无明显变化，则风速沿高度的变化规律接近于乘幂规律。

用对数表示，近地（海）面处不同高程上风速的比值关系为

$$\frac{U_{z2}}{U_{z1}} = \frac{\lg Z_2 - \lg Z_0}{\lg Z_1 - \lg Z_0} \qquad (8-1)$$

式中，$U_{z1}$、$U_{z2}$ 分别为高程 $Z_1$、$Z_2$ 处的风速；$Z_0$ 为地（海）面粗糙度，对地面取 0.03m，对海面取 0.003m。

由式（8-1），按测风仪所处地面或海面确定粗糙度 $Z_0$ 后，已知测风仪所在高度 $Z_1$，测得风速 $U_{z1}$，就可换算任意高度 $Z_2$ 处对应的风速 $U_{z2}$。

为方便使用，按式（8-1）可得离地（海）面 10m 处的风速 $U_{10}$ 与地（海）面任意 $z$ 处的风速 $U_z$ 的关系为

$$U_{10} = K_z \times U_z \quad 或 \quad K_z = U_{10} / U_z \tag{8-2}$$

式中，$K_z$ 为风速高度换算系数，其取值随风速风向仪离地高度变化而变化，其取值见表 8-2。

海面以上 100m 至摩擦层顶，风速沿高度变化规律为

$$\frac{U_{z2}}{U_{z1}} = \left(\frac{z_2}{z_1}\right)^p \tag{8-3}$$

式中，$p$ 为与气温沿垂线变化有关的指数，其值在 0～1 范围内。对于开敞海域及海面风速较大的情况下，可采用 $p = 0.13 \sim 0.15$，此时式（8-3）与式（8-1）在 100m 高度处基本衔接。

由于在海面上进行系统风速观测的测站很少，故风浪推算时，常利用沿岸陆上气象站风速资料代替海面风速，即必须将已知的岸上离地面 10m 高度处的风速换算成海面上 10m 高度的风速。

在水平气压梯度相同的情况下，海面上的风速一般来说要比陆上风速大，为此将岸上离地面 10m 处的风速乘以一个大于 1 的系数，即

$$(U_{10})_海 = (U_{10})_陆 \times K \tag{8-4}$$

式中，$K$ 为海面风速增大系数。

由式（8-4）可见，岸站的海拔不予考虑，即认为风能顺坡而上或下，这点对于离海边很近的岸站尤为重要，否则可导致风速明显偏小。$K$ 值除主要与陆上岸站与海岛上气象站的距离有关外，还与风速大小及风向有关。$K$ 值一般变化规律为：离海岸线远的海面，$K$ 值大，反之，离海岸近，$K$ 值小；陆上风速小时 $K$ 值大，陆上风速大时 $K$ 值小；离岸风（风从陆地吹到海上）比向岸风（风从海上吹到陆地）的 $K$ 值大。如当地缺乏实测的海、陆风对比资料，$K$ 值可参考表 8-2 的数值使用，表中 $K$ 值只考虑海、陆台站间的距离，未计入风速大小及风向的影响。海、陆风速换算系数见表 8-3。

**表 8-2　系数 $K$ 随高度的取值**

| 风速仪离地面高度/m | $K$ | 风速仪离地面高度/m | $K$ |
|---|---|---|---|
| 5.0 | 1.14 | 12.5 | 0.96 |
| 5.5 | 1.12 | 13.0 | 0.96 |
| 6.0 | 1.10 | 13.5 | 0.95 |
| 6.5 | 1.08 | 14.0 | 0.95 |
| 7.0 | 1.07 | 14.5 | 0.94 |
| 7.5 | 1.05 | 15.0 | 0.94 |
| 8.0 | 1.04 | 15.5 | 0.93 |
| 8.5 | 1.03 | 16.0 | 0.93 |
| 9.0 | 1.02 | 16.5 | 0.92 |
| 9.5 | 1.01 | 17.0 | 0.92 |
| 10.0 | 1.00 | 17.5 | 0.91 |
| 10.5 | 0.99 | 18.0 | 0.91 |
| 11.0 | 0.98 | 18.5 | 0.90 |
| 11.5 | 0.98 | 19.0 | 0.90 |
| 12.0 | 0.97 | 20.0 | 0.89 |

表 8-3　海、陆风速换算系数

| 海面或海岛距海岸距离/km | 海上与沿海陆上风速比值 K |
| --- | --- |
| 2 以内 | <1.1 |
| 2~30 | 1.10~1.14 |
| 30~50 | 1.14~1.23 |
| 50~100 | 1.23~1.30 |
| 100 以外 | 根据实测或调查资料确定 |

### 2. 风速的时距换算

即使在气压场很稳定的情况下，风速也是不稳定的，具有很大的脉动性，因此风速的取值常用在一定时间间隔内的平均值来代表，该指定的时间间隔称为时距。

在我国的工程设计中，常用的时距有 10min 和 2min 两种，相应的风速分别称为时距 10min 的平均风速 $U_{10}$ 和时距 2min 的平均风速 $U_2$，前者用于风荷载计算，后者用于波浪推算。

同一风况条件下，时距取值不同，风速也不同，时距愈小，相应风速值愈大，因此，在收集风速资料时，必须注意该风速取值时所采用的时距。不同时距风速的换算通过平行观测的定时和自记的风速记录进行相关分析求得，经部分资料统计得

$$U_2 / U_{10} \approx 1.103 \qquad (8-5)$$

当无实测对比资料时，此值可参考使用。

另一个值得注意的问题是：我国在 1968 年以前大部分台站采用风压板测风。该种仪器除存在目测误差外，还存在由风的阵法性造成的风压板惯性误差，故记录的风速偏大，使用时需乘以一个小于 1 的系数 $k$。该系数与风速大小和台站所在地的地形坡度有关。风速愈大，$k$ 值愈小；坡度愈大，$k$ 值也愈小。在风速小于或等于 40m/s，地形坡度小于或等于 30° 范围内，$k$ 值的范围约在 1.0~0.55 之间。实际工作中，如 1968 年后的观测资料足够，应尽量避免采用 1968 年前的资料。

综上所述，在收集风况资料时，应特别注意气象台站的地理位置、所采用的测风仪器、风标仪离地面高度、风速取值时距等及其历年来的变迁情况，然后进行各种必要的换算，以保证统计资料的一致性。

### 3. 风玫瑰图

在收集到气象台站或水文站的测风资料后，为供工程规划设计使用，需经统计整理后，绘制成各种风况图，因其图形似花朵，又称风玫瑰图。

所谓风况图是指用来表达风的时间段、风速、风向和出现频率四个量的分布

情况图。风况图一般按 16 个方位绘制。四个量有各种不同的组合方式，而且一幅风况图内也常常不能表达出这四个量的全部情况，所以常接工程需要分别绘制各种形式的风况图。

将收集到的测风资料分方向统计后，用百分数表示出各风向的出现频率，并以一定比例绘在极坐标上。零级风（无风）可用一个以无风频率为半径，以极坐标原点为圆心的空心圆表示，或直接用数字标出。可按需要绘制全年的、某一季度或某月的风向频率玫瑰图（见图 8-7），在风向频率玫瑰图上同时反映出各级风的出现频率，统计风向时分风级进行。然后将表中各向大于等于某级风的次数相加，并以全部观测次数除之。为绘制较为可靠的风向频率玫瑰图，建议用 1~3 年的资料，或挑选出具有代表性的若干年份的资料，以满足统计港口作业或工程施工天数的需要。气象上季节的划分以 3~5 月为春季，6~8 月为夏季，9~11 月为秋季，12~2 月为冬季。

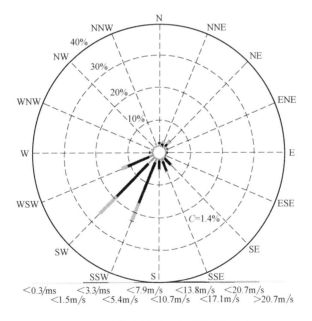

图 8-7　风玫瑰图（C 表示静风频率）

### 4. 重现期

由于海洋环境要素特征值常是随机变量，因此在进行工程规划、设计时，对这些基本的水文特征值必须应用随机分析方法，求得这些特征值在不同线型下的累积频率曲线，从而可以知道某一特征值在不同累积频率下的量值。在工程设计中，对于那些以年为周期的水文特征值，如设计洪水、设计波浪等，在取用其设计值时，常引入"重现期"概念，并根据工程规模、某一水文特征值的特点和工程重要性，在工程设计标准中对重现期做出规定。重现期是指，在某一随机变量系列多次出现的一些数值中，某一数值重复出现的时间间隔的平均数，即平均重现间隔期。重现期 $T$ 与累积频率 $P$ 有一定的对应关系，可表达为

$$T = \frac{1}{P} \tag{8-6}$$

式中，$T$ 为重现期，以年计；$P$ 为累积频率，以小数或百分数计。

若某一年水文特征值，例如洪峰或洪量的累积频率为 $P = 0.1\%$，代入式 (8.6)，得 $T = 1/0.001 = 1000$ 年，即可以说设计标准为千年一遇。

应指出，上述累积频率是指多年平均出现的机会；重现期则是指平均若干年出现一次，而不是固定周期。所谓百年一遇，并不意味着每隔百年发生一次，实际上某一百年可能出现若干次，也可能不出现，只反映在很长时间内，平均一百年可能出现一次的机遇。通常，对于某一水文特征值（例如洪峰），所说的"百年一遇"，是指其在近百年内的最大值，与百年一遇的该水文特征值的概念不同，它可能小于、等于或大于其百年一遇的标准。

近年来我国科学技术人员对适合最大风速概率曲线进行了很多研究，推荐了多种不同的线型，其中主要有皮尔逊（K. Pearson）Ⅲ型、龚贝尔（E. G. Gumbel）曲线等。国外则多采用威布尔（W. Weibull）分布等。具体计算方法见《海港水文规范》。

## 8.1.2 雾

海雾是滨海、岛屿上空或海上凝结出的大量水滴或冰晶悬浮于大气边界层中，使大气水平能见度小于 1000m 的天气现象。海雾发生时，海面水平能见度比较低，对海上渔业、航运、平台作业及沿岸航空和公路交通等造成很大影响，是中国近海需要高度关注的灾害性天气之一。海雾有不同的类型，如平流雾、混合雾、辐射雾、地形雾等。海雾的形成和发展是综合水文气象条件共同作用的结果。冷的海洋下垫面、持续的暖湿气流输送是海雾形成的基本前提，降温、增湿是海雾形成的必备条件，适宜的气—海温差、稳定的大气层结是海雾形成、发展、维持的关键因子。

传统上对海雾的观测是以能见度为准的能见度和雾的关系为

级数说明：0 级表示能见度<50m；

1~3 级表示有雾，能见度在 50~1000m 之间；

4 级表示有轻雾，能见度在 1000~2000m 之间；

5 级表示有轻雾，能见度在 2000~4000m 之间；

6 级表示能见度在 4000~10000m 之间；

7~9 级表示能见度在 10000m 以上。

气象上讲的能见度是用气象光学视程表示的，是指有效水平能见度。白天是指视力正常的人在当时天气条件下，能够从天空背景中看到和辨认的目标物（黑色、大小适度）的最大距离；夜间则选取测站周围一定亮度的固定灯光作为目标灯，用来估计灯光能见度，然后依据灯光强度再换算成白昼条件下的能见度。能见度的观测可采用目测和器测。目前，气象台站的能见度观测都是以人工目测为主，但人工观测的主观因素影响大，规范性、客观性相对较差。相对人工观测而言，器测较为客观和准确。

能见度仪根据观测原理不同主要分为透射式（见图 8-8）及前向散射式（见图 8-9）两种。透射式能见度仪利用了光在大气中传播受到的直接衰减原理，即将大气对光的吸收、反射、散射等都作为衰减，采用测量发射器和接收器之间水平空气柱的平均消光系数而算出能见度。发射器提供一个经过调制的定常平均功率的光通量源，接收器主要由一个光检测器组成，由光检测器输出测定透射系数，再据此计算消光系数和气象光学视程。

图 8-8　透射式能见度仪

图 8-9　前向散射式能见度仪

前向散射式能见度仪通过检测专用光源在指定大气体积中的前向散射强度，以求得其散射系数，进而根据相关数学模型演算出大气能见度值。因其安装简便、体积小、适应性强等优点而被广泛应用于各个领域。而目前台站所使用 DNQ1/V35 型就属于前向散射式能见度仪，主要由硬件和软件组成。其硬件可分成传感器、采集器和外围设备三部分，其软件分为采集软件和业务软件两部分。其中，传感器部分包括接收器、发射器和控制处理器等；采集器包括接口单元、中央处理单元、存储单元等，支架部分包括立柱和底座。

在一般海上施工工程中，需要统计分析长期的海雾资料，了解其发生频数，从而确定海雾的季节分布及雾季确定、海雾年际变化、日变化以及持续时间，其中持续时间作为表述海雾过程持续能力的统计量，一般包括海雾过程的持续时数和持续天数。

### 8.1.3 热带气旋

产生于热带海洋上空的热带气旋在适当条件下猛烈发展而形成台风，其风向在北半球地区呈逆时针方向旋转（在南半球则为顺时针方向）。它的出现伴随着狂风、暴雨、巨浪和风暴潮，是造成海难事故的重要原因或直接原因。了解热带气旋的时空变化、强度、移动路径，对于海缆工程的规划、设计、敷设和运营有着极为重要的实际意义。

由于台风生成的地区和强度不同，台风有不同的名称和分类。过去我国习惯称形成于 26℃ 以上热带洋面上的热带气旋（Tropical Cyclones）为台风，按照其强度，分为六个等级：热带低压、热带风暴、强热带风暴、台风、强台风和超强台风。自 1989 年起，我国采用国际热带气旋名称和等级划分标准。

国际惯例依据其中心附近最大风力分为

热带低压（Tropical Depression），最大风速 6~7 级（10.8~17.1m/s）；

热带风暴（Tropical Storm），最大风速 8~9 级（17.2~24.4m/s）；

强热带风暴（Severe Tropical Storm），最大风速 10~11 级（24.5~32.6m/s）；

台风（Ty-phoon），最大风速 12~13 级（32.7~41.4m/s）；

强台风（Severe Typhoon），最大风速 14~15 级（41.5~50.9m/s）；

超强台风（Super Typhoon），最大风速 ≥16 级（≥51.0m/s）

据统计，全世界平均每年约发生 62 个台风，集中发生于 8 个特定的海域内，而其中以西北太平洋生成的为最多，占总数的 30.7% 以上。西北太平洋台风发生的源地主要为南海到我国台湾地区-菲律宾以东的洋面上，包括马里亚纳、卡罗林及马绍尔群岛在内的海域（见图 8-10）。

根据 1949~1988 年 40 年内中国近海共出现台风 658 次，约占西北太平洋地区生成台风总数的 59.39%，平均每年 16.45 次，其中强台风 372 次，占西北太平洋强台风总数的 53.76%，平均每年 9.3 次，而热带低压仅 221 次。中国近海658 次台风中，有 487 次来自太平洋，占台风总数的 74.01%。372 次强台风中，有 326 次来自太平洋，约占强台风总数的 87.6%。

40 年中，南海共出现台风 402 次，约占中国近海的 61.09%，平均每年10.05 次。其中强台风 190 次，约占中国近海强台风总数的 51.08%，平均每年4.75 次。这 402 次台风中有 260 次来自菲律宾以东洋面，占总数的 64.68%，其余的均在南海生成。190 次强台风中，有 153 次来自菲律宾以东洋面，占其总数

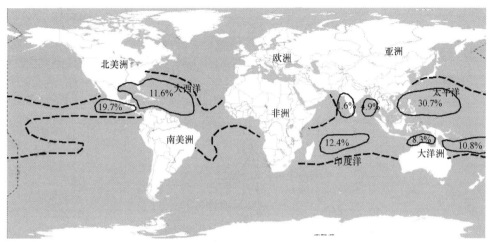

图 8-10 全球台风发生海域分布图

的 80.53%。可见，南海的台风有 35.3% 是由本海区生成的，但生命期较短，多半为 1~3 天。

西北太平洋台风是强度较大，对我国影响也最严重的台风。此外，还产生于南海海面上的台风，其强度较弱，数量也较少，称南海台风，也叫土台风。

台风移动的路径是很复杂的，到目前为止还没有发现两个路径完全相同的台风。正常情况下，台风的移动主要受副热带高压南侧的偏东气流引导，向偏西方向移动，这类台风常会在我国东南沿海至越南沿海登陆。若副热带高压位置的东偏或西偏，导致台风路径改变，如：当副热带高压位置偏东，当热带气旋移动到副热带高压西缘时，受那里的偏方向移动，登陆我国鲁辽沿海或朝鲜、日本，甚至在日本以东洋面上北上。若副热带高压北移或南移，原有的某条台风路径也会随之北移或南移，呈现出一定的季节变化。归纳起来，西北太平洋台风可以分为三种主要类型（见图 8-11）：

1）西行台风：台风产生后，经菲律宾一直向西进入南海，后在我国广东、广西登陆，或在越南登陆，或在南海海面上自行消失。此类台风对我国南海影响最大（见图 8-11 中 I）。

2）登陆台风：台风产生后，向西北偏西方向移动，到达我国台湾地区以东海面后转向北上，或横穿台湾海峡，在我国福建、浙江、江苏省沿海一带登陆。登陆台风中的多数于长江口-山东一带再度出海。此类台风对我国渤海、黄海、东海影响很大（见图 8-11 中 II）。

3）转向台风：台风产生后，向西北方向移动，至北纬 20°~25°（盛夏可至 25°~30°）附近转向东北，再向日本移动。此类台风如在琉球群岛以东转向，对我国影响不甚明显，如穿过琉球群岛后再转向东北，则对我国渤海、黄海、东海均有一定影响（见图8-11中Ⅲ）。

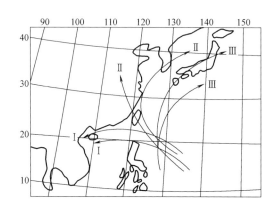

图 8-11　西北太平洋台风路径示意图

南海台风的冬范围一般较西北太平洋台风小，且较易于被周围天气系统所影响而改变其移动路径。现将南海台风的主要路径归纳如下：

1）台风生成后向西北偏北方向移动，登陆于越南北方，或生成后先向东北方向移动，然后在北纬15°～17°附近折向西北，并在我国海南岛或越南北方登陆。此类台风约占南海台风总数的40%以上，9月和10月出现最多。

2）台风生成后先向北移动，在广东登陆后转向东北，并影响江西、福建。此类台风约占南海台风总数的22%，3月和6月出现最多。

3）台风生成后一直向东北方向移动，经台湾海峡或巴士海峡到琉球群岛一带消失。此类台风约占南海台风总数的20%，一般出现于春季和初夏。

4）台风生成于北纬10°以南的海面上，然后沿北纬15°圈附近西行进入罗湾。此类台风约占南海台风总数的10%，多发于冬季。

但是个别台风的路径却不像上述情况那样规则，而是有的窜向低纬，有的绕弯甚至打圈子。因此往往给海洋工程建筑物、港湾、锚地以及沿岸地区人民的生命财产造成突然袭击，带来意外的损失。如1972年第3号台风，从形成到消失共历时24天，其中17天为强台风阶段。这次台风的路径有三次停滞打转，最后在天津、塘沽登陆，这些特点使其成为自1884年到1972年间路径最独特的一次台风。而在渤海湾内打转的结果，给大连、秦皇岛等港口带来巨大的破坏。

台风在发生期的移动速度并不很快，约每小时8～10海里，然后逐渐增加。但在转向前一般很少超过每小时15海里。转向后速度最慢，动向也不稳定，此时其平均速度仅每小时5～6海里。台风转向后进入中纬度海洋，由于受强劲西风的影响，移动速度骤增，每小时可达 20~30 海里。当台风进入消衰阶段，其移动速度又逐渐减慢。

## 8.2 海洋水文

### 8.2.1 潮位

地球上的海水，受月球、太阳和其他天体引力作用所产生的一种周期性升、降运动，称之为潮汐。潮汐现象最显著的特点是具有明显的规律，其变化周期约12h（半日潮）或24h（全日潮）。潮汐包括海面周期性的垂直涨落运动和海水周期性的水平进退流动。习惯上，将前者称为潮汐，后者称为潮流。两者的区别在于运动的方向不同。两者的联系：对于海湾来讲，涨潮流使潮位升高；而落潮流却使潮位降低。在开阔海域，潮流受地转偏向力等影响，其流速、流向随时都发生变化，称旋转潮流。在近岸或狭窄海域，受地形影响，潮流主要在两个方向变化，称往复潮流。海缆工程的规划、设计、施工及运营与管理，都需要了解与掌握海面潮汐变化规律。

#### 8.2.1.1 潮汐要素

图 8-12 表示潮位（即海面相对于某一基准面的铅直高度）涨落的过程曲线，图中纵坐标是潮位高度，横坐标是时间。涨潮时潮位不断增高，达到一定的高度以后，潮位短时间内不涨也不退，称之为平潮，平潮的中间时刻称为高潮时。平潮的持续时间各地有所不同，可从几分钟到几十分钟不等。平潮过后，潮位开始下降。当潮位退到最低的时候，与平潮情况类似，也发生潮位不退不涨的现象，叫做停潮，其中间时刻为低潮时。停潮过后潮位又开始上涨，如此周而复始地运动着。从低潮时到高潮时的时间间隔叫做涨潮时，从高潮时到低潮时的时

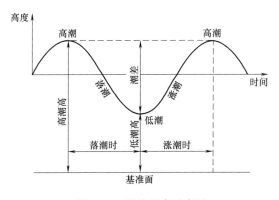

图 8-12 潮汐要素示意图

间间隔则称为落潮时。一般来说，涨潮时和落潮时在许多地方并不是一样长。海面上涨到最高位置时的高度叫做高潮高，下降到最低位置时的高度叫低潮高，相邻的高潮高与低潮高之差叫潮差。

#### 8.2.1.2 潮汐不等与潮汐类型

**1. 潮汐的类型**

从各地的潮汐观测曲线可以看出，无论是涨、落潮时，还是潮高、潮差都呈现出周期性的变化，根据潮汐涨落的周期和潮差的情况，可以把潮汐大体分为如下的 4 种类型：

1）正规半日潮在一个太阴日（约 24h50min）内，有两次高潮和两次低潮，从高潮到低潮和从低潮到高潮的潮差几乎相等，这类潮汐就叫做正规半日潮（见图 8-13a）。

2）不正规半日潮在一个朔望月中的大多数日子里，每个太阴日内一般可有两次高潮和两次低潮；但有少数日子（当月赤纬较大的时候），第二次高潮很小，半日潮特征就不显著，这类潮汐就叫做不正规半日潮（见图 8-13b）。

3）正规日潮在一个太阴日内只有一次高潮和一次低潮，像这样的一种潮汐就叫正规日潮，或称正规全日潮（见图 8-13c）。

4）不正规日潮（见图 8-13d）是不正规日潮潮汐过程曲线，显然，这类潮汐在一个朔望月中的大多数日子里具有日潮型的特征，但有少数日子（当月赤纬接近零的时候）则具有半日潮的特征。

**2. 潮汐的不等现象**

凡是一天之中两个潮的潮差不等，涨潮时和落潮时也不等，这种不规则现象称为潮汐的日不等现象。高潮中比较高的一个叫高高潮，比较低的叫低高潮；低潮中比较低的叫低低潮，比较高的叫高低潮。

从潮汐过程曲线（图 8-13）还可看出潮差也是每天不同。在一个朔望月中，"朔"、"望"之后二、三天潮差最大，这时的潮差叫大潮潮差；反之在上、下弦之后，潮差最小，这时的潮差叫小潮潮差。

#### 8.2.1.3 潮汐特征

潮汐现象可看作是由许多个分潮波的组合，通常以 M2、S2、K1、O1 四个分潮所占的比重最大，因此，人们常取这四个分潮波的叠加来说明潮汐的特征。潮汐类型（有的文献称潮汐性质），常以 M2、S2、K1、O1 分潮的平均振幅比值（也称潮型系数）来作为判别的依据。

潮汐性质判别的方法如下：

设 $A = \dfrac{H_{O1} + H_{K1}}{H_{M2}}$，其中 $H$ 分别为各对应分潮的振幅，

若 $A \leq 0.5$         属正规半日潮

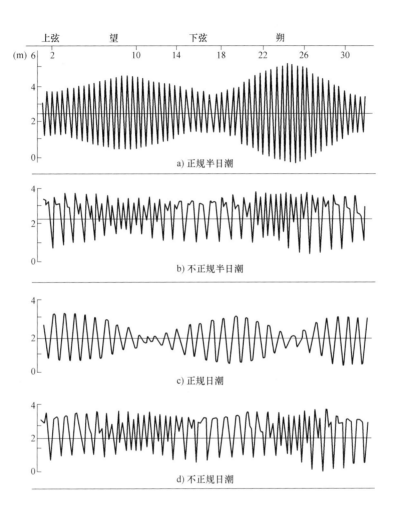

图 8-13 各类型潮汐的月过程曲线

0.5<*A*≤2.0 属不正规半日潮

2.0<*A*≤4.0 属不正规全日潮

4.0<*A* 属正规全日潮

### 8.2.1.4 特征面和基本潮位

#### 1. 基准面

将某测站测得任意时段的每小时的潮高取其平均值，称为某测站的在某一段时间的平均海面。平均海平面有日平均海面、月平均海面和年平均海面。每天、每月和每年的平均海面都是变化的。同时不同地点的平均海面也有差异。

（1）平均海面随时间变化

日平均海面不规则变化：在短期观测资料中，某几天中的平均海面会比其他几天更高或更低些，其原因，除了天体引潮力所引起的大小潮产生日不等现象外，主要是由于天气状况的影响。例如风、气压分布、降水、径流等使得海水在局部地区发生堆积或流失。

平均海平面以月、年、多年为周期的变化。在渤海和黄海，最高的日期一般是在9月份，最低一般在2月份，南海一般是在10~11月份，最低一般在3~4月份。它与海水温度和季风有关。平均海平面还有以多年为周期的变化规律，主要是由于天文因素有长周期性（9年、19年）的变化。因此，取9年、19年资料计算的平均海平面较为理想。

（2）平均海面随地点变化的情况

各海区长期验潮站的平均海面与青岛平均海面比较结果，渤海比青岛高出0~10cm；东海比青岛高出0~20cm。南海比青岛高出20~40cm（但也有个别地点低于青岛站）。

各海区的平均海面不一致的原因，是由于各地的地理条件、气象因素、海水密度等不同所造成的。

**2. 基准面和水准点与各种潮位之间的关系**

由于潮位是以海面与固定基面的高程表示的，所以在选定观测站之后，就要确定该测站潮位观测的起算面（简称为测站基面）。水文资料中提到的测站基面有：绝对基面、假定基面、冻结基面、深度基准面等。

绝对基面：一般是以某一测站的多年平均海平面作为高程的零点，因此海平面又叫绝对基面。如青岛零点（基面）、吴淞零点（基面）、大沽零点（基面）、珠江零点（基面）等。若以这类零点作为测站基面，则该测站的水位值就是相对绝对基面的高程。

假定基面：某测站附近没有国家水准点（如海岛或偏僻的地方），测站的高程无法与国家某一水准点联结时，可自行假定一个测站基面，这种基面称为假定基面。

冻结基面：由于原测站基面的变动，所以以后使用的基面与原测站基面不相同，故原测站基面需要冻结下来，不再使用，即为冻结基面。冻结下来的基面可保持历史资料的连续性。

验潮零点：（水尺零点）是记录潮高的起算面，其上为正值，其下为负值。一般来讲，验潮零点所在的面称为"潮高基准面"，该面通常相当于当地的最低低潮面。

深度基准面：是海图水深的起算面。海图深度基准面一般确定在最低低潮面附近，它与每天低潮面的高度是不同的。若深度基准面定得过高，那么将有许多天的低潮面在深度基准面的下面，这样会出现实际水深小于海图上所标出的水深，会造成船只航行、停泊时发生触礁或搁浅等现象。若深度基准面定得过低，则海图上的水深小于实际水深，使本来可以航行的海区也不敢航行。因此，深度基准面要定得合理，不宜过高或过低。

在确定某测站的平均海平面之后，以它作为起算面，然后通过测量求出平均海平面与永久水准点的关系，再确定理论最高潮面和实际最高潮面、理论最低潮面和实际最低潮面与平均海平面的关系，最后找出该站本身的水位零点、深度基准面与黄海平均海平面的关系等。

**3. 极端潮位**

（1）标准

我国在设计中曾采用历年最高、低潮位作为极端高、低水位。从全国各港口的潮汐资料来看，随着年代的增长，历年最高、最低潮位的数值会有较大的差异。由调查得到的历史最高、最低潮位，同样存在着这个问题，且数值更不可靠。此外，对特高、特低潮位的取舍，也无明确的标准。为了克服上述缺点，我国《海港水文规范》中规定，采用年频率统计的方法推求 50 年一遇的高、低潮位作为极端水位。这样所推求的潮位具有明确的统计含义，且对于其他一些特殊水位也可在规定重现期的基础上予以确定。

（2）资料年限

为了确定极端高、低水位，在应用频率分析方法进行统计分析时，要求应具有不少于 20 年的年最高、最低潮位实测资料，并须调查历史上出现的特殊水位。

（3）极端水位的推算方法

对于半日潮条件下的港口，每年的潮位观测资料将有 700 多个高潮和低潮，它们是在天文因素、气象因素等综合作用下出现的。虽然每天出现的由天文因素引起的高、低潮位是可以预报的，但受气象和其他因素影响，较特殊的一些潮位却呈现出随机的特征，这些潮位可以近似地看作是一个有 $K$ 个随机变量的系列。在此系列中有一个最大值，即一年的最高潮位，也有一个最小值，即一年中的最低潮位。一年的潮位系列，其分布称为原始分布，而最大值或最小值为极值，因此，其分布称为极值分布，这个极值分布可以根据原始分布来求得。

**8.2.1.5　潮位观测**

由于潮汐的变化与地球和月球的运动有关，又与当地的地形、地貌有关，所以潮位站的选址应遵循以下原则：

1）潮位站的潮汐情况应具有本海区代表性，这是主要条件。

2）风浪较小，往来船只较少的位置，不仅可以提高观测准确度还可避免水尺被刮倒，如有岛屿应选在背风面。

3）选择海滩坡度较大的位置，这样便于水尺安放，使水尺位置便于由岸上进行观测，如果海滩坡度很小，海水在滩涂涨落距离很远，为了观测潮位的升降，就需要设立十几根水尺，甚至数十根水尺，才能进行潮汐观测，这样很不方便。

4）尽量利用码头、栈桥、防波堤等进行观测，避开冲刷、崩塌、淤积的海岸。

要进行验潮，首先要解决水尺零点的高程问题，如果水尺零点不与国家水准网（基面）联测，不求出水尺零点相对国家的标准高程网（国家的标准基面）中的高度，那么这个零点就没有什么意义，在潮位观测结束后，这些资料将很难使用。为了解决这个问题，需要在岸上设立固定水准点（固定在岩石或水泥桩上），并求出水尺零点和岸上水准点之间的相对高度。由于水准点是长期保存的，即使撤销了水尺，也能够知道水尺零点、平均海面和深度基准面的位置。而且在验潮期间，可以用来经常检查各水尺零点有否变动，即使另设水尺也可以保证前后资料的统一性。在水位观测过程中，如由于某种原因水尺的位置发生了变化，要想恢复原来零点，也必须要与岸上水准点联测才能确定，所以，在潮位观测中水准联测是不可缺少的工作。所谓水准联测，就是用水准测量的方法，测出水尺零点相对国家标准基面中的高程，从而固定水位零点、平均海面及深度基准面的相互关系，也就保证了潮位资料的统一性。水准测量示意如图 8-14 所示。

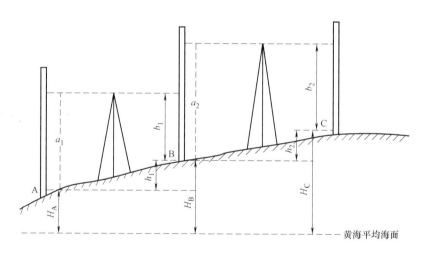

图 8-14　水准测量示意图

C 对 B 的高差是：$h_1 = H_B - H_A = a_1 - b_1$

$$h_2 = H_C - H_B = a_2 - b_2$$

那么，C 对 A 的高差是：

$$h = H_C - H_A = (H_B - H_A) + (H_C - H_B) = (a_1 - b_1) + (a_2 - b_2)$$

如此测量连续下去，直到 $n$ 次为止，那么

$$h_1 = a_i - b_i \qquad (i = 1, 2, \cdots, n)$$

$$\Delta H = \sum_{i=1}^{n} (a_i - b_i)$$

$\Delta H$ 即后尺读数之和减去前尺读数之和，为两点之间的高程。

**1. 验潮井**

验潮井是为安装验潮仪而专设的建筑物。验潮井按其建筑结构形式可分岛式和岸式两种。

（1）岛式验潮井

岛式验潮井系由建筑在海面上支架、引桥、仪器室和测井组成（见图8-15）。测井是为了消除海面波动对浮筒的影响而设置的。设置时，可采用钢筋混凝土、铸铁管、钢管、硬质塑料管和玻璃钢等作为井筒材料，内径一般为0.7~1.0m，不得小于0.5m。为了能观测到极值水位，安装测井时井口应高于历年最高水位1.5m，井底应低于最低水位1.5~2.0m。测井底部开4~6个9cm×9cm大的进水孔，使测井内外水面变化保持一致。为了排除波动对水位的影响，测井内必须安设消波器（通常采用漏斗形消波器）。消波器上口安装高度应在历年最低水位以下0.5m处。消波器进水管口径不能过小，也不能过

图8-15　岛式验潮井

大。其口径过小容易被泥沙或其他杂物堵塞，其口径过大则达不到消波作用，在实际工作中，消波器进水管口径一般与测井的截面积成1/500比例。如测井直径为1m，则消波器进水孔直径为4.5cm。仪器室是安装验潮仪记录装置的地方，面积约2m×2m左右，建筑要求坚固、隔热、通风、防湿。其顶部最好安装排气装置，以保证验潮仪正常运转。仪器室一般建造在测井之上。引桥是验潮井与陆岸连接的桥。在不能利用现有海工建筑物安装的验潮井，一般需建引桥。建引桥时，桥面高度应高于历史最高潮2m，宽不小于0.7m，其强度应能抗击该地出现的最大波浪。桥面两侧安装坚实的栏杆。

岛式验潮井一般在海岸坡度较缓、水深较浅的地方使用。同时在离岸不甚远的陆地上可找到当最高水位时也不被海水淹没的地点。

（2）岸式验潮井

验潮井的测井、仪器室是设计在岸上的，而有连通海面的输水管与测井连

接。这样设计的测井，称岸式验潮井（见图 8-16）。一般情况下，岸式验潮井井口比岛式验潮井高出 0.5m，井底低于岛式验潮井 1.0~1.5m。井径一般为 1m，最小不得小于 0.8m，并在内壁上安装固定脚蹬。在测井上端高于最高水位 1m处，要开一个直径为 20cm 左右的排气孔，并用管道连通至仪器室外，以排除井内湿气。输水管是连通井外和井内水体的设备，其内端口应在井底上约 1m 处，向外海倾斜坡度约 5%，长度通常以不超过 20m 为宜，否则将会带来安装和排淤的困难。输水管在外海一端管口高度应低于最低水位 1.0~1.5m，管口应固着在海底之上但不能触及海底，管口端最好安装用法兰盘相连接的向下弯的直角弯口。另外，管口可用网包着以防泥沙堵塞输入管。

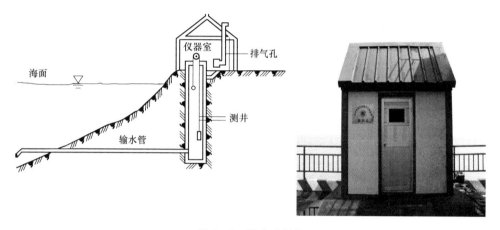

图 8-16　岸式验潮井

### 2. 水位计

自记水位计的类型很多，按其工作原理可分为：浮筒式水位计、压力式水位计和声学式水位计。我国海洋环境长期海洋站多采用浮筒式水位计。

（1）浮筒式水位计

目前使用的浮筒式水位计主要是 HCJ1-2 型验潮仪（见图 8-17），该仪器是用于测量潮位的连续自记仪器，整个仪器由浮动系统和记录装置两个基本部分组成，浮动系统主要由绳轮、钢丝绳、平衡锤、浮筒等组成。绳轮、钢丝绳连接平衡锤与浮筒，绳轮随浮筒的升降而转动，当浮筒随海面上升时，绳轮带动记录筒作顺时针方向转动，反之，则作逆时针方向转动。平衡锤对于浮筒起平衡作用。

记录装置分钟表系统和记录部分，钟表部分由时钟、钟轮、钟钢丝轮、钟钢丝锤等组成。钟钢丝通过导向轮连接钟钢丝轮与钟重锤，用专用扳手给钟轮上弦后，使自记钟带动记录部分的笔架、记录笔，使记录笔尖自右向左均匀移动，24h 之内从右端 8h 移至左端 8h，在记录纸筒随海面升降而转动的同时，通过记录装置的自记笔自动地画出潮位曲线。

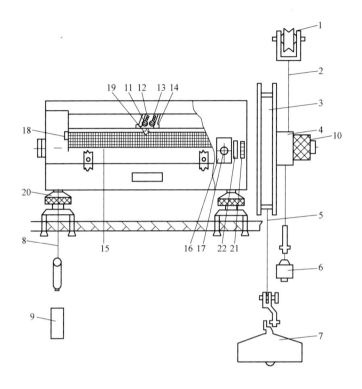

图 8-17　HCJ1-2 型验潮仪

1—导向轮　2—钢丝绳　3—大绳轮　4—小绳轮　5—浮筒钢丝绳
6—大铅锤　7—浮筒　8—钟钢丝　9—钟铅锤　10—定位手帽
11—紧固手帽　12—笔架　13—水位微调螺母　14—时间微调螺母
15—记录纸筒　16—钟表　17—时钟调节孔　18—偏心轴旋钮
19—配重套管　20—地脚螺母　21—束轮　22—钟钢丝轮

（2）安德拉水位计

水位记录仪（Waler Level Recorde，WLR）是为记录海洋潮位而特别设计的，通常放置于海底，在规定时间间隔内，测量并记录压力、温度和盐度，然后根据这些数据计算出水位的变化。仪器由一个高准确度的压力传感器、电子线路板、数据存储单元、电源、圆柱压力桶组成（见图8-18）。

（3）声学水位计

本仪器适用于无验潮井场合的潮位观测，为港口调度、导航及港口建设随时提供现场数据，也可用于沿海台站的常规长期潮位观测及水库、湖泊和内河的水位自动测量。仪器的特点是采用声光传输信号，应用空气声学回声测距原理进行水位变化测量（见图8-19）。

图 8-18　安德拉水位计

图 8-19　声学水位计

### 3. 雷达潮位仪

雷达潮位仪（见图 8-20）测量潮位技术前提要求根据实际水文气象要素，设定一个测站基准面 $H_b$。雷达潮位仪主机发射微波信号，经天线聚束照射到海面，海面将电磁波反射回雷达，接收天线收集海面反射的回波，经接收机放大、混频、检波等一系列处理，测量电磁波的往返延迟时间，运用 $H_a = 1/(2\Delta t) \times C$，求出雷达潮位仪距离海面的实时高度。该高度结果为一种模拟信号，经过模/数变换、线传输等技术传入终端计算机。这时海面潮位的实时数据即为 $T = H_b - H_a$。

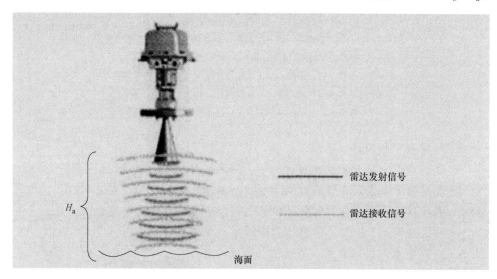

图 8-20　雷达潮位仪测量原理示意图

### 8.2.1.6　资料统计

收集施工附近海域至少一年的潮位观测，用以分析潮汐性质和各类潮水位的关系，通过调查和分析获取路由区潮汐特征，并计算与近岸施工所需的乘潮水位。通过收集附近长时间序列潮位资料，通过相关性分析，计算路由近岸区不同重现期高、低水位。通过水准联测或其他计算方法给出基面与各潮面关系，包括1985国家高程基准面、当地平均海平面、理论最高潮面和理论最低潮面等。收集或预报路由远岸区历史潮位资料，或用预报潮位。

## 8.2.2 海流

海流是指海水大规模相对稳定的流动，是海水重要的普遍运动形式之一。所谓"大规模"是指它的空间尺度大，具有数百、数千千米甚至全球范围的流域；"相对稳定"的含义是在较长的时间内，例如一个月、一季、一年或者多年，其流动方向、速率和流动路径大致相似。

海洋环流一般是指海域中的海流形成首尾相接的相对独立的环流系统或流旋。就整个世界大洋而言，海洋环流的时空变化是连续的，它把世界大洋联系在一起，使世界大洋的各种水文、化学要素及热盐状况得以保持长期相对稳定。

海流一般是三维的，即不但水平方向流动，而且在铅直方向上也存在流动，当然，由于海洋的水平尺度（数百至数千千米甚至上万千米）远远大于其铅直尺度，因此水平方向的流动远比铅直方向上的流动强得多。尽管后者相当微弱，但它在海洋学中却有其特殊的重要性。习惯上常把海流的水平运动分量狭义地称为海流，而其铅直分量单独命名为上升流和下降流。

### 8.2.2.1 海流的成因及表示方法

海流形成的原因很多，但归纳起来不外乎两种。第一种原因是海面上的风力驱动，它形成风生海流。由于海水运动中黏滞性对动量的消耗，这种流动随深度的增大而减弱，直至小到可以忽略，其所涉及的深度通常只为几百米，相对于几千米深的大洋而言是一薄层。海流形成的第二种原因是海水的温盐变化。因为海水密度的分布与变化直接受温、盐的支配，而密度的分布又决定了海洋压力场的结构。实际海洋中的等压面往往是倾斜的，即等压面与等势面并不一致，这就在水平方向上产生了一种引起海水流动的力，从而导致了海流的形成。另外海面上的增密效应又可直接地引起海水在铅直方向上的运动。海流形成之后，由于海水的连续性，在海水产生辐散或辐聚的地方，将导致升、降流的形成。

为了讨论方便起见，也可根据海水受力情况及其成因等，从不同角度对海流分类和命名。例如，由风引起的海流称为风海流或漂流，由温盐变化引起的称为热盐环流；从受力情况分又有地转流、惯性流等称谓；考虑发生的区域不同又有洋流、陆架流、赤道流、东西边界流等。

描述海水运动的方法有两种：一是拉格朗日方法，二是欧拉方法。前者是跟踪水质点以描述它的时空变化，这种方法实现起来比较困难，但近代用漂流瓶以

及中性浮子等追踪流迹，可近似地了解流的变化规律。通常多用欧拉方法来测量和描述海流，即在海洋中某些站点同时对海流进行观测，依测量结果，用矢量表示海流的速度大小和方向，绘制流线图来描述流场中速度的分布。如果流场不随时间而变化，那么流线也就代表了水质点的运动轨迹。

海流流速的单位，按 SI 单位制是 m/s；流向以地理方位角表示，指海水流去的方向。例如，海水以 0.10m/s 的速度向北流去，则流向记为 0°（北），向东流动则为 90°，向南流动为 180°，向西流动为 270°。流向与风向的定义恰恰相反，风向指风吹来的方向。绘制海流图时常用箭矢符号，矢长度表示流速大小，箭头方向表示流向。

**1. 海流观测方法**

（1）定点观测海流

目前，海洋水文观测中，通常采用定点方法测流，以锚定的船只或浮标、海上平台或特制固定架等为承载工具，悬挂海流计进行海流观测。

1）定点台架方式测流：在浅海海流观测中，若能用固定台架悬挂仪器，使海流计处于稳定状态，则可测得比较准确的海流资料并能进行长时间的连续观测。

① 水面台架：若在观测海区内已有与测流点比较吻合的海上平台或其他可借用的固定台架，用以悬挂海流计，将是既节省又有效的测流方式。实测时，要尽可能地避免台架等对流场产生的影响，否则，测得的海流资料误差过大，甚至不能使用。

② 海底台架：按一定尺寸制作等三角形或正棱锥形台架放置于海底，将海流计固定于框架中部的适当位置，就能长时间连续观测浅海底层流。当然，首先必须能够保证仪器安全并能确保台架不会在风浪作用下翻倒或出现其他意外事件。

我国曾用这个方式将三架海流计悬挂于正棱锥铁架上，放于石臼大港水深10m 的海底上，测量距底 0.3m、1m、2m 的海流长达 1 年以上，以研究海底粗糙度，计算泥沙起动流速。这也是我国第一次用这种方法测流。

2）锚定浮标：以锚定浮标或潜标为承载工具，悬挂自记式海流计进行海流观测，称为锚定浮标测流。有的仅用于观测表层海流，有的则用于同时观测多层海流。前者通常设放在进行周日连续观测的调查船附近，以取得海流周日连续观测资料。观测结束时将浮标收回。后者一般是单独或多个联合使用，以取得长时间海流资料，观测结束时将浮标收回。

最新发展的大、中型多要素水文气象观测浮标一般都有测流探头，可进行长时间的连续的海流观测。

3）锚定船测流：以船只为承载工具，利用绞车和钢丝绳悬挂海流计观测海流仍是常用的和最主要的测流方式。

首先根据水深确定观测层次，然后将海流计沉放至预定水层，测量流速和流向并记下观测时间。当钢丝或电缆倾角大于10°时，需做深度的倾角订正。如用自记式海流计，可根据绞车和钢丝绳的负载，采用三角架和平衡浮标，在绞车的钢丝绳上悬挂多台海流计同时观测多层海流。

（2）走航测流

在船只行走的同时观测海流，不仅可以节省时间，提高效益，而且可以同时测多层海流。此外，使常规方法很难测流的海区（如深海）的海流观测得以实现。

新近发展和应用的一些走航式海流观测仪器（如ADCP），为海流观测开辟了新的途径，测流方式提高到了新的水平。其测流原理大多是，测出船对海底的绝对速度，同时测出船对水的相对速度，再矢量合成得出水对海底的速度即海水的流速、流向（见图8-21）。

图8-21 走航测流示意图

**2. 海流计简介**

海流观测是水文观测重要而又困难的观测项目，现场条件对海流观测的准确度有极大的影响。为了在恶劣的海洋条件下，能准确、方便地观测海流，科学家们研制出了各具特色的海流观测仪器。

（1）机械旋桨式海流计

这类仪器的基本原理是依据旋桨叶片受水流推动的转数来确定流速，用磁盘确定流向（见图8-22）。根据这类仪器记录部分的特点，大致可分为厄克曼型、印刷型、照相型、磁带记录型、遥测型、直读型、电传型等旋桨式海流计。

1）厄克曼海流计：它是厄克曼在1905年（瑞典物理海洋学家V. W. Ekman）首先设计制造的一种海流仪器，主要由轭架、旋桨、离合器、计数器、流向盒及尾舵等部件构成。

七十多年来一直保持其最初的形式，但目前在向电子化方向发展，仪器的测量深度不受限制。但是，不能测低速流，因为旋桨起动速度一般为0.03m/s，测量精度一般为：流速±0.05m/s，流向10°～15°。

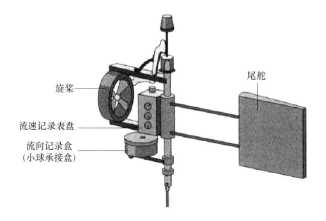

图 8-22 机械旋桨式海流计

2）印刷型海流计：是船用或浮标用的定点自记测流仪器，最大使用深度为6000m，连续记录时间长达半年之久，流速流向记录在纸带或锡箔上。

印刷型海流计的记录装置由弹簧带动，工作程序由定时机构控制，测量流速范围一般在 0.03～2m/s，流速的方均误差小于 2%，流向精度为±5°，自记工作时间由时钟控制轮决定。

3）照相型海流计：是船用的定点自记测流仪器。照相型海流计用一个大直径导流叶轮测量流速，流向随海流的转动方向的度盘示数进行照相记录，其测量值记录在耐压壳内的胶上（见图 8-23）。

胶卷一般用宽 16mm、长 15m，可记录 6000 幅照片。该仪器的测量深度为 150m，自记工作时间达30 天。

4）磁带记录型海流计：是浮标用的定点自记测流仪器（见图 8-24），其工作原理多数将测量数据以

图 8-23 照相型海流计

二进制编码方式记录在磁带上，也有用其他方式记录在磁带上。最大使用深度为1000～6000m，大致测量流速范围为 0.03～4m/s，精度为± 0.03～0.05m/s，

如挪威产的安德拉海流计，是目前世界上使用最广泛的海流计。

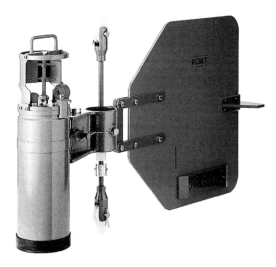

图 8-24 磁带记录型海流计

5）遥测型海流计：系浮标用定点自记测流仪器，该仪器系统为双频道的无线电遥测装置，包括装在浮标上的传感器和装在船上或岸上的接收装置。流速与流向值根据自记仪纸带上记录脉冲频率和相对位置而进行测定。安装在岸或船上的接收装置能够连续定向接收来自三个浮标的数据。其测量范围为 0.1~3.6m/s，流速测量精度为 ±0.05m/s，流向精度为 ±10°。

6）直读型海流计：系船用定点测流仪器。流速流向测量的电信号均经电缆传递到显示器（见图 8-25）。测量数据直观、资料整理方便、测量速度快，有的可以兼测深度。仪器最大使用深度为 150~660m，流速测量范围为 0.05~7m/s。

美国、苏联、日本都有生产，中国海洋大学海洋仪器厂也进行批量生产。

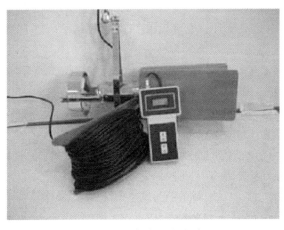

图 8-25 直读型海流计

仪器主要有水下探测器、水上数据终端等部分组成，其间以三芯轻便电缆传输信号并承担水下探测器重量。

仪器采用旋桨式转子感应流速，其转速与被测流速成正比，在规定的测量范围内具有良好的线性关系，仪器的旋桨具有良好的流入角特性和倾斜特性，动态特征好。

仪器采用了双垂直和双水平尾翼，流速从 0.03~3.5m/s 不同速度下，海流计始终置水平状态，并且旋桨都处于正面迎流位置，充分体现了标准极坐标型海流计的要求。机内罗盘受地磁定向，其夹角即为磁流向。

（2）电磁海流计

该类仪器是应用法拉第电磁感应定理，通过测量海水流过磁场时所产生的感应电动势来测定海流的（见图 8-26）。根据磁场的来源不同，可分为地磁场海流计和人造磁场电磁海流计。

1）地磁场电磁海流计：分为深海型（水深大于 100m）和表层型（只适用于测表面层的海流）。

优点是：可以走航自记。水下部件结构简易，可靠性高。

缺点是：由于它与地球垂直磁直强度有关，不能在赤道附近使用，只适用于地磁垂直强度大于 0.10e 的海区，同时，它受船磁的影响也较大，其测流范围在 0.03~3m/s，测量精度为 ±0.02m/s，流向精度为 ±5°。

图 8-26　电磁海流计

2）人造磁场电磁海流计：受深度和纬度的限制不大。它适于船用或锚定水下测量。

它的水下传感器呈流线型，底部垂直地安装两对电极，内装有电磁线圈，把 30Hz 的正弦交流电作用在线圈上，线圈便产生一交流磁场，当海水流过磁场时，电极产生一个输出信号，根据输出信号的相位和振幅，最后换算得出流速值。该仪器流速测量范围为 15.4~257cm/s，测量精度为 ±0.26cm/s。

目前，世界上广泛使用的是美国 Interocean 公司生产的 S4 型的电磁海流计，其外形是球形，很好地解决了仪器倾斜对测流的影响。

其主要优点为：精度高，测量值可靠，体积小，操作简便，无活动部件，对流场无影响，其测量范围是流速 0~350cm/s，精度为 ±1cm/s，或 2% 满量程，流向精度为 ±2°。

（3）声学多普勒海流计

该类仪器是以声波在流动液体中的多普勒频移来测流速的。

其优点是：声速可以自动校准，能连续记录，仪器无活动部件，无摩擦和滞后现象，测量时感应时间快，测量精度高，可测弱流等。

其缺点是：存在仪器的本身发射功率、电池寿命和声波衰减等问题，因此限制了该类仪器的使用。该类仪器的大致精度在±2cm/s，流向精度为±5°，工作最大深度为50～6000m不等。

广泛使用的有美国的UCM-60（图8-27）、EG&G公司的SACM-3声学海流计和挪威安德拉公司生产的RCM9多普勒海流计。严格地说，ADCP（声学多普勒海流剖面仪）也应该是此类海流计，不过其发声频率、功率和接收回声以及处理方式有所不同。

图8-27 声学多普勒海流计

（4）光学式海流计

目前激光多普勒技术可以应用在实验室中测流，有人认为激光多普勒流速计的精度能达到百分之几的量级，空间分辨率大约为0.5m，时间分辨率大约为0.5s，此技术可用于海洋中测流速，但此项技术尚处在研究阶段，离实际应用还有距离。

（5）电阻式海流计

该型仪器是利用海流对电阻丝的降温作用来测流的，其优点是可测瞬时流和低速流，测量精度高，可以遥测，但当前未见于实际应用。

（6）遮阻涡流海流计

它的工作原理是：将一扁平或圆柱杆置于流场中，必在其后产生海水涡动现象，用声学方法测出涡流的频率，并根据频率与流速成正比、与圆柱杆的直径成反比的关系得出流速值。测量信号传输到记录系统加以记录。如美国J-TEC联合公司生产的CM-1106CD型涡流计就是一例，其流速测量范围为0.1～5.0m/s，测量精度为量程的±2%。

海洋调查中最广泛应用的仍然是各种类型的安德拉海流计和直读式海流计，声学多普勒海流计是目前唯一可测量弱流的仪器，广泛用于大型海洋调查中。

声学多普勒海流剖面仪（ADCP）是目前观测多层海流剖面的最有效的方法。其特点是精度高、分辨率高，操作方便。自20世纪70年代末以来，ADCP的观测技术迅速发展，国际上出现了多种类型的ADCP。

目前国际上的大型海洋研究项目中，如TOGA（热带海洋与全球大气计划）、

WOCE（世界大洋环流实验）、WEPOCS 等都使用 ADCP。ADCP 已被海委会（IOC）正式列为四种新型的先进海洋观测仪器之一。

ADCP 测流原理：是测定声波入射到海水中微颗粒后向散射在频率上的多普勒频移，从而得到不同水层水体的运动速度（图 8-28）。

超声源（或发射器）和接收器（散射体）之间有相对运动，则接收器所接收到的频率和声源的固有频率是不一致的，若它们是相互靠近的，则接收频率高于发射频率，反之则低，这种现象称为多普勒效应。接收频率和发射频率之差叫多普勒频移。

把上述原理应用到声学多普勒反向散射系统时，如果一束超声波能量射入非均匀液体介质时，液体中的不均匀体把部分能量散射回接收器，反向散射声波信号的频率与发射频率将不同，产生多普勒频移，它比例于发射/接收器和反向散射体的相对运动速度。这就是声学多普勒速度传感器的原理。

利用回声速（至少三束）测得水体反散射的多普勒频移，便可以求得三维流速并且可以转换为地球坐标下的 u（东分量）、v（北分量）和 w（垂直分量）。

由于声速在一定水域中、在一定深度范围内的水体中的传播速度基本是不变的，根据由声波发射到接收的时间差，便可以确定深度。利用不断发射的声脉冲，确定一定的发射时间间隔及滞后，通过对多普勒频移的谱宽度的估计运算，便可以得到整个水体剖面逐层段上水体的流速。

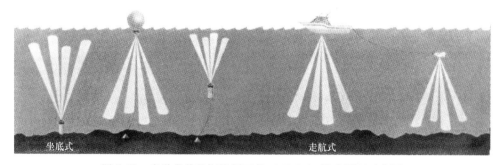

图 8-28　声学多普勒海流剖面仪（ADCP）测流原理示意图

### 8.2.2.2　资料整理与分析

海洋观测给出的是流速、流向的离散型的数值，必须经过分析推理才能获取我们所需要的信息，进而探索海流的运动规律和内在的机制。

### 1. 流速量曲线图

海流观测大多数是对某测点上流速、流向随时间变化的连续观测，因而流速流向曲线图属于水文要素变化的范畴，是过程曲线。

### 2. 流速流向曲线修匀

观测时流场的随机干扰和各种偶然误差的客观存在，依观测的数据所绘制的流速流向曲线会在主体变化上产生一些上下扰动，甚至在个别点上产生大的跳跃，使曲线呈锯齿状，因而不能完全反映实际海流或不能真实地体现客观流场，所以要预先对流速流向曲线图进行必要修匀。

为摸清工程海区海流运动规律，需要

1）首先获得系统的海流观测资料，在此基础上进行潮流调和分析，计算出最大可能潮流流速、垂线平均流速和余流，绘制出流速流向曲线图、矢量图、潮流与潮位变化关系图，以如实反映海流的时空演变规律。

2）余流是低频的流动，具有3、5、10、15天，甚至更高的变化周期。在一个定点站只观测25h的海流资料，是得不出准确的余流值的，要尽可能延长观测资料的时间序列长度。

3）用观测24h的海流资料序列来分析余流要比用25h海流资料序列分析余流误差大，引起最大误差可达±4%。

潮流和余流（或常流）之合成，构成海水在十几千米范围内或者更大尺度的运动。潮流是海水在天体引潮力作用下产生的周期性流动，而余流则是指从流的观测资料中除去周期性潮流之外所剩余的那部分流动。产生这种剩余的流动因素是很复杂的，其中，有风应力、海面倾斜（气压或径流变化）、海水密度分布不均匀以及潮汐余流等。无论是潮流还是余流，均对国防、航运 海洋资源开发和利用等产生重大影响。

### 8.2.2.3　资料统计

通过路由区具有时间代表性和海域代表性的实测海流资料，或收集路由区以往实测资料，分析路由区的流况、实测最大涨落潮流速、平均大潮流速、平均小潮流速、最大可能流速、余流等海流基本要素。通过调和分析获取路由区潮流特征；通过数学模型或经验公式计算路由区的不同重现期海流。

海流观测区域的大小，应根据工程的要求、当地水文气象状况和地形条件确定，应着重在拟建工程及其附近进行海流观测。海流观测工作应根据工程的要求选用以下方法：

1）单站或单船定点连续观测；

2）多站或多船同步连续观测，包括多船同步断面观测；

3）大面海流观测。

在潮流比较显著的近岸海区，对于海流观测资料的分析：

1）ongoing实测海流值绘制各种海流图，从中选定有关特征值；

2）用断面测点实测海流值，计算断面流量；

3）用大面流路资料，绘制测区流路区；

4）一次或多次周日观测采用准调和分析方法。

对于河口区，水流观测资料的分析，采用

1）直接利用实测资料进行分析；

2）在潮波变形不显著的河段内，也可采用准调和分析方法，进行整理分析。

海流特征值的计算

潮流性质的划分采用潮流性质系数 $F = (W_{O_1} + W_{K_1})/W_{M_2}$ 作为判别标准：

$F \leqslant 0.5$　　　　　正规半日潮流

$0.5 < F \leqslant 2.0$　　　不正规半日潮流

$2.0 < F \leqslant 4.0$　　　不正规全日潮流

$4.0 < F$　　　　　　正规全日潮流。

其中，$W_{O_1}$ 为主要太阴日分潮流 $O_1$ 的最大流速；$W_{K_1}$ 为主要太阴太阳合成日分潮流 $K_1$ 的最大流速；$W_{M_2}$ 为主要太阴半日分潮流 $M_2$ 的最大流速。

余流通常指实测海流中扣除了周期性的潮流后的剩余部分，它是风海流、密度流、潮汐余流等的综合反映，是由热盐效应和风等因素引起，岸线和地形对它有显著影响。

## 8.2.3　波浪

海洋波动是海水运动的重要形式之一，从海面到海洋内部都存在着波动。波动的基本特点是，在各种外力作用下，水质点离开其平衡位置做周期性的运动，从而导致波形的传播。因此，周期性、波动高度及波形传播等是海水波动的主要特征。它是由风的应力产生而靠重力去恢复平衡的一种波动。由于海浪发生于海面，在深海其涉及的深度仅是不厚的一层，对于浅海其影响可以抵达海底。海浪的周期一般介于 1~30s 之间。

海浪分为风浪和涌浪。风浪是指在风的直接作用下产生、发展和传播的海浪，它的能量不断由风供给。风浪在外形上明显表现为不对称，迎风面波面平缓，背风面波面陡峭，波峰较短，多数呈现三维状态。当波浪传离风的作用区，或者风突然停止，即没有风外力作用时的海浪称为涌浪。涌浪外形比较规则，波面平滑，前后比较对称，波峰较长，周期和波长也较大。纯粹的风浪和涌浪比较少，多数情况下是两种波浪形态的混合物，即混合浪。混合浪又分为以风浪为主的混合浪和以涌浪为主的混合浪，以及两者相等的混合浪。在波浪观测中，风浪以 F 表示，涌浪以 U 表示，以风浪为主的混合浪表示为 F/U，以涌浪为主的混合浪表示为 U/F，两者均等的混合浪用 FU 表示。

### 8.2.3.1　波浪要素

一个简单波动的剖面可用一条正弦曲线加以描述，如图 8-29 所示，曲线的最高点称为波峰，曲线的最低点称为波谷，相邻两波峰（或波谷）之间的水平距离称为波长（$\lambda$），相邻两波峰（或者波谷）通过某固定点所经历的时间称为周期（$T$），显然，波形传播的速度 $c=\lambda/T$。从波峰到波谷之间的铅直距离称为波高（$H$），波高的一半 $a=H/2$ 称为振幅，是指水质点离开其平衡位置的向上（或向下）的最大铅直位移。波高与波长之比称为波陡，以 $\delta=H/\lambda$ 表示。在直角坐标系中取海面为 $xoy$ 平面，设波动沿 $x$ 方向传播，波峰在 $y$ 方向将形成一条线，该线称为波锋线，与波锋线垂直指向波浪传播方向的线称为波向线。

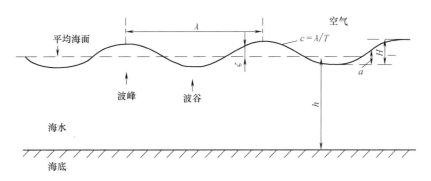

图 8-29　波浪要素

波向和风向一样，指波浪的来向，用 16 个方位记录。"周期"指平均周期；"波高"指连续 100 个波中，按波高从大至小排列，前 10 个大波的平均值；而"最大波高"指 100 个波高中的最大值，使用时应特别注意。波面自上而下跨过横轴的交点称为下跨零点，而自下而上跨过横轴的交点称为上跨零点。相邻的两个上跨零点（可跨零点）间的时间间隔称为周期，由此依次读取的各个周期是不等的，其平均值称为平均周期。统计表明，无论采用上跨零点或下跨零点定义波高和周期，其平均值是基本相同的。表示某海区各向各级波浪出现频率及其大小的图称为波浪玫瑰图（见图 8-30）。为绘制波浪玫瑰图，应对海区多年的波浪观测资料进行统计整理，先将波高或周期分级，一般波高可每间隔 0.5~1.0m 为一级，周期每间隔 1s 为一级，然后从月报表中统计各向各级波高或周期的出现次数，并除以统计期间的总观测次数，即得频率。为得到可靠的波浪玫瑰图，一般需 1~3 年的连续资料，或选择有代表性的典型年份的资料。

#### 8.2.3.2　波浪类型

海洋中的波浪有很多种类，引起的原因也各不相同，例如海面上的风应力，海底及海岸附近的火山、地震，大气压力的变化，日、月引潮力等。被激发的各种波动的周期可从零点几秒到数十小时以上，波高从几毫米到几十米，波长可以从几毫米到几千千米。

海洋中波动的周期和相对能量的关系如图 8-31 所示。由风引起的周期从

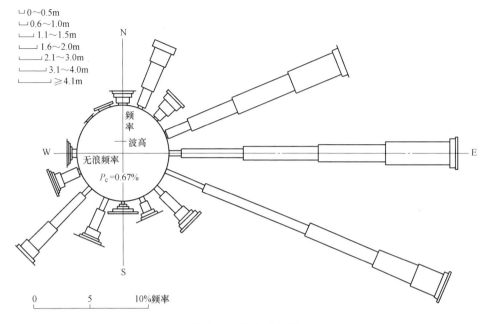

图 8-30 波浪玫瑰图

(1~30)s 的波浪所占能量最大；周期从 30s 至 5min，为长周期重力波，多以长涌或先行涌的形式存在，一般是由风暴系统引起的。从 5min 到数小时的长周期波主要由地震、风暴等产生，它们的恢复力主要为科氏力，重力也起重要作用。周期（12~24）h 的波动，主要是由日、月引潮力产生的潮波。

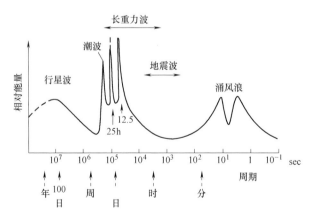

图 8-31 各种波的相对能量

波浪分类可从不同角度给出不同的称谓。例如：按相对水深（水深与波长之比，即 $h/\lambda$），可将波浪分为深水波（短波）和浅水波（长波）；按波形的传播与否，有前进波与驻波之分；按波动发生的位置，有表面波、内波和边缘波之分；按成因分，有风浪、涌浪、地震波之分等。

### 8.2.3.3 现场观测

波浪观测的项目和要求在我国国家海洋局颁布的《海滨观测规范》中规定：海浪观测的项目有海况、波型、波向、波高和周期，同时观测风速、风向和水深。

海浪观测方法的分类，按照安装位置，可以分为水面上测波仪器（航空测波、地波雷达测波）、水面附近测波仪（测波杆、光学测波、重力测波）、水面下测波仪（水压式测波、声学式测波）。

波浪观测仪器按其工作原理，可分为视距测式、测波杆式、压力式、声学式、重力式和遥感测波仪等类型。波浪观测方法有多种，如航空测波法、立体摄影法、雷达测波法、电测法、光学测波法、重力式测波法、水压式测波法、声学式测波法以及目测法等；按仪器布设的空间位置也可分成水下、水面、水上和太空（如卫星遥感）四种观测技术。

#### 1. 纯人工目测法

我国沿海海洋系统的最早的观测方法，采用秒表、望远镜等辅助器材，几乎用全人工的方法观测海浪要素，在我国海洋观测史上沿用了几十年。这种方法的优点是不用过于依赖于外界环境因素（电力、仪器），数据的持续性非常好。缺点是虽然观测人员上岗之前都经过了严格的培训考核，但是，由于是纯人工观测，不同人之间的观测误差比较大，数据可信度不够高。

#### 2. 光学测波仪法

光学测波仪主要由望远镜瞄准机构、俯仰微调机构、方位指示机构、调平机构和浮筒等组成（见图 8-32）。光学测波仪是纯人工目测法的一个发展，在我国海洋波浪观测上沿用至 20 世 90 年代末，此种仪器严格地说仍属于目测的范围，其观测的结果要受到观测者主观作用的影响。但是，由于它里面分设了刻度，尤其是望远镜内靠目镜的一端装有透视网格的分划板，其刻度值等于在海面上布设一个直角坐标系，将望远镜瞄准海上布放的浮筒就能观测波浪的高度和周期。在增加了许多辅助的观测刻度后，其观测的精确度有了很大的提高，是人工观测法向仪器自动观测法发展的一个重要阶段。其优点是比纯目测法精准度有了很大的提高，而且不需要依赖外界环境；缺点跟纯人工观测法一样，就是人为误差不可避免。

#### 3. 海浪浮标观测仪法

海浪浮标观测仪由海上浮标、锚链、陆上接收器组成，此方法是我国海浪观测从人工观测向仪器自动化观测的一种里程碑式、也是目前在全国海洋站使用最多的观测方法。它是通过测量浮标自身的垂直加速度，经过积分后计算出波高；

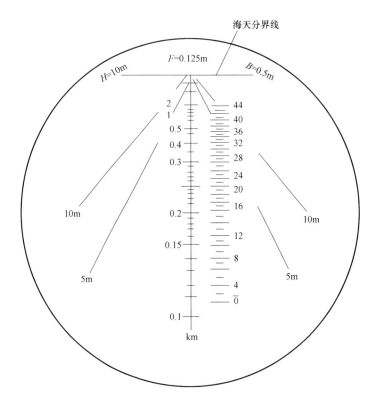

图 8-32　光学测波仪

再通过计算两个水平方向的斜角和速度变量，测量出浪向。它的优点是纯自动化观测计算，把人为的误差消除，观测数据可靠性高。但是，在使用的过程当中，仍然发现诸多问题。第一是抗风浪能力不足，每当出现强台风强风浪时，经常会出现浮标丢失的状况，导致数据缺失。第二是其测出的海浪方向是单一的（混合浪向），具体的风浪向或涌浪向和海况，还是需要人工观测来弥补。第三是由于国内技术方面的原因，浮标的电池持续力、耐碰磨性、耐腐蚀性都需要提高。

**4. 地波雷达波浪观测仪法**

雷达技术应用与海浪观测，是近年来海浪观测的一个里程碑式发展。让雷达向海面发射电波，接收回来的回波通过波浪雷达回波视频处理系统，再通过数字图像模拟计算出所需要的海浪的参数。这种波浪观测技术比波浪浮标技术的优势是，它不需要在海里安装仪器（在调试好相关系数后），可靠性进一步增强。但是，它也有自己的短板，就是波浪分析雷达图像数据模拟技术还不够完善，还要不断地改进才能更加准确地测出海浪的数据。

根据海洋观测站资料的统计，我国沿岸海域，除南沙群岛以外，年平均波高总的趋势是由北向南递增。渤海沿岸大致为 0.3～0.6m；渤海海峡、山东半岛南部和苏浙一带沿岸大致为 0.6~1.2m；两广沿岸大致为 1.0m；海南岛和北部湾北部沿岸为 0.6~0.8m；西沙海域为 1.4m。

各海区各季节波浪的大小分布也是不同的。北方海域冬季波浪较大，如渤海海峡冬季平均波高可达 1.7m，居全国各海区同期之首。春季各海区平均波高都较小。夏、秋季南方海域平均波高较北方大，西沙海区约为 1.4m，两广、福建、浙江沿岸为 1.0~1.3m，其他海区大致在 0.6~0.9m。

我国沿海的大浪受台风与寒潮大风的影响十分明显，最大波高（指 $H_1\%$）的分布：冬季在寒潮大风作用下，北方沿海波浪较大；夏天东南沿海受台风影响，南方沿海波浪较大。最大波高超过 10m 与平均周期 10s 以上的大浪多出现在开敞的东海。例如，1986 年 8 月 27 日用海洋遥测浮标测得我国近海最大波高达 18.2m 的巨浪，其次浙江嵊山海洋站也曾观测到最大波高 17m 和周期 19.8s 的大浪。

#### 8.2.3.4　资料统计

为充分了解路由区波浪特征，应在路由区近岸或岛屿区进行一年波浪观测，用以分析台风期间实测波浪特征，大浪持续时间、有效波高与波向、有效波高与平均周期的联合分布，季风影响下的波谱特征，热带气旋影响下的波谱特征。收集附近长时间序列波浪资料并进行多年、各月、各向波浪出现频率、最大波高、平均波高及相应周期统计分析，计算不同重现期波高。

## 8.2.4　风暴潮

风暴潮是指强烈的大气扰动（如热带气旋、温带气旋、强冷空气活动）所引起的海面异常升降现象。与潮汐现象不同，风暴潮不是周期性的水位升降运动。如果风暴潮正好遇上天文大潮，两者重合、叠加，就会造成水位暴涨。尤其是热带风暴造成的风暴潮，往往伴随而来的是狂风、暴雨和巨浪，在风、雨、潮、浪四者同时侵袭而来，常使海岸附近海水漫溢，海堤决口，农田、盐田被淹，建筑物被毁，倾舟拔树，人畜伤亡，给人民的生命和财产造成巨大损失。有时，也会出现相反的情况，当离岸大风长时间吹刮时，致使岸边水位急剧下降，裸露出大片海滩，对海水养殖、船舶安全、农田水利、盐业等带来不同程度的破坏和损失。前者称"风暴增水"或"气象海啸"，后者称"风暴减水"或"负风暴潮"。

#### 1. 类型

根据风暴的性质，风暴潮通常分为由温带气旋引起的温带风暴潮和由台风引起的热带风暴（台风）潮两大类。形成风暴潮的条件有三：①强劲而持久的向岸或离岸大风；②有利的海岸地形和具有广阔的海域；③天文大潮与其重合叠加。就中国沿岸而言，热带气旋风暴潮在渤海、黄海、东海、南海沿岸均有发生，并以南海、东海沿岸尤为严重和频繁；温带气旋风暴潮主要限于长江口以北的渤海、黄海沿岸，其中，莱州湾和渤海湾沿岸又是温带气旋风暴潮的严重地段。

温带风暴潮，多发生于春秋季节，夏季也时有发生。其特点是：增水过程比较平缓，增水高度低于台风风暴潮。主要发生在中纬度沿海地区，以欧洲北海沿岸、美国东海岸以及我国北方海区沿岸为多。

热带风暴潮，多见于夏秋季节。其特点是：来势猛、速度快、强度大、破坏力强。凡是有台风影响的海洋国家、沿海地区均有台风风暴潮发生。

位于在太平洋西岸的中国，台风季节长，频数多，强度大，过渡季节冷气团和暖气团在北部海区十分活跃，加上中国拥有助长风暴潮发展的广阔大陆海区，使中国不仅是世界上多风暴潮灾害的国家和地区之一，而且其最大风暴潮的高度名列世界前茅。

**2. 计算方法**

风暴潮预报，一般可分为两大类：其一为经验统计预报，另一为动力-数值预报，我们分别简称为"经验预报"和"数值预报"。

经验统计预报主要用回归分析和统计相关来建立指标站的风和气压与特定港口风暴潮位之间的经验预报方程或相关图表。其优点是简单、便利，易于学习和掌握，且对于某些单站预报能有较高精度。但它必须依赖于这个特定港口的充分长时间的验潮资料和有关气象站的风和气压的历史资料，以便用以回归出一个在统计学意义上的稳定的预报方程。对于那些没有足够长资料的沿海地域，由于子样较短，得出的经验预报方程可能是不稳定的。对于那些缺乏历史资料的风暴潮灾的沿岸地区，这种经验统计预报方法根本无法使用。再者，巨大的、危险性的风暴潮，相对来说总是稀少的。因而，用历史上风暴潮的资料作子样回归出的预报方程，一般会具有这样一种统计特性：它预报中型风暴潮精度较高，而用以预报最具有实际意义的、最危险的大型风暴潮，预报的极值通常比实际产生的风暴潮极值要偏低。另外，经验方法制订的预报公式或相关图表只能用于这个特定港口，不能用于其他港口。这些缺点在风暴潮数值预报中都能得以避免。

所谓风暴潮数值预报，系指数值天气预报和风暴潮数值计算两者组成的统一整体。数值天气预报给出风暴潮数值计算时所需要的海上风场和气压场——所谓大气强迫力的预报；风暴潮数值计算是在给定的海上风场和气压场强迫力的作用下、在适当的边界条件和初始条件下去数值求解风暴潮的基本方程组，从而给出风暴潮位和风暴潮流的时空分布，其中包括了特别具有实际预报意义的岸边风暴潮位的分布和随时间变化的风暴潮位过程曲线。无疑，这种更客观、更有效的理论预报方法是风暴潮预报当前发展的主要方向。

# 第 9 章

# 腐蚀性环境调查

　　海底光缆敷设或埋设于海底，而海底腐蚀性主要来自于底层海水及沉积物的腐蚀作用，因此在海底光缆路由勘察工作中，需要对海底光缆所在海域的底层海水及沉积物进行腐蚀性环境参数的测定。对于海底光缆来说，海底腐蚀主要发生在沉积物粒径较大的埋设路由区和深水敷设段。海水一般对金属具有很强的腐蚀性，但由于目前海底光缆的生产技术以及海洋防腐技术已经比较成熟，且近岸段大都进行了掩埋，因此腐蚀性影响一般较小。海底光缆敷设或埋设后，海洋腐蚀对海底光缆的实质性影响主要为：①不同沉积物类型以及海水底层流对海缆的磨蚀作用；②埋设层中硫酸盐还原菌等微生物的活动会加快海缆保护层（中密度聚乙烯护套）老化、粉化的速度。

## 9.1　海洋腐蚀环境与海缆防腐

　　海底光缆工程等海底工程常需要使用大量的钢铁、有色金属、涂料和高分子化合物等工程材料，对这些材料在海水和海底沉积物中腐蚀行为的研究在海底工程设计、选材以及施工等环节都非常重要。海洋腐蚀环境研究则主要是从环境角度来考察海洋环境对材料的腐蚀能力问题。

### 9.1.1　海水腐蚀环境

　　海水不仅是盐度在 32‰~37‰，pH 值在 8~8.2 之间的天然强电解质溶液，更是一个含有悬浮泥沙、溶解的气体、生物以及腐败的有机物的复杂体系。影响海水腐蚀性的主要有化学因素、物理因素和生物因素等三类，而且其影响常常是相互关联的，不但对不同的金属影响不一样，就是在同一海域对同一金属的影响也因金属在海水环境中的部位不同而异。

　　海洋腐蚀环境一般分为海洋大气区、浪花飞溅区、潮差区、海水全浸区和海底沉积物区五个腐蚀区带。有三个腐蚀峰值，一个峰值发生在平均高潮线以上的浪花飞溅区，是钢铁设施腐蚀最严重的区域，也是最严峻的海洋腐蚀环境。这是因为在这一区域海水飞溅、干湿交替，氧的供应最充分，同时，光照和浪花冲击破坏金属的保护膜，造成腐蚀最为强烈，年平均腐蚀率为 0.2~0.5mm；第二个峰值通常发生在平均低潮线以下 0.5~1.0m 处，因其溶解氧充分、流速较大、水温较高、海生物繁殖快等，年平均腐蚀率为 0.1~0.3mm；第三个峰值是发生在与海水海底沉积物交界处下方，由于此处容易产生海底沉积物/海水腐蚀电池，年腐蚀率为 0.03~0.07mm。

影响金属在海水环境中腐蚀的化学因素中，最重要的是海水中溶解氧的含量。氧是在金属电化学腐蚀过程中阴极反应的去极化剂，对碳钢、低合金钢等在海水中不发生钝化的金属，海水中含氧量增加，会加速阴极去极化过程，使金属腐蚀速度增加；对那些依靠表面钝化膜提高耐蚀性的金属，如铝和不锈钢等，含氧量增加有利于钝化膜的形成和修补，使钝化膜的稳定性提高，点蚀和缝隙腐蚀的倾向性减小。

海水的盐度分布取决于海区的地理、水文、气象等因素。在不同海区、不同纬度、不同海水深度，海水盐度会在一个不大的范围内波动。水中含盐量直接影响到水的电导率和含氧量，随着水中含盐量增加，水的电导率增加而含氧量降低，所以在某一含盐量时将存在一个腐蚀速度的最大值。

一般说来，海水的 pH 值升高，有利于抑制海水对钢的腐蚀。海水的 pH 值主要影响钙质水垢沉积，从而影响到海水的腐蚀性。pH 值升高，容易形成钙沉积层，海水腐蚀性减弱。在施加阴极保护时，这种沉积层对阴极保护是有利的。

流速和温度是影响金属在海水中腐蚀速度的重要物理因素。海水的流速以及波浪都会对腐蚀产生影响。随流速增加，氧扩散加速，阴极过程受氧的扩散控制，腐蚀速度增大；流速的进一步增加，供氧充分，阴极过程受氧的还原控制，腐蚀速度相对稳定；当流速超过某一临界值时，金属表面的腐蚀产物膜被冲刷，腐蚀速度急剧增加。在水轮机叶片、螺旋桨推进器等装置中，由于高速运动，会形成流体空泡，产生高压冲击波，造成空泡腐蚀。海水温度升高，氧的扩散速度加快，将促进腐蚀过程进行，同时，海水中氧的溶解度降低，促进保护性钙质水垢生成，这又会减缓金属在海水中的腐蚀。温度升高的另一效果是促进海洋生物的繁殖和覆盖导致缺氧，或减轻腐蚀（非钝化金属），或引起点蚀、缝隙腐蚀和局部腐蚀（钝化金属）。

海洋环境中存在着多种动物、植物和微生物，与海水腐蚀关系较大的是附着生物。最常见的附着生物有两种：硬壳生物（软体动物、藤壶、珊瑚虫等）和无硬壳动物（海藻、水螅等）。海洋生物对腐蚀的影响很复杂，但仍会造成以下几种腐蚀破坏：①海生物的附着并非完整均匀，内外形成氧浓差电池；②局部改变了海水介质的成分，造成富氧或酸性环境等；③附着生物穿透或剥落破坏金属表面的保护层和涂层。在海底缺氧的条件下，厌氧细菌，主要是硫酸盐还原菌是导致金属腐蚀的主要原因。

## 9.1.2　海底沉积物腐蚀环境

海底沉积物与海水的区别在于海底沉积物是固、液两相组成的非均匀体系；海水则为液相均匀系。海底沉积物和陆地土壤相比，相同之处都为多项非均相体系；不同之处是前者为固液两相组成的非均匀体系，后者为气、液、固三相组成的非均匀体系。海底沉积物腐蚀实际是海水封闭下被海水浸渍的土壤腐蚀，是土壤腐蚀的特殊形式，同时也可以看作是介于海水腐蚀与土壤腐蚀之间的特殊形式。影响海底沉积物的腐蚀因子繁多，大体上可分为三类：物理因素（海底流、海底沉积物类型、电阻率、温度等）、化学因素（Eh、pH、重金属离子含量、有机物含量等）和生物因子（微生物种类和含量等）。而海底沉积物的腐蚀研究一般与海洋工程地质结合进行，采集海底沉积物样品进行腐蚀因子测试等。

对于海底沉积物环境来说，由于海水运动引起的海底沉积物运动，在海底海水流动区（如底层流等）会由于含沙海流的运动引起海底构筑物的磨蚀。此外，海底沉积物的类型是影响腐蚀的另一个重要因素，在水/土界面会形成一种典型的氧浓差腐蚀电池，而这个界面又是变化的，因而此处会造成工程材料（尤其是钢质结构物）的严重局部腐蚀。海底沉积物的类型不同、埋设深度不同、海域不同，对同一工程材料的腐蚀过程是不同的，但从整体来看，由于海水交换困难，海底沉积物常常是处于缺氧状态下的腐蚀，氧去极化的阴极过程不是主要的。一般来说，沉积物粒径越大（如砾石、粗砂等），海水易于渗透，电阻率低，利于电极反应的传质过程，则该类性沉积物腐蚀性强；反之，沉积物粒径越小（如黏土），海水渗透较难，电阻率高，不利于传质过程，则这类沉积物腐蚀性弱。沉积物中温度对腐蚀速率的影响，可能主要是通过对生物活动的影响以及对阴极扩散和电化学反应的离子化过程的影响而间接影响到材料的腐蚀速率。

海底沉积物的腐蚀环境中，氧的作用甚小，因为渗透进入海底沉积物中的海水难于进行水交换，仅是溶解于海水中的溶解氧，但是与此同时，在厌氧菌活跃的海底沉积物中腐蚀性则大大增强，且由于海底沉积物的不均匀性，对整体海底金属结构物则可产生多种多样的腐蚀电偶，而对于涂料和高分子工程材料（如海底光缆的聚乙烯护套等）来说，在这类海底沉积物环境中由于微生物作用会一起分解、粉化等，会促进有机材料的老化。

沉积物的酸碱度（pH 值）、氧化还原电位（Eh）等作为沉积物的特性参数，是决定沉积物腐蚀环境的主要因素，其中 pH 值直接决定了沉积物和间隙水中元素的存在形式，从而对工程材料在沉积物中的腐蚀行为起到了重要的控制作用，而 Eh 则直接决定沉积物的氧化还原环境。所以，pH 值、Eh 与沉积物及间隙水的腐蚀环境密切相关，一般，pH 值低，Eh 小，则趋于还原性环境，反之则趋于氧化性环境。

研究海底沉积物的腐蚀性，不可避免地需要重视对硫酸盐还原菌（SRB）在海底沉积物中腐蚀作用的研究。因为硫酸盐还原菌（SRB）使沉积物中硫酸根离子（$SO_4^{2-}$）还原为腐蚀活性很强的硫离子（$S^{2-}$），硫离子与铁反应生成硫化铁，附着于钢表面，使附着部位的电位变正，加速阳极区的腐蚀，所以当硫酸盐还原菌（SRB）较多时，易引起局部腐蚀或者孔蚀。

海洋腐蚀其实是污损和腐蚀两个过程共同作用的结果，当海工设施浸入海水中，即会同时受到这两个过程的共同作用。污损生物是附着生物中的一类，是指对海洋工程设施能造成不良影响的一类附着生物。一般海底光缆所处深度不同，污损生物的种类和数量也不同，通常在大洋深处附着量少，港湾和浅海附着量较多。污损生物可侵蚀海底光缆的保护层，降低其使用寿命。

## 9.1.3　常见海底光缆的类型及腐蚀防护

海底光缆系统由于施工以及运营所处的环境特殊，与陆地光缆系统相比，既有很多相似之处，也有很多独特之处，而其中在海洋环境中的防腐设计就是其独特显著的特点之一。目前，海底光缆的生产技术以及海洋防腐技术，主要采用的防腐防护措施依然是在光纤套管外裹金属加强钢丝，并外加中密度聚乙烯护套结构，有些铠装光缆则是在上述基础上再增加不同程度的铠装保护层和聚乙烯护套，一般来说应根据不同应用环境选择不同防护类型的海缆。按照海底光缆的应用范围主要可分为以下 5 种海缆：海底轻型光缆（LW）、海底轻型保护光缆（LWP）、海底轻型铠装光缆（LWA）、海底单层铠装光缆（SA）和海底双层铠装光缆（DA）。其各自特点及适用环境如下：

海底轻型光缆（LW）：轻度保护，中心为松套管结构，外裹金属加强钢丝，最外层为中密度聚乙烯护套结构。一般适用于 1000~8000m 水深，良好稳定的沙质海底区域布放、施工和回收使用。

海底轻型保护光缆（LWP）：比海底轻型光缆增加了金属带和第二层聚乙烯防护层，增加了抗磨损能力和防硫化氢腐蚀能力。一般适用于 1000~8000m 水深，粗糙表面的海床、中度磨损环境或有可能被海洋食物撕咬的环境区域布放、施工和回收使用，具有一定抗磨损和防鱼咬的能力。

海底轻型铠装光缆（LWA）：比海底轻型光缆增加轻型铠装钢丝和第二层聚乙烯防护层，一般适用于 20~1500m 水深，岩石地形、中度拖船的危害区域布放、埋设、施工和回收使用，如不进行埋设而只是敷设海底表面，则可适用于达到 2000m 水深的区域布放、施工和回收使用。

海底单层铠装光缆（SA）：比海底轻型光缆增加一层重型铠装钢丝和第二层聚乙烯防护层，一般适用于 20~1500m 水深，复杂岩石地形、高危险拖船危害区域布放、埋设、施工和回收使用。

海底双层铠装光缆（DA）：比海底轻型光缆增加两层重型铠装钢丝和第二层聚乙烯防护层，一般适用于达到500m水深，复杂岩石地形、高危险拖船危害区域和高磨损区域的布放、埋设、施工和回收使用。双层铠装光缆不仅可提供在此水深范围内埋设所需的保护，并具有一定自重可以防止潮汐波浪移动海底光缆。

以上5种海缆的典型适用环境及特点和断面图见表9-1。

表9-1 海底光缆类型及特点

| 光缆类型 | 典型适用环境 | 特点 | 典型的海缆断面图结构 |
|---|---|---|---|
| 海底轻型光缆（LW） | 1000～8000m水深、良好稳定的沙质海底 | 轻度保护，中心为松套管结构，外裹金属加强钢丝，最外层中密度聚乙烯护套结构 | |
| 海底轻型保护光缆（LWP） | 1000～8000m水深、粗糙表面的海床、中度磨损环境或有可能被海洋食物撕咬的环境 | 比海底轻型光缆增加金属带和第二层聚乙烯护层，增加抗磨损能力和防硫化氢腐蚀 | |
| 海底轻型铠装光缆（LWA） | 20～1500m水深、岩石地形、中度拖船的危害区域，不埋设时可适用于2000m水深 | 比海底轻型光缆增加轻型铠装钢丝 | |
| 海底单层铠装光缆（SA） | 20～1500m水深，复杂岩石地形、高危险拖船危害区域 | 比海底轻型光缆增加一层重型铠装钢丝 | |

（续）

| 光缆类型 | 典型适用环境 | 特点 | 典型的海缆断面图结构 |
|---|---|---|---|
| 海底双层铠装光缆（DA） | 0~500m 水深，复杂岩石地形、高危险拖船危害区域和高磨损区域 | 比海底轻型光缆增加两层重型铠装钢丝 | |

# 9.2　腐蚀性环境调查要素及方法

根据《海底电缆管道路由勘察规范》（GB/T 17502—2009）的要求，海底管道路由勘察应进行腐蚀性环境参数测定；海底电缆路由勘察一般不需要进行腐蚀性环境参数测定，或根据工程设计要求确定。一般来说，海底光缆路由勘察也会根据设计需要进行必要的腐蚀性环境调查，主要进行底层水以及海底沉积物中部分腐蚀性环境参数测定。

## 9.2.1　底层水参数测试

底层水样品采集：采样站位的数量一般控制在底质采样站总数的 1/5，每项工程不少于 3 个站位。采集离海底 1.5m 以内的水样。

底层水测试参数应包括：pH、$Cl^-$、$SO_4^{2-}$、$HCO_3^-$、$CO_3^{2-}$、侵蚀性 $CO_2$。

底层水化学测试按照《岩土工程勘察规范》（GB 50021—2009）中 12.1.3 要求测试，具体测试方法见表 9-2。

表 9-2　腐蚀性参数测试方法

| 序号 | 测试项目（参数） | 测试方法 |
|---|---|---|
| 1 | pH | 电位法或锥形玻璃电极法 |
| 2 | $Cl^-$ | EDTA 容量法 |
| 3 | $SO_4^{2-}$ | EDTA 容量法或质量法 |
| 4 | $HCO_3^-$ | 酸滴定法 |
| 5 | $CO_3^{2-}$ | 酸滴定法 |
| 6 | 侵蚀性 $CO_2$ | 盖耶尔法 |
| 7 | 氧化还原电位 | 铂电极法 |
| 8 | 电阻率 | 四极法 |
| 9 | 硫酸盐还原菌（SRB） | MPN 计数法 |

### 9.2.2　海底沉积物参数测试

海底沉积物样品采集：采样站位的数量一般控制在底质采样站总数的 1/5，与底质采样同步，采样层位一般在光缆管道埋深位置。

海底沉积物测试参数，应包括 pH、$Cl^-$、$SO_4^{2-}$、$HCO_3^-$、$CO_3^{2-}$、氧化还原电位、电阻率。

海底沉积物参数测试按照《岩土工程勘察规范》（GB 50021—2009）中12.1.3 要求测试，测试方法见表 9-2。

海底沉积物中硫酸盐还原菌监测按《海洋调查规范　第 6 部分：海洋生物调查》（GB/T 12763.6—2007）中第 13 章的要求进行，一般采用 MPN 计数法。

### 9.2.3　污损生物调查

污损生物（包括附着生物和钻孔生物）一般仅通过收集路由海区的历史资料进行整理分析，提供相关成果即可，但如因工程需要进行污损生物的现场调查，则按照《海洋调查规范 第 6 部分：海洋生物调查》（GB/T 12763.6—2007）中第 13 章的要求进行。具体调查要素及方法：污损生物调查主要为大型污损生物调查，调查要素包括种类、数量、附着期和季节变化、水平分布和垂直分布等。应以挂板调查为主，辅以船舶及其他海上设施调查。如需在海底光缆取样，则必须同时在顶部和近海底部位、暴露部位和隐蔽部位取样。

## 9.3　海底腐蚀环境评价及对海缆的影响分析

根据《海底电缆管道路由勘察规范》（GB/T 17502—2009）的要求，底层水和海底沉积物的腐蚀性评价应按照《岩土工程勘察规范》（GB 50021—2009）中12.2 的要求进行，其中腐蚀性评价标准主要是针对土壤和水对混凝土及钢筋的腐蚀性评价，具体方法如下：

首先，根据表 9-3 对场地环境类型进行分类。

其次，按受环境类型影响或受地层渗透性影响，分别按表 9-4 和表 9-5 对水和土对混凝土结构的腐蚀性进行评价。

表 9-3　环境类型分类

| 环境类型 | 场地环境地质条件 |
| --- | --- |
| I | 高寒区、干旱区直接临水;高寒区、干旱区强透水层中的地下水 |
| II | 高寒区、干旱区弱透水层中的地下水;各气候区湿、很湿的弱透水层湿润区直接临水;湿润区强透水层中的地下水 |

(续)

| 环境类型 | 场地环境地质条件 |
|---|---|
| Ⅲ | 各气候区稍湿的弱透水层;各气候区地下水位以上的强透水层 |

注:1. 高寒区是指海拔等于或大于3000m的地区;干旱区是指海拔小于3000m,干燥度指数$K$值等于或大于1.5的地区;湿润区是指干燥度指数$K$值小于1.5的地区;

2. 强透水层是指碎石土和砂土;弱透水层是指粉土和黏性土;

3. 含水量$\omega<3\%$的土层,可视为干燥土层,不具有腐蚀环境条件;

4. 当有地区经验时,环境类型可根据地区经验划分;当同一场地出现两种环境类型时,应根据具体情况选定。

表9-4 按环境类型水和土对混凝土结构的腐蚀性评价

| 腐蚀等级 | 腐蚀介质 | 环境类型 | | |
|---|---|---|---|---|
| | | Ⅰ | Ⅱ | Ⅲ |
| 微 | 硫酸盐含量 $SO_4^{2-}$ /(mg/L) | <200 | <300 | <500 |
| 弱 | | 200~500 | 300~1500 | 500~3000 |
| 中 | | 500~1500 | 1500~3000 | 3000~6000 |
| 强 | | >1500 | >3000 | >6000 |

注:1. 表中的数值适用于有干湿交替作用的情况,Ⅰ、Ⅱ类腐蚀环境无干湿交替作用时,表中硫酸盐含量数值应乘以1.3的系数;

2. 表中数值适用于水的腐蚀性评价,对土的腐蚀性评价,应乘以1.5的系数;单位以mg/kg表示。

表9-5 按底层渗透性水和土对混凝土结构的腐蚀性评价

| 腐蚀等级 | pH值 | | 侵蚀性$CO_2$/(mg/L) | | $HCO_3^-$/(mmol/L) |
|---|---|---|---|---|---|
| | A | B | A | B | A |
| 微 | >6.5 | >5.0 | <15 | <30 | >1.0 |
| 弱 | 6.5~5.0 | 5.0~4.0 | 15~30 | 30~60 | 1.0~0.5 |
| 中 | 5.0~4.0 | 4.0~3.5 | 30~60 | 60~100 | <0.5 |
| 强 | <4.0 | <3.5 | >60 | — | — |

注:1. 表中A是指直接临水或强透水层中的地下水;B是指弱透水层中的地下水。强透水层是指碎石土和砂土;弱透水层是指粉土和黏性土;

2. $HCO_3^-$含量是指水的矿化度低于0.1g/L的软水时,该类水质的$HCO_3^-$腐蚀性;

3. 土的腐蚀性评价只考虑pH值指标;评价其腐蚀性时,A是指强透水土层,B是指弱透水土层。

最后,根据上述指标进行综合评价,划分待评价区域水或土的腐蚀性强弱等级:

1. 腐蚀等级中,只出现弱腐蚀,无中等腐蚀或强腐蚀时,应综合评价为弱腐蚀;

2. 腐蚀等级中,无强腐蚀;最高为中等腐蚀时,应综合评价为中等腐蚀;

3. 腐蚀等级中，有一个或一个以上为强腐蚀，应综合评价为强腐蚀。

但是，上述评价方法对于海底光缆所在底层海水及沉积物的腐蚀性评价并不完全适用，因此，已有部分学者如李祥云等提出了采用多变量统计分析方法来对海底沉积物腐蚀性进行评价的方法，这一方法相对《岩土工程勘察规范》（GB 50021—2009）中12.2要求的评价方法更适用于海洋腐蚀性环境的评估，也是相对比较可靠的评价方法，但是需要测定的参数多，分析方法比较复杂。所以，为了快速简单地对海底光缆路由勘察区域的环境腐蚀性做出评价，有部分学者对这一方法进行了修正，在不考虑生物因素影响的前提下，利用海底沉积物的电阻率作为其腐蚀性评价的指示因子，即电阻率单指标评价。表9-6列出了5种不同的以土的电阻率为指标的腐蚀性评价分级标准。

表9-6 土的电阻率与土的腐蚀性分级

| 土的腐蚀性 | 电阻率值/Ω·m | | | | |
|---|---|---|---|---|---|
| | 美国（1） | 美国（2） | 英国（F. O Waters） | 中国（岩土工程规范） | 中国（胜利油田） |
| 强腐蚀 | <5 | <10 | <9 | | <5 |
| | 5~10 | 10~50 | 9~23 | <50 | 5~50 |
| 中等腐蚀 | 10~20 | 50~100 | 23~50 | 50~100 | 50~100 |
| 弱腐蚀 | 20~100 | 100~200 | 50~100 | >100 | >100 |
| 极弱腐蚀 | >100 | >200 | >100 | | |

目前，根据国际上一般采用的土的腐蚀性评价的分级标准，并结合我国现行的国家标准和我国海底沉积物的土质特征，可采用表9-7中的腐蚀性分级评价标准。

表9-7 海底沉积物的电阻率与土的腐蚀性评价

| 电阻率/Ω·m | 沉积物分类 | 腐蚀性分级 |
|---|---|---|
| >200 | 密实砂、砾石 | 极弱腐蚀 |
| 100~200 | 中密砂性土 | 弱腐蚀 |
| 50~100 | 粉土、松散砂 | 中等腐蚀 |
| 10~50 | 黏性土 | 强腐蚀 |
| <10 | 淤泥类土 | 极强腐蚀 |

根据上述分级可以初步判断海底沉积物环境的腐蚀性等级，并结合有关参数进一步判断可能腐蚀的类型和程度，进行相应的腐蚀防护措施的选择。

总之，在海底光缆的路由勘察工作中，应按设计需求进行腐蚀性环境的调查工作，一般采用现场调查与资料收集并用的方法，根据调查分析结果对海底光缆路由勘察区域的腐蚀性环境参数分布特征进行描述，同时综合分析评估该区域腐蚀性环境主要受哪种腐蚀因子影响，并对其腐蚀性强弱进行评估，最后综合分析其对海底光缆的影响，为海底光缆的设计选型以及腐蚀防护提供可靠依据。

# 第 10 章
# 海洋规划和开发活动评价

本章节与海缆路由具体实地勘察技术不同，主要为搜集相关资料分析论证环节。

海缆建设属于海洋开发活动之一，海缆一般敷设在海床表面或者埋设于海床下一定的深度，不可避免地涉及海域使用。根据我国现行海域使用管理制度，海洋开发活动需符合各级海洋功能区划，海缆建设需判断是否与所在海域海洋功能区划相符；海缆施工和运行过程中通常会受到其他海洋开发活动的影响，其中渔业捕捞、海洋航运、海洋工程作业等会对海缆安全有一定的威胁。在海缆勘察过程中，需要查明海缆附近海域相关海洋开发活动现状，评估每项海洋开发活动对海缆铺设施工及运行期间的安全影响情况，并提出针对性保护措施及建议。另外，海缆建设对附近海域海洋开发活动也有一定的影响，需要在本章节说明。

本章节以各级海洋功能区划为依据，阐述光缆建设与路由区海洋功能区划的一致性和兼容性，分析评估各类海洋开发利用活动，包括开发规划、渔业活动、海上交通、已建海底管线、海岸工程建设、海底矿产资源开发、海洋自然保护区、倾废区、旅游区、科学实验区、军事活动区等与海缆建设可能产生的相互影响。

## 10.1 项目用海与海洋功能区划的符合性分析

### 10.1.1 项目所在海域海洋功能区划

根据现行的全国、省、市（县）海洋功能区划，阐述项目所在海域及周边海域海洋功能区名称、基本功能类型、位置、范围和管理要求等内容；明确与项目用海有关的各功能区情况及与项目用海的位置关系；附具所在海域的海洋功能区划图件和功能区登记表。

**1. 海洋功能区划体系**

海洋功能区划从行政管理上分为全国、省级、市（地区）级及县（市）级共四个层次。

（1）全国海洋功能区划

全国海洋功能区划的范围为我国的内水、领海、毗连区、专属经济区、大陆架以及管辖的其他海域。

全国海洋功能区划为宏观指导型区划，是为贯彻《海域使用管理法》《海洋环境保护法》《海岛保护法》及其他涉海法律法规而制定的政策性和规范性文件。该层次区划主要侧重于提出海洋功能区划的指导思想、基本原则和主要目标，明确海洋基本功能区类型和分类管理要求，明确我国各大海区和各重点海域的主要功能、开发保护方向，并据此制定保障海洋功能区划实施的政策措施。全国海洋功能区划对国家重要海洋资源的开发利用方向和开发保护格局做出战略性安排，但不为具体海洋确定功能区类型，没有明确的功能区坐标位置和面积。

（2）省级海洋功能区划

省级海洋功能区划的范围为本省、自治区、直辖市人民政府管理的海域。

省级区划属于较为宏观的操作型区划。该层次区划一方面分解落实全国海洋功能区划对本地区海域的目标要求、功能定位，保证本地区的海洋开发利用方向、规模和格局上符合国家关于海洋开发利用的总体战略要求，落实保障海洋功能区划实施的政策措施。同时，还为市县级区划做出明确的指导。省级区划既要对本辖区内重要海洋资源的开发利用方向和开发保护格局进行综合安排，划分重点海域，并明确其主要功能和开发保护方向，还要划分一级类海洋基本功能区。

（3）市级海洋功能区划

市级海洋功能区划的范围为沿海市辖区毗邻海域：向陆一侧以依法批准颁布的海岸线（即国务院批准的省级海洋功能区划确定的海岸线）为界，向海一侧以省级海洋功能区外部边线为界，两侧以海域勘界确定的海域管理界线为界。

市级区划为微观操作型区划，是在省级区划基础上的细划，是全国和省级海洋功能区划精神的具体落实。该级区划重点是在省级区划确定的一级类海洋基本功能区中，划分部分二级海洋基本功能区，明确每个功能区的范围和管理要求，为开展海域管理和海洋环境保护工作、编制和协调相关规划等提供操作依据。

（4）县级海洋功能区划

县级海洋功能区划的范围为沿海县、县级市毗邻海域：向陆一侧以依法批准颁布的海岸线（即国务院批准的省级海洋功能区划确定的海岸线）为界，向海一侧以省级海洋功能区划的外部边线为界，两侧以海域勘界确定的海域管理界线为界。

县级区划同市级区划类似，同为微观操作性区划，重点是在省级区划确定的一级类海洋基本功能区中，划分部分二级海洋基本功能区，明确每个功能区的范围和管理要求，为开展海域管理和海洋环境保护工作、编制和协调相关规划等提供操作依据。

**2. 海洋功能区划符合性实例分析**

在海缆路由勘察开发活动章节中一般按顺序分析项目与全国、省、市、县海洋功能区划的符合性。海洋功能区一般划分为农渔业区、港口航运区、工业与城镇用海区、矿产与能源区、旅游休闲娱乐区、海洋保护区、特殊利用区、保留区等8个一级类功能区。其中特殊利用区包含了海缆保护区，海缆路由所在海域如果位于海缆保护区内，即与海洋功能区划最为符合，但实际海缆建设项目中，海缆路由所在海域位于海缆保护区内的情况较少，一般会穿越农渔业区等其他功能区，此时应根据海缆路由穿越及附近的海洋功能区情况进行相互影响分析。

以某国际光缆为例，分别从全国、省海洋功能区划进行符合性分析。

该国际光缆系统连接我国香港和欧洲部分国家，中间分支连接东南亚、中东及非洲等地，总长约 25000km。勘察路由段为本光缆系统的 SIH.1 段，该段光缆从我国香港登陆点出发，穿越南海北部、中部海域，从南海南部穿出我国海域，分别穿越广东省、海南省海洋功能区划所属海域范围。

（1）全国海洋功能区划

本路由登陆点位于我国香港，登陆段穿越珠江口海域，《全国海洋功能区划（2011~2020 年）》指出，珠江口海域包括广州、深圳、珠海、惠州、东莞、中山、江门毗邻海域，主要功能为港口航运、工业与城镇用海、海洋保护、渔业和旅游休闲娱乐。总体要求区域加强对海岸、海湾及周边海域的整治修复。区域实施污染物排海总量控制制度，改善海洋环境质量。

（2）省海洋功能区划

根据《广东省海洋功能区划（2011~2020 年）》，该光缆路由及附近海域功能区划如图 10-1 所示，功能区登记表见表 10-1。

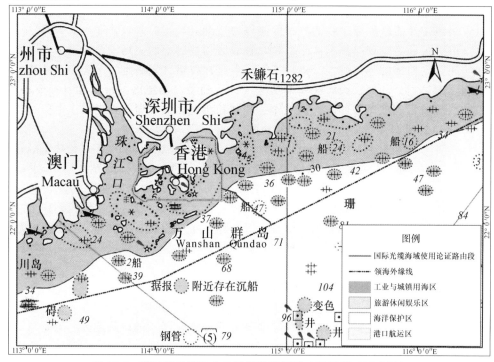

图 10-1　某国际光缆路由及附近海域海洋功能区划（示意图）

表 10-1 某国际光缆路由广东省海域功能区分布一览表

| 编号 | 功能区 | 范围 | 面积（公顷） | 管理要求 | |
|---|---|---|---|---|---|
| | | | | 海域使用管理 | 海洋环境保护 |
| 1 | 珠海-潮州近海农渔业区 | 东至：117°31′36″E<br>西至：114°26′02″E<br>南至：21°49′34″N<br>北至：23°35′10″N | 1272845 | 1. 相适宜的海域使用类型为渔业用海；<br>2. 禁止炸岛、炸礁等破坏性活动；<br>3. 40m等深线向岸一侧实行凭证捕捞制度，维持渔业生产秩序；<br>4. 经过严格论证，保障交通运输、旅游、核电、海洋能、矿产、倾废、海底管线及保护区等用海需求；<br>5. 优先保障军事用海需求 | 1. 保护重要渔业品种的产卵场、索饵场、越冬场和洄游通道；<br>2. 执行海水水质一类标准，海洋沉积物质量一类标准和海洋生物质量一类标准 |
| 2 | 万山群岛旅游休闲娱乐区 | 东至：114°19′26″E<br>西至：113°40′10″E<br>南至：21°55′00″N<br>北至：22°07′22″N | 15383 | 1. 相适宜的海域使用类型为旅游娱乐用海；<br>2. 保障东澳渔港、外伶仃渔港、万山渔港及深水网箱养殖的用海需求；<br>3. 适当保障矿产与能源开发、港口航运用海需求；<br>4. 禁止炸岛等破坏性活动，加强受损岛屿的整治修复；<br>5. 依据生态环境的承载力，合理控制旅游开发强度；<br>6. 优先保障军事用海需求，加强军事设施保护 | 1. 保护本区内各海岛及周边海域生态环境；<br>2. 保护大万山到浮石湾侵蚀海岸地貌；<br>3. 生产废水、生活污水须达标排放；<br>4. 执行海水水质二类标准，海洋沉积物质量一类标准和海洋生物质量一类标准 |
| 3 | 担杆列岛海洋保护区 | 东至：114°29′58″E<br>西至：114°19′29″E<br>南至：21°53′34″N<br>北至：22°06′21″N | 42471 | 1. 相适宜的海域使用类型为特殊用海；<br>2. 按国家关于海洋环境保护以及自然保护区管理的法律法规和标准进行管理 | 1. 保护担杆上升流海洋生态系统；<br>2. 执行海水水质一类标准，海洋沉积物质量一类标准和海洋生物质量一类标准 |

（续）

| 编号 | 功能区 | 范围 | 面积（公顷） | 管理要求 | |
|---|---|---|---|---|---|
| | | | | 海域使用管理 | 海洋环境保护 |
| 4 | 针头岩海洋保护区 | 东至：115°12′38″E<br>西至：115°02′32″E<br>南至：22°14′31″N<br>北至：22°23′09″N | 27585 | 1. 相适宜的海域使用类型为特殊用海；<br>2. 严格保护针头岩领海基点；<br>3. 按国家关于海洋特别保护区管理的法律法规和标准进行管理；<br>4. 禁止炸岛等破坏性活动；<br>5. 保障国防安全用海需求 | 执行海水质一类标准，海洋沉积物质量一类标准和海洋生物质量一类标准 |
| 5 | 大亚湾海洋保护区 | 东至：114°53′09″E<br>西至：114°30′36″E<br>南至：22°24′07″N<br>北至：22°49′21″N | 73743 | 1. 相适宜的海域使用类型为特殊用海；<br>2. 保护深水网箱养殖和人工鱼礁建设的用海需求；<br>3. 保留北扣渔港、增养殖等渔业用海；<br>4. 适度保障旅游娱乐用海需求；<br>5. 维持航道畅通；<br>6. 严格按照国家关于海洋环境保护以及自然保护区管理的法律、法规和标准进行管理 | 1. 保护大亚湾重要水产资源及其生境；<br>2. 加强保护区海洋生态环境监测，海洋沉积；<br>3. 执行海水质一类标准和海洋生物质量一类标准 |
| 6 | 万山群岛保留区 | 东至：114°30′37″E<br>西至：113°30′37″E<br>南至：21°30′40″N<br>北至：22°10′59″N | 499200 | 1. 加强管理，严禁随意开发；<br>2. 严禁显著改变海域自然属性；<br>3. 通过严格论证、合理安排开发活动；<br>4. 维护海上交通安全，保障国防安全用海需求 | 1. 保护万山群岛海域生态环境；<br>2. 加强对海岛污染物及船舶排污、海洋工程和海洋倾废的监控；<br>3. 海水质、海洋沉积物质量和海洋生物质量维持现状 |

根据《广东省海洋功能区划（2011～2020年）》，该海底光缆穿越了珠海-潮州近海农渔业区，避开了旅游休闲娱乐区、海洋保护区等，此段光缆主要采用敷设方式，光缆施工对海洋生态环境影响较小，且随着施工结束，水域的生态环境将会逐渐得到恢复。

根据《海南省海洋功能区划（2011～2020年）》，该光缆路由及附近海域功能区划如图10-2所示，功能区登记表见表10-2。

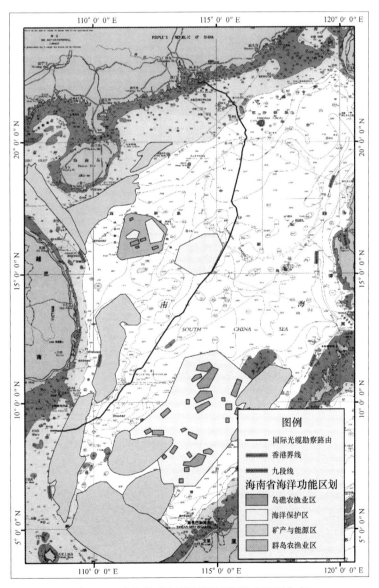

图10-2 南海路由区附近海域海洋功能区分布

表 10-2 南海路由区附近海功能区分布一览表

| 编号 | 功能区名称 | 地理范围 | 面积（公顷） | 海域使用管理 | | 海洋环境保护 | |
| | | | | 用途管制 | 用海方式 | 海域整治 | 重点保护目标 | 环境保护要求 |
| --- | --- | --- | --- | --- | --- | --- | --- | --- |
| 1 | 南海北部农渔业区 | 位于海南岛东部和南部 200m 以深（20°N～18°N）的海域 | | 主导用海类型为捕捞用海，可兼顾旅游娱乐用海 | 严格限制改变海域自然属性 | 本着保护性开发的原则，禁止渔业资源过度捕捞 | 保护海域自然生态环境；保护渔业资源 | 执行一类海水水质标准，一类海洋沉积物质量标准，一类海洋生物质量标准 |
| 2 | 南海中部农渔业区 | 位于西沙、中沙群岛及其周边（18°N～12°N）的海域 | | 主导用海类型为捕捞用海，可兼顾旅游娱乐用海和开放式养殖用海 | 严格限制改变海域自然属性 | 本着保护性开发的原则，禁止渔业资源过度捕捞 | 保护海域自然生态环境；保护渔业资源 | 执行一类海水水质标准，一类海洋沉积物质量标准，一类海洋生物质量标准 |
| 3 | 中沙群岛海洋保护区 | 位于中沙群岛海域，包括黄岩岛海域 | 2267004.98 | 主导用海类型为海洋保护用海，可兼顾旅游娱乐用海、科研用海、特殊用海和油气开采用海，保障特殊用海，维护我国国防和海洋主权权益 | 严格限制改变海域自然属性，根据发展需要，经严格论证，允许岛礁附近海域适度围填、稳固岛礁形态、增加岛礁陆域面积，建设国防、旅游、渔业、科研以及油气开采基础设施 | 修复海岛岸线形态和珊瑚礁生态系统 | 包含三沙海洋动物保护区，保护中沙群岛珊瑚礁和渔业资源 | 执行一类海水水质标准，一类海洋沉积物质量标准，一类海洋生物质量标准 |

（续）

| 编号 | 功能区名称 | 地理范围 | 面积（公顷） | 海域使用管理 | | | | 海洋环境保护 | |
|---|---|---|---|---|---|---|---|---|---|
| | | | | 用途管制 | 用海方式 | 海域整治 | 重点保护目标 | 环境保护要求 |
| 4 | 中沙岛礁农渔业区 | 位于中沙群岛海域，包括黄岩岛海域 | 950855.03 | 主导用海类型为渔业用海，主要海域放流增殖用海和渔业基础设施建设用海，可兼顾旅游娱乐用海和保护区用海 | 严格限制改变海域自然属性，根据开发需要，可进行基础设施建设及适度围填 | 合理规划增养殖规模、密度和结构，防止渔业资源过度开发 | 保护海域自然生态环境，保护珊瑚礁和渔业资源 | 执行二类海水水质标准，一类海洋沉积物质量标准，一类海洋生物质量标准 |
| 5 | 南沙南部农渔业区 | 位于南沙群岛及其大陆架（12°N～3°30'N）的海域 | | 主导用海类型为捕捞用海，可兼顾旅游娱乐用海和开放式养殖用海 | 严格限制改变海域自然属性 | 本着保护性开发的原则，禁止渔业资源过度捕捞 | 保护海域自然生态环境，保护渔业资源 | 执行一类海水水质标准，一类海洋沉积物质量标准，一类海洋生物质量标准 |
| 6 | 万安盆地矿产与能源区 | 位于南沙海域万安盆地 | | 主导用海类型为油气开采用海，钻探、测量、钻井作业等相关活动需征求相关部门意见 | 允许适度改变海域自然属性，可建设油气平台和输油管道 | 加强对石油平台和管线的安全检查，防止溢油事故发生，尽量避免对海域生态产生影响 | 合理开发海洋油气资源 | 海水水质标准，海洋沉积物质量标准、海洋生物质量标准应维持现状 |

根据《海南省海洋功能区划（2011～2020年)》，该海底光缆穿越了南海北部、南海中部、南海南部等多个农渔区，穿越了万安盆地矿产与能源区。光缆推荐路由距离中沙群岛海洋保护区最近约4km，距离中沙岛礁农渔业区最近约17km，此段光缆主要采用敷设方式，光缆施工对海洋生态环境影响较小，且随着施工结束，水域的生态环境将会逐渐得到恢复。

### 10.1.2　项目用海与海洋功能区划的符合性分析

分析项目用海是否符合海洋功能区的用途管制要求和用海方式控制要求，是否对海域的基本功能造成不可逆转的改变。分析项目用海能否落实海洋功能区的环境保护要求，是否执行了要求的环境质量标准，是否符合保障生态保护重点目标安全的要求。

以10.1.1节某国际光缆为例分析光缆路由与海洋功能区划符合性。

该国际光缆项目路由在担杆岛东部海域穿越了珠海-潮州近海农渔区，该功能区相适宜的用海类型为渔业用海，同时保障经严格论证的交通运输、海底管线等用海需求。在此段光缆铺设过程中不可避免会对水质、渔业资源造成影响，对珠海-潮州近海农渔区海洋环境有一定影响，但影响范围小，影响时间短。随着施工结束，水域的水质、生态环境将会逐渐得到恢复。另外，光缆建设期间施工船舶增大了该海域的船舶密度，对海面通航有一定的短期影响。用海项目与周边其他功能区距离均大于10km，用海项目建设对万山群岛旅游休闲娱乐区、担杆列岛海洋保护区、万山群岛保留区没有影响。

## 10.2　项目用海与相关规划的符合性分析

阐述国家产业规划和政策，海洋经济发展规划，海洋环境保护规划，城乡规划，土地利用总体规划，港口规划，以及养殖、交通、旅游等规划中与项目用海有关的内容，给出与项目用海选址、布局和平面布置相关的规划图件，分析论证项目用海与相关规划的符合性。

下面以琼州海峡某海底电缆为例介绍与相关规划符合性分析。

**1. 与广东省国民经济和社会发展第十二个五年规划的符合性**

《广东省国民经济和社会发展第十二个五年规划》提出：继续加大电网建设投入，优化电网结构，提高供电可靠性，促进电源电网协调发展，提升电网承接各类型电源接入能力和抗灾减灾能力。加强各电压等级电网建设，全面推进城乡配电网升级改造，推广智能微网和储能技术等新技术和新设备应用，建设区域智能电网试点工程。同时在"专栏15-能源基础设施"指出，优化电源结构和布局，构建一体化智能电网、油品输送管网和天然气"全省一张网"，推进能源管理一体化。

根据《广东"十二五"电网系统设计》报告，随着核电、水电、风电比例的增加，"十三五"期间广东电网调峰运行较为困难（2020年调峰缺口约400万kW），拟通过新建抽蓄机组（清蓄、深蓄、五华蓄能、阳江蓄能、新会蓄能）来解决调峰困难。可见，"十三五"期间广东电网调峰运行困难，如果采用联网工程低谷北送协助海南电网调峰，将增加广东电网的调峰压力，影响广东电网的经济运行。因此，第二回联网工程的实施实现了资源的优化配置，提高供电可靠性，促进电源电网协调发展，使海南电网继续融入南方电网的大家庭。

**2. 与海南省国民经济和社会发展第十二个五年规划纲要的符合性**

《海南省国民经济和社会发展第十二个五年规划纲要》在核电及能源建设提出："按照电力先行的原则，建设好昌江核电一期两台六十五万千瓦核电机组项目，同时建设六十万千瓦装机容量的琼中抽水蓄能电站。积极推进昌江核电二期建设，确保建成华能东方电厂两台三十五万千瓦燃煤发电机组扩建工程。建设东部燃气电厂和西南部电厂或海口电厂五期燃煤机组。加快海南电网跨海联网二期建设，对全岛城镇、农村电网进行升级改造。加强琼粤两省电力交换能力，积极推进智能电网建设，确保电网高效安全，稳定经济运行水平。积极发展风能、水能、太阳能等清洁能源。统筹利用好天然气等各种气源，形成互相调配、互为补充的格局。"

海南省国际旅游岛战略的实施，也要求电力行业为经济社会发展提供可靠、持续、稳定的电力供应。

该电缆工程的建设争取配套昌江核电在2015年、2016年投产，可获得"安全"和"调峰"的效益。同时，建成第二回联网工程后，一、二回联网工程可以互相形成备用，将大大提高联网工程尤其是海底电缆的安全可靠性，从而进一步提升联网工程的安全稳定标准。因此，本工程建设正是按照《海南省国民经济和社会发展第十二个五年规划纲要》要求，加快海南电网跨海联网二期建设，加强琼粤两省电力交换能力，确保电网高效安全，稳定经济运行水平，符合《海南省国民经济和社会发展第十二个五年规划纲要》。

# 10.3　渔业活动

介绍海缆项目海区渔场分布、捕捞方式、渔船种类及数量、捕捞季节、休渔期、休渔区、浅海和滩涂养殖区、人工鱼礁等，特别是帆张网、底拖网的网具、锚具类型及作业海区、季节情况。分析各捕捞方式对海缆铺设施工及运行安全的影响，针对捕捞方式威胁海缆安全的路由区提出海缆保护措施及建议，附海缆路

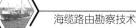
由与各渔场、渔区相对位置图。

就渔业捕捞作业方式而言，捕捞渔具可分为非接触海底渔具和接触海底渔具。非接触海底渔具不接触海底，对海缆不构成直接威胁，只有当海缆因其他原因悬空才可能威胁海缆安全。这一类型的渔具主要有旋围网、流刺网、浮曳网、底延绳钓具、集鱼装备等。接触海底渔具直接接触海底，有些还需要部分刺入海床一定深度，因而此类渔具是对海缆威胁主要设备，例如定置网、虾系拖网、底拖网等。拖网是渔业活动中应用最为广泛的捕捞渔具，可分为横梁拖网和共轭拖网等。一般拖网需要多艘大马力船只拖动，拖动速度为 4～7kn。由于拖网宽度大（宽 12m 左右）、重量大（拖网均有拖门，拖门重达 2～4t，最大的可重达 10t）所以扫过的区域面积大，刺入海床深度也较深。一般而言，当拖网扫过海底面时，拖门刺入海底深度可达 0.2～0.3m，在非常软的海床或多次扫过海床同一地区时，刺入深度都有可能加深。其作业范围主要是浅海及近岸海域。挖贝类的渔具与拖网十分相似，下部带有爪，靠重量刺入海床一定的深度，通常扫过海床一次，深度可达 0.2m，如果多次扫过同一地区海床，深度值可能加深，其作业范围也主要集中在浅海和近岸海域。

由于原先海缆直接敷设在海底，拖网或挖贝等渔业设备直接挂钩或者拖拉海缆，造成海缆严重破坏。随着科学技术发展和海缆安全性要求的提高，近岸段海缆被要求埋设在海底，埋设深度不断加深。现在一般的埋设深度为 0.6～1.0m，有的地区要求 1.5～3.0m 或更深。这使得渔业活动对海缆的破坏率大大降低，但威胁仍然存在。

# 10.4　海上交通

## 10.4.1　港口

介绍项目路由海域主要港口分布及与海缆路由（包括登陆点）相对位置关系，介绍港口规模、装卸设施、支援设施等。分析港口对海缆路由安全的影响，尤其对登陆段海缆安全的影响，提出海缆安全保护措施及建议。

## 10.4.2　航道

介绍项目路由海域不同类型的航道航线、习惯性水路的位置，介绍航道航行船只不同时期内的流量、船只类型、吨位及锚重。明确海缆路由与航道是否交越，若存在交越，分析航道对海缆的影响，提出海缆铺设施工及运行时应注意事项。

### 10.4.3 锚地

介绍项目路由及其附近海区锚地类型、规模、与海缆路由的相对位置等,分析锚地对海缆安全的影响。项目海域路由以避开锚地为原则,明确海缆路由有无穿越锚地,若穿越锚地,提出修改路由建议,附锚地与海缆路由相对位置图及锚地位置表。

锚害是威胁海缆的另一种海洋开发活动,在海缆破坏的历史中锚害占人为因素对海缆破坏总量的1/3。锚对海缆的破坏方式主要是锚刺入海底将海缆刺断或起锚时钩挂海缆将海缆拖断。锚的种类很多,刺入海床深度也不同(特别是在松软的黏土质海床),对海缆的威胁程度也不相同。锚害和渔业活动一样,对海缆的威胁主要发生在大陆架海域。据锚害的历史统计数据,船锚对海缆的破坏大多数发生在水深200m的海域,尤其近岸区,锚害更为严重,70%的锚害发生在水深小于50m的海域,20%发生在小于10m的海域。

*海底锚害类型*

损害海底光缆的船锚可以分为三类:渔船作业使用的船锚、航运船锚和海洋工程施工船舶的船锚,相应的海底光缆锚害也可以分为三类:渔业锚害、航运锚害、海洋工程施工船锚害。

**1. 渔业锚害**

随着捕捞船只的增加,渔业锚害对海底光缆的危害越来越严重,2001年中美海底光缆汕头至上海段的海底光缆在2月和3月前后,间隔仅一个月就发生了两次通信中断,造成这两次海底光缆通信中断的原因均为渔锚的钩挂所致。渔船作业方式包括张网类、围网类、钓具、拖网类等,常见的渔船作业所使用的锚在不同海底底质的入土深度见表10-3。

表 10-3 渔船作业船锚的入土深度

| 底质<br>深度<br>锚 | 坚硬海底,剪切力<br>大于72kPa的<br>黏土或岩石 | 软硬之间的海底,剪切力<br>在18~72kPa之间的<br>砂及砂砾黏土 | 松软海底,剪切力<br>在2~18kPa之间的淤泥、<br>泥砂及软黏土 |
|---|---|---|---|
| 张网类渔船的锚 | <0.5m | 2.0m | >2.0m |
| 水动力捕捞网渔锚 | <0.4m | 0.6m | 在1~3m之间 |
| 拖网类渔船的锚 | <0.4m | 0.5m | >0.5m |

这些渔船的作业方式中,张网类中的帆张网渔船捕捞所使用的安康锚对海底光缆的危害最为严重,帆张网是江苏渔业部门结合本地机帆渔船特点设计的,适宜在水深50~60m的海域作业,但在水深达到80m的海域也可以作业。

安康锚是帆张网的定位锚,如图10-3所示,其锚齿长度2.3m,锚杆长度达到4.2m,锚重可以达到1200kg,一艘渔船可以携带5或6个这种类型的船锚。

由于网具加上安康锚的重量很大，如果渔船在软泥海底底质抛锚，则安康锚的大部分或者全部埋入海底，贯入软泥海底底质的深度可以达到 2~3m。帆张网因为海水潮流的影响，在海水动力作用下产生漂移，抛入海底的锚在帆张网的拖动下也会产生移动。在大的风浪下，锚在海底的移动量很大，最大的移动量可以达到 3~4 海里，并且此时锚伴随移动还会回转，回转的角度最大可以达到 360°。如果帆张网作业渔船在埋设有海底光缆的附近海域抛锚，该海域的海底光缆很容易受到安康锚的损害，安康锚因为在埋设有海底光缆的附近海域抛锚，曾经多次造成中日、中美海底光缆的损坏。

图 10-3　帆张网定位使用的安康锚

除了帆张网外，挑张网作业方式的渔船抛锚也很容易造成海底光缆的损坏。这种作业方式的渔船两舷各有一个渔网，所使用的锚重量为几百千克，属于四齿锚，锚齿的长度在 1m 以上，虽然这种船锚的重量比安康锚的重量小，并且这种锚入土深度也比安康锚的入土度深度浅，但由于顶流作业，在大的风浪下，船体受的力比较大，很容易造成走锚，埋设深度比较浅的海底光缆容易受到这种锚的损坏。

### 2. 航运锚害

海底光缆的路由一般会避开航道，离锚地有一定的距离，但是航运锚害仍然是造成海底光缆故障的重要原因之一，对海底光缆的危害仅次于渔船锚害，航运船舶多次造成中国联通深圳-珠海海底光缆的损坏。航运船舶闯入海底光缆附近海域的禁锚区随意抛锚，船舶发生故障和遇到大风大浪时被迫在海底光缆附近海域就地抛锚都可能造成海底光缆的故障，其中船舶的任意抛锚是造成航运锚害最主要的原因。航运船舶对海底光缆的损害示意图如图

10-4 所示。

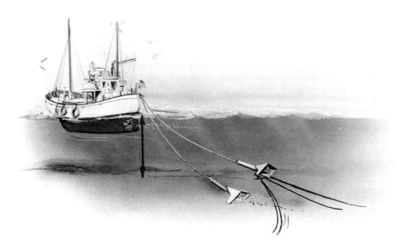

图 10-4　航运船锚损害海底光缆的示意图

航运船只使用的锚包括海军锚、霍尔锚、斯贝克锚、马氏锚等锚型，锚的重量从几十千克到上万千克不等。吨位小的航运船只一般见于江河，海上的航运船只吨位比较大，吨位在 2500t～3.5 万 t 之间，锚的重量在 2～10t 之间，锚入海底的深度超过 2m，对埋深 1.5m 和 3m 的海底光缆都会造成损害，一旦钩住海缆，其巨大的拉力将直接钩断海缆。不同吨位的航运和海洋施工船的船锚抓力和入土深度见表 10-4。

表 10-4　各型船锚的锚抓力和入土深度

| 锚重/kg | 锚抓力/t | 入土深度/m | 船舶吨位/t | 锚型 |
|---|---|---|---|---|
| <50 | <0.34 | <1.0 | <50 | 海军锚、霍尔锚、马氏锚、单福尔式锚、四爪锚等锚型 |
| 50～100 | 0.34～0.69 | <1.5 | 50～100 | |
| 100～200 | 0.69～1.03 | <1.5 | 100～200 | |
| 200～500 | 1.03～3.57 | <1.5 | 200～500 | |
| 500～1000 | 3.57～7.01 | <2 | 500～1000 | |
| 2000 | 13.9 | 2 | 2500～2700 | 霍尔锚占90%，斯贝克锚占10% |
| 3000 | 20.8 | >2 | 3500～7500 | |
| 5000 | 34.8 | >2 | 8000～13500 | |
| 6000 | 41.8 | >2 | 12000～16000 | |
| 8000 | 55.7 | >2 | 25000 | |

（续）

| 锚重/kg | 锚抓力/t | 入土深度/m | 船舶吨位/t | 锚型 |
|---|---|---|---|---|
| 9000 | 62.6 | >2 | 28000 | 霍尔锚占 90%，斯贝克锚占 10% |
| 10000 | 69.0 | >2 | 35000 | |

### 3. 海洋工程施工船锚害

海洋工程施工船舶因为配备的锚数量多，且锚的质量比较大，一旦这种船舶在埋设有海底光缆的附近作业，将会造成海底光缆致命的损坏，在东海大桥建桥的时候，打桩船、起重船及混凝土搅拌船就造成过中日海底光缆的损坏。海洋工程施工船舶排水量很大，大多是箱型船体、线型简单，所以水阻力很大，为了能够在海上稳定地作业，需要配备几只锚，最多的有 10 只锚，锚的质量也很大，一般在 5~8t 或者更重，锚型大部分是入土深度很深的大抓力海军锚，其入土深度在 2m 以上。

*海底光缆锚害发生的海域*

根据 TYCO 电讯公司对国际海底光缆故障发生的水深统计，各个深度的所有外部损害造成的海缆故障如图 10-5 所示。

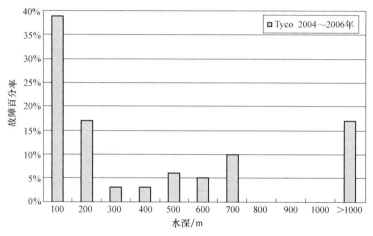

图 10-5　外部损害造成的海缆故障在不同水深的分布

从图 10-5 可以看出，大部分的海缆故障发生在水深 200m 以内的海域，其中 40%这样的故障发生在水深小于 100m 的海域，这是因为海缆的渔业和航运锚害主要发生在水深浅于 100m 的地方。

南海地区海底光缆故障的分布如图 10-6 所示，图 10-6 表明海底光缆故障大部分都发生在大陆架浅水区，这是因为大陆架浅水区渔业捕捞和海洋开发活动频繁，航运船只密集，海底光缆的锚害非常严重，而船锚的锚链长度一般也不超过 200m，船锚没入海水的深度在 200m 以内，所以海底光缆的锚害都发生在 200m 以内水深的大陆架。

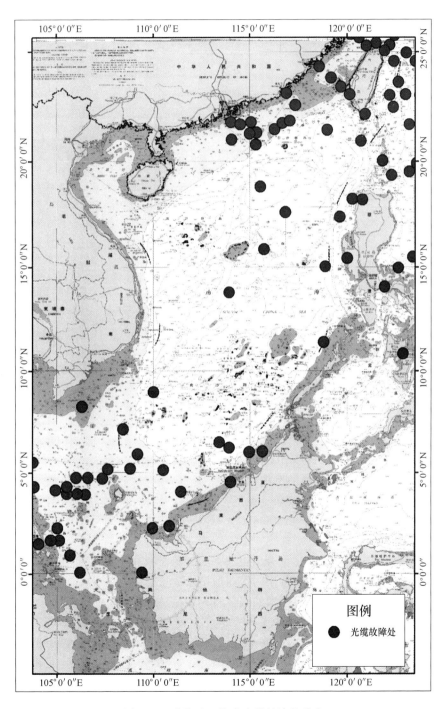

图 10-6 南海地区海底光缆故障的分布

## 10.5 矿产资源开发

介绍项目路由海域海洋矿产资源概况，重点为海洋油气开采情况，介绍现有海洋矿产资源开发活动现状及开采设施分布情况，分析海洋矿产资源开发活动及开采设施与海缆的相互影响。海缆路由应尽量远离开采设施，明确海洋矿产资源开采设施与海缆路由相对位置关系，若发生交越，提出路由修改建议。

以穿越我国南海海域某国际光缆为例介绍海缆路由与矿产资源开发的关系。在我国南海海域，海缆路由主要穿越油气藏盆地、油气开采区块及开采设施。

### 1. 南海新生代盆地

南海海域分布着许多新生代沉积盆地，从北到南有台西南盆地、珠江口盆地、笔架南盆地、礼乐盆地、南薇西盆地、北康盆地、南沙海槽盆地、曾母盆地、文莱—沙巴盆地等大中型新生代沉积盆地见（见图 10-7）。这些盆地往往发育油气资源。由图可见，该海底光缆预选路由分别经过珠江口盆地和万安盆地。

（1）珠江口盆地

位于广东大陆以南的南海北部陆架与陆坡区，面积为 18km×104km，新生代沉积超过 10km。在盆地中，古近系文昌组和恩平组为生油层，中新统下部珠江组及渐新统上部珠海组是主要储层。由惠州凹陷、西江凹陷和文昌凹陷组成的北部凹陷带是主要富生烃凹陷带，与其南侧的东沙隆起构成盆地的油气富集区。

（2）万安盆地

万安盆地位于南海西南陆架及陆坡上，处于越东—万安断裂西侧，盆地内构造、沉积格局具有典型的走滑拉张盆地特点，是我国边缘海中较为典型的走滑拉张盆地，盆地面积为 8.5km×104km。盆地基地为中生代晚期岩浆岩、火山岩和前始新世变质沉积岩。盆地的沉积该层位一套巨厚的晚始新世—第四纪地层。盆地的中部凹陷为北东走向的双断型地堑，规模大，沉降深，是盆地的沉降沉积中心，新生代沉积厚度最大达 12500m。

### 2. 近海油气田开发

在南海海域，近海油气田的开发已具一定规模，其中有涠洲油田、东方气田、崖城气田、文昌油田群、惠州油田、流花油田以及陆丰油田和西江油田等。南海西部和南海东部分别储有 614 百万桶油当量和 348 百万桶油当量，共占全部探明储量的 45.79%。南海西部有勘探区域 7.34 万 km²，南海东部有 5.54 万 km²。

该海底光缆预选路由在南海北部通过由中国海洋石油总公司（简称中海油，CNOOC）、美国 Texas American Resources Company 公司、美国克尔-麦吉（Kerr-McGee）公司等 3 家公司负责的 6 个海上石油勘探区块，分别是 03/27 区块（TARC）、17/08 区块（CNOOC）、惠州 30 区块（CNOOC）、流花 21 区块（CNOOC）、流花 32 区块（CNOOC）、43/11 区块（Kerr-McGee）。

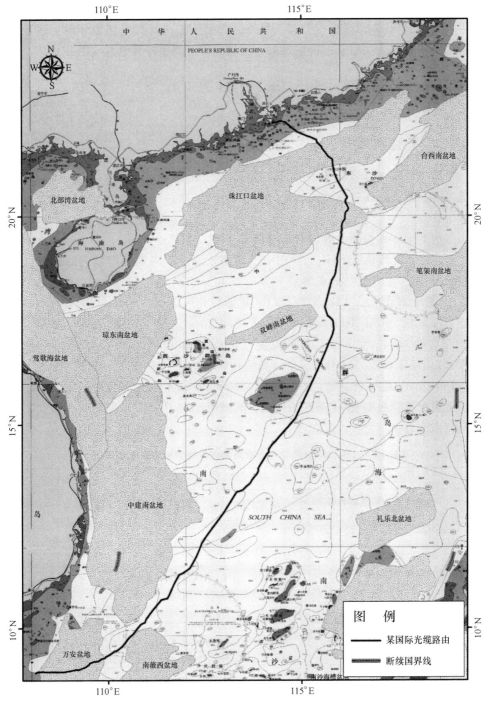

图 10-7 南海新生代盆地图

根据搜集到的相关资料，该海底光缆路由在近岸段避开了现有的海上开采石油平台、FPSO终端以及输气管道。另外，海缆业主应就海缆路由征询上述石油开采区块所有者，征得其书面同意后方可进行海缆路由勘察和施工等工作。

# 10.6 已建海底光（电）缆管道

## 10.6.1 已建海底光（电）缆管道简述

介绍项目路由海域已建和规划的海底光缆、电缆及海底输油、气、水、排污管道系统，包括已建管线系统名称、位置、建设时间、使用状态、所有者、故障史等信息。

举例某国际光缆路由海域已建海底光（电）缆管道情况。

拟建的该光缆系统S1H.1段在中国香港范围及中国南海海域内路由与以下已建的海底光缆交越：东亚海底光缆系统和城市到城市海底光缆系统（EAC-C2C）、港台2号光缆（HON TAI-2）、新港台光缆B段（SHT-B）、冲绳-吕宋-香港光缆系统（OLUHO）、亚美海底光缆（AAG）、亚太二号光缆（APCN2）、亚洲海底快线（ASE）、城市间光缆（C2C）、东亚交汇二号海底光缆系统（EAC2）、环球光缆（FLAG）、全球光缆北亚环系统（FNAL）、亚洲内部光缆系统（INTRA ASIA）、东南亚-日本干线（SJC）、亚欧光缆（SMW3）。

上述交越管线中有11条在用光缆，其概况见表10-5，光缆勘察和铺设施工时应特别注意。

表 10-5　该国际光缆在中国南海海域内交越的在用光缆情况

| 序号 | 光缆项目名称 | 概　况 | 建设年份 |
|---|---|---|---|
| 1 | 东亚海底光缆系统和城市到城市海底光缆系统（EAC-C2C） | 连接东亚和东南亚10多个国家和地区，全长38600km | 2007年EAC与C2C合并投入使用 |
| 2 | 亚美海底光缆（AAG） | 连接东亚和美国，全长超20000km | 2009年建成投产 |
| 3 | 亚太二号光缆（APCN2） | 连接韩国、日本、中国香港、马来西亚、新加坡等国家和地区，全长19153km | 2012年12月投入运行 |
| 4 | 亚洲海底快线（ASE） | 连接中国香港、柬埔寨、马来西亚等6个国家和地区，全长7500km | 2012年8月投入使用 |
| 5 | 城市间光缆（C2C） | 连接东亚、东南亚10多个国家和地区 | 2006年投入使用 |

（续）

| 序号 | 光缆项目名称 | 概　况 | 建设年份 |
|---|---|---|---|
| 6 | 东亚交汇二号海底光缆系统（EAC2） | 东亚 7 个国家和地区，全长 18000km | |
| 7 | 环球光缆（FLAG） | 连接英国、意大利、西班牙、埃及、阿联酋、印度、马来西亚、泰国、中国香港、中国上海、韩国等国家和地区，全长 28000km | 1997 年建成投产 |
| 8 | 全球光缆北亚环系统（FNAL） | 连接中国香港、中国台湾、日本和韩国，长约 2700km | 2001 年建成投产 |
| 9 | 亚洲内部光缆系统（INTRA ASIA） | 连接东京和新加坡，总长 6700km | 2009 年建成投产 |
| 10 | 东南亚-日本干线（SJC） | 中国汕头、中国香港、泰国、新加坡、文莱、菲律宾和日本，共 7 个登陆点，全长约 8900km | 2013 年 6 月投入使用 |
| 11 | 亚欧光缆（SMW3） | 连接英国、中国、日本、韩国等 30 多个国家和地区，全长 38000km | 1999 年 12 月建成 |

## 10.6.2　项目海缆路由与已建海底光（电）缆管道交越情况

绘制项目路由海域已建海底光缆、电缆及管道系统位置示意图，结合海缆路由勘察中已有管线探测结果，明确项目海缆与已建海缆管道交越情况。若存在交越，计算与路由的交越点坐标、交越角度及与光中继器等海底设施的距离。编制交越点信息表，包括交越点坐标、被交越管线系统名称、使用状态等。为后续光缆施工期间协调工作提供准确资料，另外提出管线交越处海缆施工需注意事项。

海底光缆路由选择原则为尽可能不穿越已建海底光缆、海底输电电缆和海底管道，如确需交越时交角应不小于 45°，与已有海底光中继器、光缆分支器的间距不小于 3 倍水深；当与已建海底光缆、海底输电电缆和海底管道近乎平行延伸时，相互间距不小于 3 倍水深，以免海底光缆路由由于勘察或海底光缆铺设施工、维修时损坏已建海底管线。遵循以上原则，以尽量确保拟铺设和已建海缆的安全。

## 10.6.3　已建管线故障情况

统计项目路由海域已建管线故障的历史发生情况，包括故障时间、故障地点、故障原因等。分析项目路由海域对海缆安全威胁较大的几种原因，并针对故障原因特点提出项目海缆安全保护措施及建议。

泰科电讯（Tyco Telecommunications，Tyco）和阿尔卡特-朗讯海底网络公司

（Alcatel-Lucent Submarine Networks，ASN）这两家机构分别对 2004~2006 年全球海底光缆的故障进行了统计。根据这两家机构的统计，各种海底光缆的故障比例如图 10-8 所示。

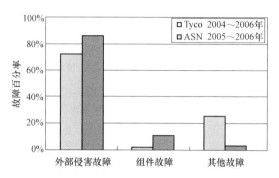

图 10-8　不同因素引起的海底光缆故障比例

如图 10-8，海底光缆故障可以分为三类：外部损害造成的故障、组件故障和其他故障。从 Tyco 和 ASN 这两家的数据可以看出，绝大多数的海底光缆故障是外部损害造成的，外部损害造成的故障分别占到 72% 和 86%，而由于结构的原因造成的故障只占到了 2% 和 11%，而其他原因造成的故障分别为 26% 和 3%。

外部损害造成的海缆故障包括渔业、航运船锚、拖曳等人类活动造成的海缆故障，也包括地壳运动、摩擦或者磨损等自然原因造成的海缆故障，其中渔业活动导致的海缆故障主要是因为渔船作业使用的船锚造成的。

外部损害造成的各种海底光缆故障如图 10-9 所示，在外部损害造成的海底光缆故障中，渔业活动和航运船锚造成的海缆故障占所有外部损害造成海缆故障的 80% 左右，渔业活动是造成海缆故障的主要因素，占到了所有外部侵害造成的海缆故障的 60% 以上，航运船锚造成的海底光缆故障占到了海缆故障的 15% 以上，而渔业活动导致的海底光缆故障主要是由渔船作业使用的船锚造成的。

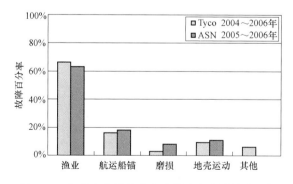

图 10-9　各种由外部损害造成的海底光缆故障比例

1993~2007 年国际海底光缆故障的统计也表明了这一点，如图 10-10 所示。1993~2007 年国际海底光缆线路总共发生了 330 次故障，其中有 156 次是渔业活动造成的故障，占海缆总故障的 47.3%；航运船锚造成的海缆故障为 79 次，占总故障的 23.9%；渔业和航运船锚造成的海缆故障共 235 次，占总故障的 71.2%。

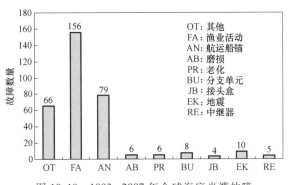

图 10-10　1993~2007 年全球海底光缆故障

另外，我国舟山地区海域 2005 年 11 月~2008 年 9 月 10 条海底光缆共发生 17 次海缆故障，其中 10 次故障为渔船的船锚造成，占这次统计海缆总故障的 58.8%，4 次是航运船锚造成的，占这次统计海缆总故障的 23.5%，3 次为其他原因造成的，锚害造成的故障占海缆故障的 82.35%。

综合以上两家的统计数据表明，锚害造成的海缆故障占外部损害造成海缆故障的 80% 左右，占所有海缆故障的 70% 左右。在有渔场分布的海域，锚害造成的海缆故障占所有海缆故障的比例更高达 80% 以上。所以，锚害是海底光缆的主要威胁，它造成了大部分的海缆故障。

## 10.7　海洋保护区

分别介绍项目路由海域内全国、省级、市县级海洋保护区情况，包括保护区名称、位置、主要保护对象、海域使用管理要求等。海缆路由以避开海洋保护区为原则，明确项目海缆路由是否穿越海洋保护区，若穿越，分析海缆施工运行对保护区的影响，根据保护区管理要求，提出路由修改建议或海缆施工应该采取的防护措施等。

以某国际海底光缆为例，介绍光缆路由与海洋保护区的关系。该国际光缆路由在南海区穿越广东省和海南省海域。广东省海域内路由区附近的 2 个海洋保护区为：担杆列岛海洋保护区和针头岩海洋保护区。该海底光缆路由避开了上述 2 个海洋保护区，距保护区距离均较远。

海南省海域内路由区附近的 2 个保护区为：中沙群岛海洋保护区和中沙群岛水产资源保护区。

### 1. 中沙群岛海洋保护区

根据《海南省海洋功能区划（2011～2020 年）》，该光缆推荐路由从中沙群岛海洋保护区东侧穿过，距离保护区最近约 4km。

中沙群岛海洋保护区位于中沙群岛海域，由海南省海洋与渔业厅负责管理，包括黄岩岛海域，面积约 2267004.98 公顷，主导用海类型为海洋保护区用海，包含三沙群岛热带海洋动物保护区，保护对象为中沙群岛珊瑚礁和渔业资源。

由于光缆路由距离保护区较近，建议业主在施工前与海洋行政管理部门充分沟通，尽量避免对保护区的影响。

### 2. 中沙群岛水产资源保护区

1993 年 5 月 31 日海南省第一届人民代表大会常务委员会第二次会议通过《海南省实施〈中华人民共和国渔业法〉办法》，建立省级中沙群岛水产资源保护区，2008 年 7 月 31 日海南省第四届人民代表大会常务委员会第四次会议通过关于修改《海南省实施〈中华人民共和国渔业法〉办法》的决定自 2008 年 8 月 1 日起施行。该保护区为省级保护区，由海南省负责建设和管理。该海底光缆推荐路由与该水产资源保护区的最近距离约 1km，光缆敷设对该保护区无影响。

## 10.8　国防安全和军事活动

分析项目用海对国防安全、军事活动是否存在不利影响，明确项目用海是否涉及军事用海，提出项目用海与军方协调建议。

若在我国管辖的南海海域内，海缆路由影响到军事活动敏感区时，应由业主方面同中国人民解放军海军等有关部门开展进一步沟通协调，避免对军事活动区及军事设施的影响。

另外需介绍项目海缆路由海域旅游区、倾废区、挖泥区等海洋开发活动分布情况，并分析其对项目海缆路由的影响。

# 第 11 章

# 路由勘察实例——国际
# 光缆路由勘察

## 11.1 工程背景

本章节主要以某国际海底光缆在南海区域的勘察作为案例，介绍目前远距离跨海的海底光缆勘察的主要勘察内容和勘察技术。

该国际海底光缆是一条连接东北亚-东南亚的海底光缆系统。如图 11-1 和表 11-1 所示，该国际海底光缆系统设计总长约 9857km，于 2014 年建成投产。途中

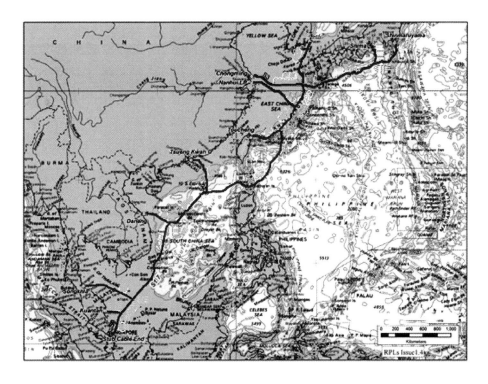

图 11-1　某国际海底光缆系统路由位置图

预设 9 个海底分支点用于连接支线以及未来延伸，其中在中国大陆境内有两个登陆点，分别为上海崇明和上海南汇，另外在我国香港将军澳和我国台湾头城分别各有一个登陆点。

该系统将在亚洲东部周边国家之间形成一个国际海底光缆网络，将极大地加强亚洲国家彼此之间的经济、文化联系，促进我国的对外开放，并显著提高上海和香港国际信息港的地位和作用，能同时满足话音、数据、视频等高可靠性带宽业务的需求。建设该国际海缆，除了为亚洲内部业务提供大带宽的传输通道，同时可通过日本转接北美的业务，通过新加坡转接至欧洲的业务。

通过前期相关的桌面研究的结果，最终推荐出勘察路由。该国际光缆中国南海海域段勘察路由涉及 5 段路由，如图 11-2 所示。其中主线路由沿 NE-SW 向经南海北部中央海盆、沿中沙海槽西北部，盆西海岭西侧向 SW 方向延伸，进入南海南部大陆坡并最终进入南海南部大陆架，纵贯南海海域，在南海域内总长度约超过 2000km。而香港支线路由位于南海北部，自中国香港的将军澳（Tsueng Kwan O）经南海北部陆架、陆坡在南海深海盆与主线汇接于分支点 A，路由全长约 600km。另外南海西部的支线路由自越南岘港 BMH 向东进入中国南海海域，然后沿南海西部陆坡向东南方向连入分支点 B，长约 300km。

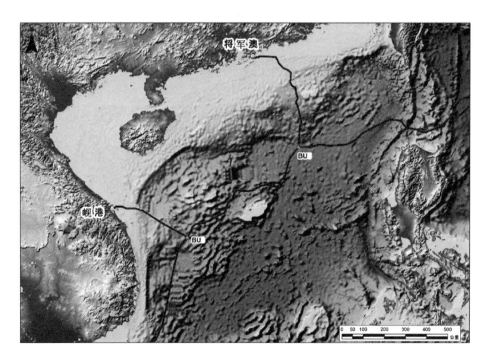

图 11-2　某国际光缆中国南海海域路由示意图

## 11.2 勘察方案设计

本工程覆盖登陆段、近岸段、浅海段和深海段全部类型海域，海缆选用6对芯海底光缆，海缆外被结构及铺设方式根据海域水深条件及开发强度进行选择，初步方案如下：登陆点约2.5km范围内光缆采用关节套管保护，埋设深度1.5m，以防挖沙等人为活动损伤光缆；在近海区离登陆点2.5~20km范围选用双层铠装海缆（DA），埋设深度要求为3m；从离登陆点20km到水深范围500m时，选用单层铠装轻型海缆（SAL），埋设深度要求不小于3m。

综合考虑本工程的初步施工设计方案和海底光缆勘察常规要求，本工程勘察设计方案时考虑的因素主要如下：

1）工程跨度距离长，涉及全部4种海域，特别在浅海和深海区域路由穿越南海大陆架和大陆坡，海底地形非常复杂，因此需要进行全程多波束高精度全覆盖测量，以便针对路由区内陡峭不平地形区域对路由进行优化。

2）本工程存在几处分支点，由于分支点对地形要求比较高，因此分支点区域需要扩大范围进行精细扫测，以保证分支点的稳定。浅于500m水深需要进行多波束水深测量，侧扫声呐测量和浅地层剖面测量，扫测范围为2km×2km；深于500m水深区域进行多波束水深测量，扫测范围为6倍水深或者10km×10km。

3）水深0~500m区域为路由设计埋设区域，因此这个区域不仅需要利用多波束水深测量和侧扫声呐测量对海底表面进行扫测，也需要利用浅地层剖面探测、工程地质柱状采样和静力触探CPT测试，以获取路由区浅地层结构和表层土体强度等信息。

4）工程所处的海域为国际海底光缆主要分布区域，设计路由与已有海底管线存在多处的交越，为了保障施工的安全，在路由埋设区域必须进行磁力探测，对已有的海底管线进行精确定位和定向。

5）由于工程覆盖范围很广，大部分也为深海区域，无法进行全路由范围的海洋水文气象环境调查，因此海洋水文气象环境调查主要采用收集资料和模拟计算为主；腐蚀性环境调查主要采用收集资料或者引用工程相关报告资料，如工程环评报告等；海洋规划和开发活动评价也是通过收集相关资料进行分析。

6）登陆段采用人工实测测量方式。

7）水深小于500m区域采用小吨位（小于1000t）调查船搭载浅水工程地球物理调查设备和小吨位（小于1000t）调查船搭载工程柱状取样设备进行，水深大于500m区域采用大吨位（大于1000t）调查船搭载深水多波束和CPT设备进行。

8）由于勘察范围广，动复员时间长，因此在一次外业勘察期间就需要完成初步数据处理，现场评价路由区地质条件，并根据需要进行路由初步优化，如果计划的勘察范围的环境条件不满足海缆铺设要求，需现场进行扩大勘察范围，找出最优路由，避免二次或多次动复员往返勘察。

因此，本工程勘察内容主要包括：登陆段地形测量，多波束水深测量，侧扫声呐测量，浅地层剖面测量，已有管线磁力探测，工程地质柱状取样和静力触探CPT测试。表11-1为各分项内容的具体测线布设列表。

表11-1　路由各分段调查内容列表

| 水深范围 | 勘察走廊宽度 | 测线间隔 | 测线数 | 船速 | 调 查 内 容 |
|---|---|---|---|---|---|
| 登陆段 | 500m | 50m | 11 | NA | 陆地地形测量 |
| 0～3m | 10m | NA | NA | NA | 潜水员水下录像,底质表层取样 |
| 3～15m | 500m | 75m | 7 | 3～4节 | 多波束水深测量,侧扫声呐测量,浅地层剖面测量,已有管线磁力探测,柱状取样测试 |
| 15～30m | 500m | 80m | 7 | 4～5节 | 多波束水深测量,侧扫声呐测量,浅地层剖面测量,已有管线磁力探测,柱状取样测试,CPT测试 |
| 30～50m | 500m | 100m | 5 | 4～5节 | 多波束水深测量,侧扫声呐测量,浅地层剖面测量,已有管线磁力探测,柱状取样测试,CPT测试 |
| 50～500m | 500m | 150m | 3 | 4～5节 | 多波束水深测量,侧扫声呐测量,浅地层剖面测量,已有管线磁力探测,柱状取样测试,CPT测试 |
| 500m至Max WD | 3倍水深 | NA | 1 | 6～7节 | 多波束水深测量 |
| 分支点BU区域调查 | | | | | |
| BU<500m | 2km×2km | 150m | 12 | 4～5节 | 多波束水深测量,侧扫声呐测量,浅地层剖面测量 |
| BU>500m | 6倍水深或10km | NA | NA | 6～7节 | 多波束水深测量 |

# 11.3　勘察过程

根据勘察方案设计，水深小于500m区域（浅水区），采用2艘小吨位调查船调查，1艘负责工程地球物理勘察作业，1艘负责工程地质柱状取样；水深大于500m区域（深水区），采用1艘大吨位（大于1000t）调查船搭载深水多波束和CPT设备进行作业。但是由于实际勘察时间在9月份开始，受冷空气影响较大，最终到12月份才全部完成外业调查。

浅水区调查船与深水区调查船同时在各自作业区进行作业，两种海域的交接点（HAND OVER POINT）调查重叠区为 2km，即深水调查船与浅水调查船的多波束水深测量区域重叠 2km，以进行不同设备测量结果检验，保证数据质量。

　　浅水区的两艘调查船不同步进行作业，先由负责工程地球物理勘察的调查船进行一部分路由勘察后，利用浅地层剖面探测的初步结果布设工程地质柱状采样站位后，再由负责工程地质柱状取样调查船进行取样作业。

　　具体勘察流程详见图 11-3，基本和常规路由勘察流程一样，唯一不一样的地方是此类跨度距离较长的海缆路由勘察一般都在船上完成数据处理，现场评价路由区地质条件，并现场进行路由初步优化和必要的扩展调查范围勘察，通过一次勘察就获得最优的路由线路。另外由于本类型勘察主要的数据处理都要求在现

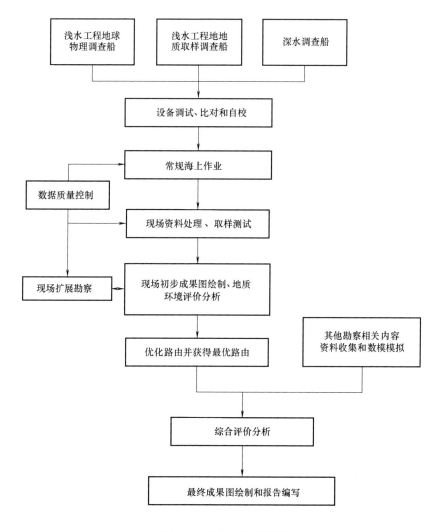

图 11-3　具体勘察流程图

场完成，因此对现场的数据采集和数据处理的质量要求更高。

## 11.3.1 外业勘察方法

### 1. 导航定位

测量参数方面，参考坐标系采用 WGS-84 坐标系，投影方式采用墨卡托投影（Mercator），深度基准为理论最低潮面（LAT）。

本工程大部分区域位于远海海域，一般近岸用的 RTK、岸站差分 DGPS 以及普通星载差分 GPS 都无法满足定位要求，因此水上定位系统采用双频 GNSS 高精度星载差分系统进行，系统的平面精度优于 0.5m。

另外由于需要拖曳式调查设备的作业区域最大水深为 500m，与拖鱼连接的缆比较长，因此采用水下声学定位系统实现对水下拖体的准确定位。

### 2. 多波束水深测量

本次工程勘察的最主要内容为水深测量，全程采用多波束水深测量，特别是水深大于 500m 区域只进行水深测量，利用多波束进行路由区全覆盖水深测量才可以获得精确的海底地形数据。测量时多波束测幅之间相互重叠至少 20%，从而保证了测区内的全覆盖测量。需要注意的是分支点区域需要进行大范围海底地形测量，以保证足够的路由选择走廊。水深小于 500m 区域进行潮位改正，大于 500m 区域不进行潮位改正，潮位采用实测和预报相结合得到的数据。

### 3. 侧扫声呐测量

侧扫声呐测量只在水深少于 500m 区域进行海底表面障碍物和底质等海底面特征物扫测。侧扫声呐测量在勘察中与浅地层剖面仪组成组合拖鱼系统同时作业，拖鱼离底一般保持在 20~30m 之间，拖鱼采用水下定位进行实时定位。测量与多波束同步进行，采用同样测线，不同测线间距采用不同的测量量程，保证 200% 全覆盖。

### 4. 浅地层剖面测量

只在水深少于 500m 的埋设区域进行海底浅地层结构探测。测量时与侧扫声呐组成组合拖鱼系统同时作业，拖鱼采用水下定位进行实时定位。测量与多波束同步进行，采用同样测线。

### 5. 已有管线磁力探测

磁力仪探测只在水深少于 500m 区域进行，探测时，对交越的海缆在设计交越点左右 200m 共布设 3 条测线，通过 3 条测线确定路由区域的已有海缆的位置和走向。探测时，磁力仪尽可能贴近海床，尽可能使用最缓慢测量航速，以获取精确的数据。

### 6. 工程地质取样测试

工程地质取样测试同样只在水深小于 500m 区域进行，原则上使用柱状取样器采集柱状样品，一般柱状样长度不小于 2m，站位通过浅地层剖面探测的初步结果进行布设，站位间距平均为 10km，在沉积物及地貌类型分界线附近，以及特殊地貌特征区域布设加密样进行验证。样品处理中进行沉积物类型判别、颜色、沉积物结构、构造的目测分析并拍照。以细粒沉积物为主的柱状样品，应在其表、底层及分层界面上下适宜位置分别进行十字剪切板试验。

遇较硬底质经 3 次取样后不能取得柱状样，可改用蚌式采样器获取底质样品。如此次取样过程中，在多个位置经 2 次柱状取样后均不能取得有效样品时，改用蚌式取样器进行取样，获得表层样样品。

水深小于 3m 区域由于勘察船较难进入，采用潜水员人工录像和触探方式进行底质测试。

**7. 静力触探测试（CPT）**

静力触探测试（CPT）仪样只在水深 15～500m 区域进行，沿勘察路由 CPT 测试站位间距不大于 10km，部分站位可与工程地质取样站位靠近以进行两者互相验证。贯入深度针对本段浅水区计划埋深而设定为 3.0m，而最大贯入压力设为 20MPa。如果首次测试在设计埋深内探头遭阻停，将进行第二次测试，以确保在计划埋深内对硬底质的评估不会因仪器因素或漂移存在而出现偏差。

## 11.3.2 勘察主要设备

浅水主要调查设备见表 11-2，深水主要调查设备见表 11-3。

表 11-2 浅水主要调查设备列表

| 设备名称 | 设备型号 | 技术参数 |
| --- | --- | --- |
| 导航定位系统 | C-NAV 3050 DGPS | 平面精度优于 0.3m |
| | IXSEA GAPS | 平面精度优于斜距的 0.5%<br>作用距离 4000m |
| | Sonardyne Pro | 平面精度优于斜距的 0.5%<br>作用距离 1000m |
| 浅水多波束系统 | R2Sonic 2024 | 测量量程：0～500m<br>频率 200～400kHz<br>精度优于水深的 1% |
| 侧扫声呐浅地层剖面组合系统 | EdgeTech2400C | 侧扫：<br>分辨率 15～20cm<br>工作最大水深 1500m<br>频率 100kHz/400kHz |
| | EdgeTech2000DSS | 浅剖：<br>分辨率 10cm<br>工作最大水深 1500m<br>频率 2～15kHz |

（续）

| 设备名称 | 设备型号 | 技术参数 |
|---|---|---|
| 磁力仪 | G-882 | 量程：20000~100000nT<br>绝对精度：优于 3nT<br>最大工作水深 2750m |
| 工程地质采样设备 | Gravity corer | 管长 3m<br>内径 72cm，外径 89cm<br>重量 310kg |
| | Grab sampler | 尺寸：40cm×60cm<br>重量：230kg |
| | Datem MKII 小型圆锥贯入（CPT） | 圆锥截面积：2cm$^2$<br>贯入杆长：5m 或 10m |

表 11-3  深水主要调查设备列表

| 设备名称 | 设备型号 | 技术参数 |
|---|---|---|
| 导航及定位系统 | Seapath 200；<br>Veripos GPS system<br>Raytheon Gyrocompass II，STD22 Gyro | GPS 平面精度：0.1m<br>Gyro 高精度± 0.1° |
| 多波束系统 | Kongsberg EM122 | 频率 12kHz<br>水深：20~11000m<br>精度：优于 0.2%水深 |
| SVP/CTD | Valeport SVP Probe<br>Sippican CTD probe | 导电性：±0.01mS/cm<br>温度：±0.01℃<br>压力：0.001%范围 |
| 浅地层剖面仪 | GeoPulse 4×4 阵列式浅剖仪 | 频率 2~12kHz<br>薄层分辨率好于 0.3m |

# 11.4  勘察结果

在路由勘察、试验分析和收集已有资料的基础上，结合工程特点和要求需进行路由条件评价。本工程评价内容主要包括海底工程地质条件、海洋水文气象环境、海洋规划和开发活动等方面。具体涉及的勘察内容如下。

## 1. 路由区海底地形测量

该国际光缆中国段主线由巴林塘海峡进入南海沿 NE-SW 走向先后穿过南海北部中央海盆、南海西部和西北部大陆坡、南海南部大陆坡、南海南部大陆架到达巽他陆架外缘；其中一段支线自我国香港，穿越南海北部陆架、南海北部陆坡、中央深海平原，到深海盆地 BUA 分支点；另一段支线自越南登陆点，穿越南海西部大陆架和大陆坡，到达 BUB 分支点。整个路由工程覆盖了浅海和深海区域，本次路由勘察中在路由走廊上发现了一些不利于海底光缆铺设和维护以及影响光缆安全使用的不利地形，但是利用获取的多波束地形数据，对不良地形区域的路由进行了优化。以下为实际勘察中的地形示意例子。

1）在水深 167.7m 处，发育着一处跨度约 9km 洼地（水深 164~192m），洼地南北两边坡度都在 1°~2° 之间。在洼地中有基岩出露，区域跨度约 3km，最大落差约 60m。另外受海流等水动力条件的作用，基岩附近有沙波发育，W-E 向，波高 3m，波长 60m，沉积物以粉砂质黏土为主，表层覆盖一层薄的松散的贝壳碎屑。受该区域基岩的影响，路由进行改道，从基岩区域东面绕道，如图 11-4 所示。

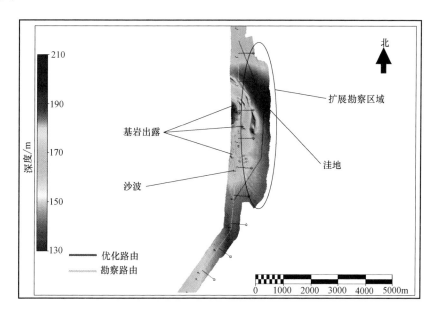

图 11-4　基岩出露的海底地形

2）海缆路由穿过西沙海底高原时，由于区域同样发育多处的海山、海槽、沟谷、洼地，致使地形起伏较大，建议路由在这个区域也进行了连续多处调整，尽量避开陡峭海山等不良地形区域，选取相对平缓的通道以让路由顺利通过，如图 11-5 所示。

3）沙波区域中，为了避开沙波边缘的陡坡，路由从相对平坦的海底上穿过，如图 11-6 所示。

**2. 路由区海底面特征和障碍物**

通过侧扫声呐探测，结合浅地层剖面数据以及采样结果综合分析，本工程在南海北部浅海大部分区域表层底质以黏土、粉砂、细砂、中砂等物质为主，易于

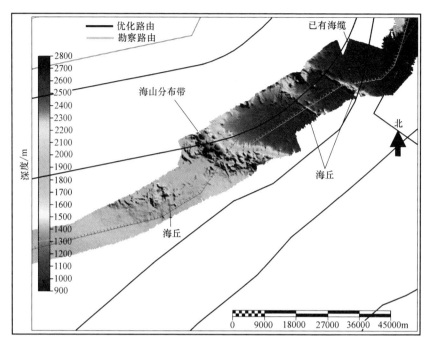

图 11-5　深海海山区域地形示意图

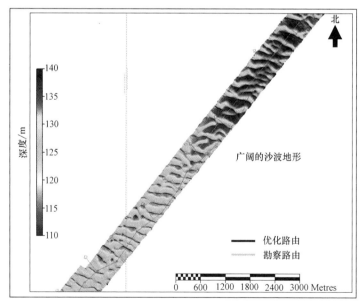

图 11-6　沙波区域地形示意图

光缆埋设，但在水深 300m 左右区域有裸露基岩和埋藏基岩，对光缆埋设造成一定影响，如图 11-9 所示。另外调查过程中发现的海底障碍物主要为沉船、碎块/

废弃物、沙波、裸露基岩等，如图 11-7 和图 11-8 所示。

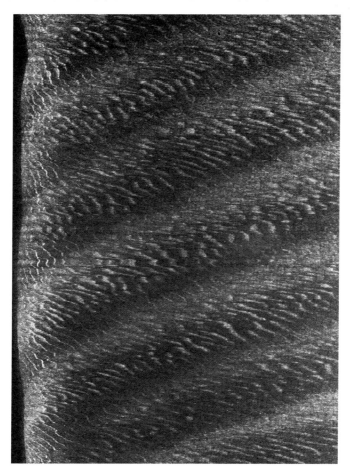

图 11-7　在大沙波上发育小沙波侧扫声呐影像图

### 3. 海底地层剖面探测和工程底质取样测试

本工程在 500m 以浅水域，使用浅地层剖面仪获取浅部地层信息，使用柱状取样获取海底表层沉积物类型及进行不排水抗剪强度测试，以获得对路由区的海底底质以及基本的工程特性数据。通过实际勘察后，本工程在 500m 以浅水域大部分区域的底质条件较好，适合进行挖沟铺设海缆，只有在局部区域原路由穿过基岩裸露或海山区域对施工有影响，但经过路由优化也解决了问题。

在下例中，勘察走廊内西侧有基岩出露，通过结合区域的浅剖数据、侧扫声呐数据和地质取样的资料，发现小于 1.5m 的浅埋基岩占据更宽区域，并疑似向东侧收窄。建议路由在此处东进行了调整，以尽量减少穿越浅埋基岩的影响，如图 11-9 所示。

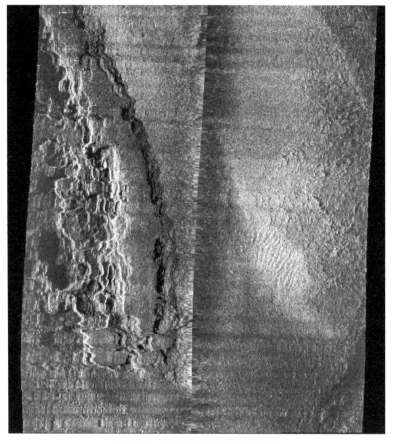

图 11-8　基岩裸露侧扫声呐影像

#### 4. 已有管线探测

根据已有资料，此次勘察范围内路由与已建的多条海缆交越，其中有正在使用中的海缆，也有已经废弃的。对这些交越点的位置使用磁力仪进行探测，在正在使用中的海缆交越处均有明显磁力变化，但在已废弃的海缆交越处仅有部分可以探测到，图 11-10 为磁力探测的代表性磁异常图谱。

#### 5. 海洋水文气象环境

通过资料收集和模拟计算，本工程路由属于亚热带、热带季风气候区，较炎热。夏季以西南风为主，冬季以东北风为主。海区水动力较强，冬季盛行偏北浪；夏季盛行偏南浪，年平均波高为 1.5m，适合电缆铺设施工。但受台风影响，本海域可出现波高 10m 以上大浪。4 月至 9 月的海洋环境条件相对较好，适合施工，但要避开台风的影响。

#### 6. 路由区海洋开发活动

通过资料收集并进行评价，发现在南海浅水海域有大量渔船在从事捕鱼生产

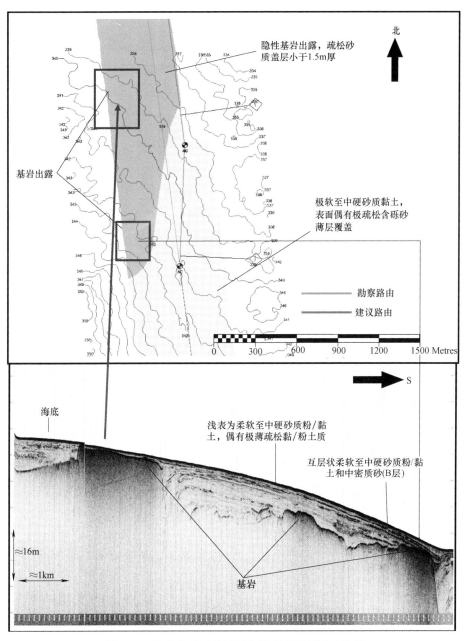

图 11-9　基岩出露区域平面与海底地层剖面对比图

活动，可能也会妨碍施工船只的正常作业。许多光缆损害事件和渔业活动有关，
特别是拖网作业。建议在商业活动、渔业活动频繁的海域海底光缆进行深埋，特
别是在我国香港南部水深小于 50m 的海域，海底光缆需要深埋，50~200m 水深

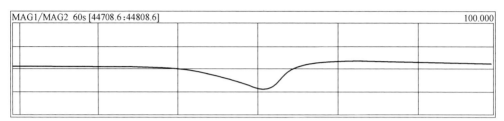

图 11-10 磁力探测的代表性磁异常图谱

建议埋深至少 3m。

最后，通过对该国际海底光缆系统路由区自然环境、工程地质条件、海域使用等进行综合评价之后，经过优化的路由区自然环境状况良好；海底地形地貌、沉积物类型、浅地层结构等工程地质条件总体较好，已尽量避开不良地质灾害因素，适合海底光缆的铺设。

# 第 **12** 章

# 路由勘察实例——超高压
# 电缆路由勘察

## 12.1　工程背景

　　本工程为跨琼州海峡的超高压海底电缆工程，是国内第一条超高压海底电缆，投资巨大，具有非常显著的经济意义、政治意义和社会效益。工程位于琼州海峡西侧，计划敷设 7 条路由，于 2009 年完成一期的 3 条路由，2013 年启动二期的 4 条路由铺设工作。如图 12-1 所示，右侧蓝色区域为一期电缆路由用海区，左侧红色区域为二期电缆路由用海区，即本次路由勘察海域。

　　由于该工程为超高压海底电缆，且路由跨越琼州海峡，因此本工程的勘察工作存在较多的技术难点：①琼州海峡作为重要的航道，来往船只较多，对勘察施工有较大的影响；②根据设计方的技术要求，勘察工作按照高标准执行，在满足规范要求的基础上进一步加密加深，因此在方案设计阶段需要更加全面地考虑和安排；③该超高压电缆的一期电缆已经正常运行，一旦被破坏，后果难以估计，因此二期的勘察工作，特别是工程地质钻孔和静力触探（CPT）的施工过程，需要格外谨慎，以保证一期海缆的安全；④由于超高压电缆本身及其铺设成本都极高，因此，要在安全条件允许的情况下，尽可能地缩短电缆的长度，并根据地形、底质、海流等各因素，在勘察范围内确定出最佳的铺设路由。

　　根据相关规范和设计方的技术要求，本工程勘察主要分为工程地球物理调查、工程地质勘察、登陆段调查、海洋水文气象调查、腐蚀环境参数测定等工作，通过多学科融合交叉和渗透，全面掌握勘察区域的地形地貌、工程地质、水文环境、腐蚀环境等基本要素，为工程的设计和建设提供基础数据。其中工程地球物理调查主要获取海底地形地貌和海底浅部地层结构信息，为路由的调整、设计、埋设、施工及维护提供必需的基础数据；登陆段调查查明海底电缆的登陆点到人井之间的地形地貌；海洋水文气象调查通过实测和搜集，获取风浪流和温盐等基础数据，结合海底底质，供电缆设计、施工及维护做必要的参考和依据；腐蚀性环境参数测定将为海底电缆的防腐设计提供必要的数据和建议。

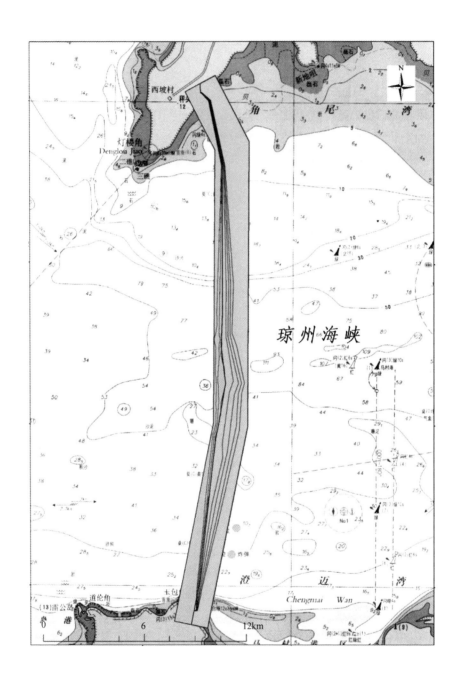

图 12-1　海底电缆路由及勘察范围图

## 12.2　方案设计

琼州海峡海底电缆路由北起广东省徐闻县的许家寮村，穿过琼州海峡，到达海南省林诗岛，共四条路由，作业内容如下。

### 12.2.1　工程物探

包括单波束水深测量、多波束水深测量、侧扫声呐和中/浅地层剖面探测，登陆段管线位置核查。

### 12.2.2　工程地质勘察

根据工程物探勘察的初步成果，选定路由后，在路由上布设工程地质勘察站位。工程地质勘察的内容包括工程钻探取样、土工测试、CPT 原位测试、沉积物热阻测试。

### 12.2.3　腐蚀性参数测定

腐蚀性测试包括沉积物腐蚀性测定和底层（离海床 1m）海水腐蚀性测定。

沉积物腐蚀环境参数测定下列参数：pH、Eh、碳酸盐、有机质、硫化物、硫酸盐还原菌及泥温。

底层（离海床 1m）海水腐蚀性测定下列参数：水温、盐度、硫酸根、pH、Eh、溶解氧和氧饱和度。

### 12.2.4　海洋水文气象资料收集与观测

收集路由区附近秀英站、海安站 2010～2012 年的潮位、水温、风、气温、雾等水文气象资料；收集路由区附近长期的热带气旋、雷暴等极端天气资料；收集海南铺前湾项目 2012 年 5 月～2013 年 4 月一周年的波浪资料；收集临时潮位观测期间同期的秀英站、海安站潮位、气压资料；资料收集后，按相关规范进行统计分析，计算路由区各水文气象参数。

沿路由线布设 4 个全潮水文观测站，进行大、中、小潮期的海流、温度、盐度定点连续观测，不同站位，因水深、海流条件差异，具体观测项目有所不同，观测时间定于 2014 年 2 月下旬的一个全潮期。

全潮水文观测的同时，在南、北登陆点各设立 1 个临时潮位站进行潮位观测。观测时间为一个月，需覆盖全潮观测期间。潮位观测后，还需进行水准联测，以将不同潮位换算至同一基面上。

全潮水文观测资料和潮位观测资料按相关规范进行处理分析，计算各相关水文参数，并分析其水文特征。

由于该工程桌面设计阶段仅提供一条推荐路由，而工程本身为四条路由，因此，需要在勘察设计之前优选出四条路由，再根据勘察结果进行优化调整。为此，将工程地球物理勘察分为初勘和详勘两部分进行，初勘进行了多波束测深和电火花震源的单道地震中地层剖面探测，在满足四条路由走向设计基本资料的同时，也解决了浅地层剖面和中地层剖面探测不能由一条船同时作业的矛盾。

## 12.2.5　主要勘察设备

主要勘察仪器设备参数见表 12-1。

表 12-1　主要勘察仪器设备参数

| 序号 | 仪器名称 | 型号 | 主 要 性 能 |
|---|---|---|---|
| 1 | GNSS | C-NAV 2050 DGPS | 实时 C-Nav DGPS 精度：<br>　水平精度：<15cm<br>　垂直精度：<30cm<br>　速度精度：0.01 m/s<br>1PPS 精度：12.5nS |
| 2 | 侧扫浅剖组合系统 | EdgeTech 2400C | 侧扫声呐：<br>发射频率：<br>120&410kHz，双通道 Chirp 波<br>最大量程（单边）：<br>120kHz：400m，410kHz：150m<br>沿航迹方向分辨率：<br>120kHz：4.15m@ 300m，<br>410kHz：0.94m@ 100m<br>垂直航迹方向分辨率：<br>120kHz：6.25cm，410kHz：1.8cm<br>浅地层剖面仪：<br>发射频率幅宽：2~16kHz<br>分辨率：6~10cm<br>最大工作水深：4000m |
| 3 | 双频测深仪 | HydroTrace | 工作频率：200kHz、33kHz<br>测深精度：1cm±0.1%<br>　　　　　10cm±0.1% |

（续）

| 序号 | 仪器名称 | 型号 | 主 要 性 能 |
|---|---|---|---|
| 4 | 浅水多波束 | R2Sonic2024 | 水平波束角精度：<br>0.5°@400kHz/1.0°@200kHz<br>垂直波束角精度：<br>1.0°@400kHz/2.0°@200kHz<br>波束数量：256<br>扫宽范围：10°~160°<br>最大量程：500m<br>脉冲长度：15~1000μS<br>脉冲类型：Shaped Continuous Wave |
| 5 | 光纤罗经运动传感器 | Octans | 航向<br>精度：0.1°<br>稳定时间（各种条件）：<5min<br>升沉/横摆/纵摆<br>精度：5cm 或 5%，取大者<br>纵摇/横摇<br>动态精度：0.01°（±90°幅值范围）<br>量程：无限制（-180°~+180°） |
| 6 | 声速剖面仪 | AML | 工作温度：-20~45℃<br>自动识别 RS232 或 RS485<br>最大工作水深 1000m<br>每秒最大采样数：25 次<br>精度：+/-0.05m/s |
| 7 | 单道地震采集接收系统 | CSP-S6000 | 激发单元配置：<br>输入：207~260Vac<br>　　　45~65Hz@6kVA 单相<br>输出：2.5 和 4kV DC<br>输出能量级：300~6000J<br>接收单元配置：<br>水听器灵敏度：-187dB ref 1V/μPa<br>道数：24<br>道间距：0.61m<br>响应频率：115Hz~7.2kHz |
| 8 | 水下定位 | GAPS | 定位精度：0.2%×斜距<br>角度精度：0.12°<br>距离精度：0.2m<br>有效距离：3000m |
| 9 | GPS RTK | Trimble 5700 | 平面精度为：10mm±1ppm×$D$<br>高程精度为：20mm±2ppm×$D$ |

（续）

| 序号 | 仪器名称 | 型号 | 主 要 性 能 |
|---|---|---|---|
| 10 | 蚌式采样器 | QNC6 型 | 材质:不锈钢<br>主要性能及技术指标<br>使用水深:≤100m<br>使用海况:≤4 级<br>使用底质:黏土软泥、灰质软泥和砂质软泥<br>取样面积:150mm×150mm<br>重量:15kg |
| 11 | 重力采样器 | 13540 型 | 1 台取样主体,带转向翼和配重平台<br>1 根取样管,AISI304 不锈钢材质<br>2 块配重,20kg/块<br>1 个橘皮闭合装置<br>1 个切割刀<br>1 根 PVC 内部衬垫 |
| 12 | 取样器 | 薄壁取土器、敞口取土器和标准贯入器 | Shelby 薄壁取土器:薄壁取样管(长 0.5m,外径 75mm,内径 71mm)<br>敞口取土器:外径 100mm,内径 92mm<br>标准贯入器(SPT):外径 51mm,内径 35mm |
| 13 | 岩芯管 | $\phi$108 和 $\phi$91 | $\phi$108:外径 108mm,内径 92mm<br>$\phi$91:外径 91mm,内径 71mm |
| 14 | 微型十字板剪切仪 | E-285 型 | 标准十字板:基座刻度范围 0～1kg/cm$^2$,最小刻度为 0.05kg/cm$^2$,其余两个十字板头范围分别为 0～2.5kg/cm$^2$ 和 0～0.2kg/cm$^2$ |
| 15 | 微型贯入仪 | WG—II 型 | 探头为圆锥形,锥角 30°,包含三件:20N、40N、60N 各一件 |
| 16 | 海流计 | 安德拉 Seaguard RCM 型 | 流速<br>范围:0～300cm/s<br>分辨率:0.1mm/s<br>流向<br>范围:0°～360°<br>温度测量范围:-4～36℃,精度±0.003℃;<br>电导率测量范围(0～7.5)S/m,精度±0.005S/m; |
| 17 | 水位计 | TGR-2050 型 | 深度<br>范围:10/25/60/100m<br>精度:±0.05% 全程<br>温度<br>范围:-5～+35℃<br>精度:±0.002℃ |

（续）

| 序号 | 仪器名称 | 型号 | 主 要 性 能 |
|------|----------|------|-------------|
| 18 | ADCP | 600kHz WHS ADCP | 流速<br>精度：±0.5%V±0.5cm/s<br>分辨率：0.1cm/s<br>量程：±5m/s(水平流)最大±20m/s<br>倾斜传感器<br>量程：±15°<br>精度：±0.5°<br>罗经(磁通门型,内置现场标定功能)<br>精度：±2°e<br>允许最大倾角：±15° |

## 12.3　勘察过程

根据项目安排，本次勘察分为工程地球物理调查、登陆段调查、水文气象条件调查、腐蚀性环境参数测定、工程地质勘察五个小组，由项目负责人总体协调。各小组作业过程见表12-2。其作业过程详述如下：

**表 12-2　勘察进度表**

| 序号 | 任 务 名 称 | 工期（月） | 月　数 | | | | | | | | | |
|------|-------------|-----------|---|---|---|---|---|---|---|---|---|----|
| | | | 1 | 2 | 3 | 4 | 5 | 6 | 7 | 8 | 9 | 10 |
| 1 | 工程地球物理调查 | 4 | | | | | | | | | | |
| 2 | 水文气象条件调查 | 4 | | | | | | | | | | |
| 3 | 工程地质勘察 | 3 | | | | | | | | | | |
| 4 | 腐蚀环境参数测定 | 3 | | | | | | | | | | |
| 5 | 登陆段测量 | 1 | | | | | | | | | | |
| 6 | 资料处理 | 1.5 | | | | | | | | | | |
| 7 | 报告编写及提交 | 1.5 | | | | | | | | | | |

工程地球物理和水文气象小组先进行测量。

在初勘结束之后，经过对初勘资料的处理和解释，给出了四条详勘路由。

详勘作业进行了单波束、多波束、侧扫声呐、浅地层剖面等调查，其中近岸段由于水深较浅且存在较多的桩网，由小艇进行作业。

水文气象小组的潮位观测配合多波束调查进行，并超额完成了四个站位的全潮观测，除此之外，还搜集了近3年水文气象资料。

工程地质勘察、腐蚀性环境参数测定、登陆段调查在详勘作业结束后开始进行准备工作。主要是对工程地质勘察的钻孔进行布设，在满足规范和设计方技术要求的基础上，尽可能地选取地质地层特征比较明显的位置进行布设。

相对于钻孔的布设，工程地质钻孔和静力触探（CPT）的施工过程中，对一期电缆的保护方案就显得更为重要。因此项目组经过对布设钻孔和 CPT 站位的分析，根据站位和一期电缆的距离，将钻孔和 CPT 站位分为三类。其中一类站位为跨缆抛锚，即靠近一期海缆的两个锚跨过电缆进行抛锚，并且在对锚位进行水下定位，以保证锚位安全可控，见图 12-2；二类站位要在海流和潮汐均符合的情况下进行钻探作业，其中靠近海缆的两个锚位进行水下定位；三类站位也需要符合海流和潮汐条件，正常钻探作业。

腐蚀性环境参数测定的取样工作同地质钻孔同时进行，然后进行实验室分析。

登陆段调查工期较短，在工程地球物理的详勘资料进行初步分析之后展开调查，以保证同近岸段地形资料的重叠拼接。

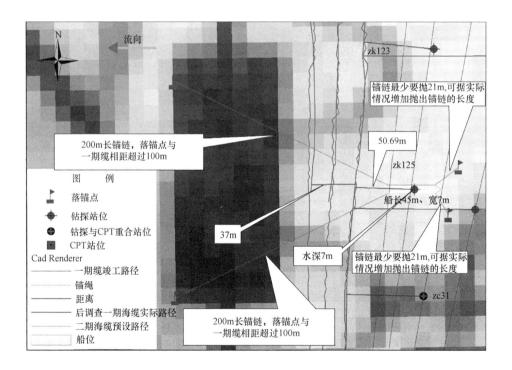

图 12-2　一类钻孔作业示意图

## 12.4　勘察成果

该工程勘察成果的主体为勘察报告，报告的章节安排及主要附件的格式均严

格按照规范要求编写和绘制。通过对本项目所取得的勘察资料的综合分析，结合
项目的特殊情况，所取得的成果主要有：

1）水深地形：路由区位于琼州海峡西端，水深从两岸向海峡中央逐渐增
大，在水深大于 50m 的海域分布一条东西走向的深槽，槽底的水深在 80~110m
之间。深槽的北坡较缓，南坡呈阶梯状下降，局部坡度较大。受强烈的潮流冲刷
作用影响，陡坡和槽底的地形起伏多变，有二级冲刷沟槽和丘状突起分布，并存
在大面积的鱼鳞状冲刷坑和沙波地形，地形横截剖面呈锯齿状。路由的水深剖面
如图 12-3 所示。

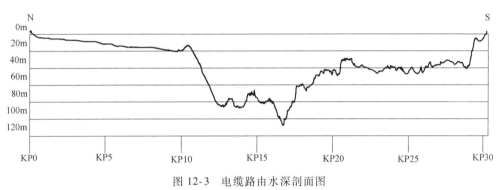

图 12-3　电缆路由水深剖面图

2）海底地貌：勘察区域位于琼州海峡西缘，受潮汐、海流及波浪的影响较
大，其微地貌特征明显，种类不多但分布较广，主要分布有沙波（见图 12-4）
和沙脊（见图 12-5）。另在路由南侧近岸段存在薄层砾石。

图 12-4　侧扫声呐显示的沙波

图 12-5  沙脊的三维地形图

3）地质分层：根据地层岩性差异和年代特征，并结合地质钻孔和 CPT 测试结果，将路由探测到的海底地层从上至下分为 6 层，分别为流塑至软塑的淤泥、软塑至可塑状黏土、可塑至硬塑状黏土、硬塑状黏土、坚硬状黏土、强风化或中风化玄武岩。

4）岩土特性：本次钻探揭露的地层与浅地层剖面的地层相吻合，岩土特性自上而下主要分布有砾砂、粉砂、细砂、中砂、中粗砂、粗砂、砾石、淤泥、淤泥质砂土、淤泥质黏土、淤泥质粉质黏土、淤泥质粉土、黏土、粉质黏土、砂质黏性土、砾质黏性土、粉土、强风化玄武岩及中风化玄武岩。

5）不良地质现象：是指海底及以下地层中，对于海底电缆的施工和安全具有某种直接或潜在危险的地质因素。路由海底存在的不良地质现象包括沙波、沙脊、冲刷槽、冲刷脊和丘状突起、陡坡、滑坡、珊瑚礁、浅埋岩石、软弱地层等。

6）气象与海洋水文环境：路由区的气象条件是温度常年较高，微风和轻风区，雨多，雾较多，但季节变化大，受热带气旋、寒潮和雷暴天气影响较大。但是，只要选择合适的时间进行海上作业，避开雾天、热带气旋、寒潮和雷暴天气，路由区的气象条件对海底电缆的铺设、运行和维护的影响是不大的。路由区为轻浪区，弱潮差海区，强流区，水温和盐度变化相对温和的水文条件，其对海底电缆的铺设、运行和维护总体影响不大，但因路由区，特别路由区中间，潮流动力强，电缆的铺设和运行时需充分考虑电缆受冲刷的威胁及电缆铺设时的海上作业安全。

7）腐蚀性环境特性：路由区底层海水腐蚀环境与一般海水接近，海底腐蚀性较低，不会对路由电缆造成威胁。

8）本项目的建设与该区域的自然条件和社会条件相适应；与海洋功能区划相符、符合相关规划的要求；用海选址、面积和期限合理；与利益相关者可协调；除对渔业资源有一定影响外，对其他海洋开发活动影响较小，本项目海域使用可行。

附件作为报告的重要补充，提供了更为直观和详细的数据和图件，为路由设计、施工及维护提供了必要的基础数据和参考，如图 12-6 和图 12-7 所示的为钻孔柱状图和路由综合图（包括水深地形图、海底地貌图和浅地层剖面图），均按照相关标准和规范格式绘制。

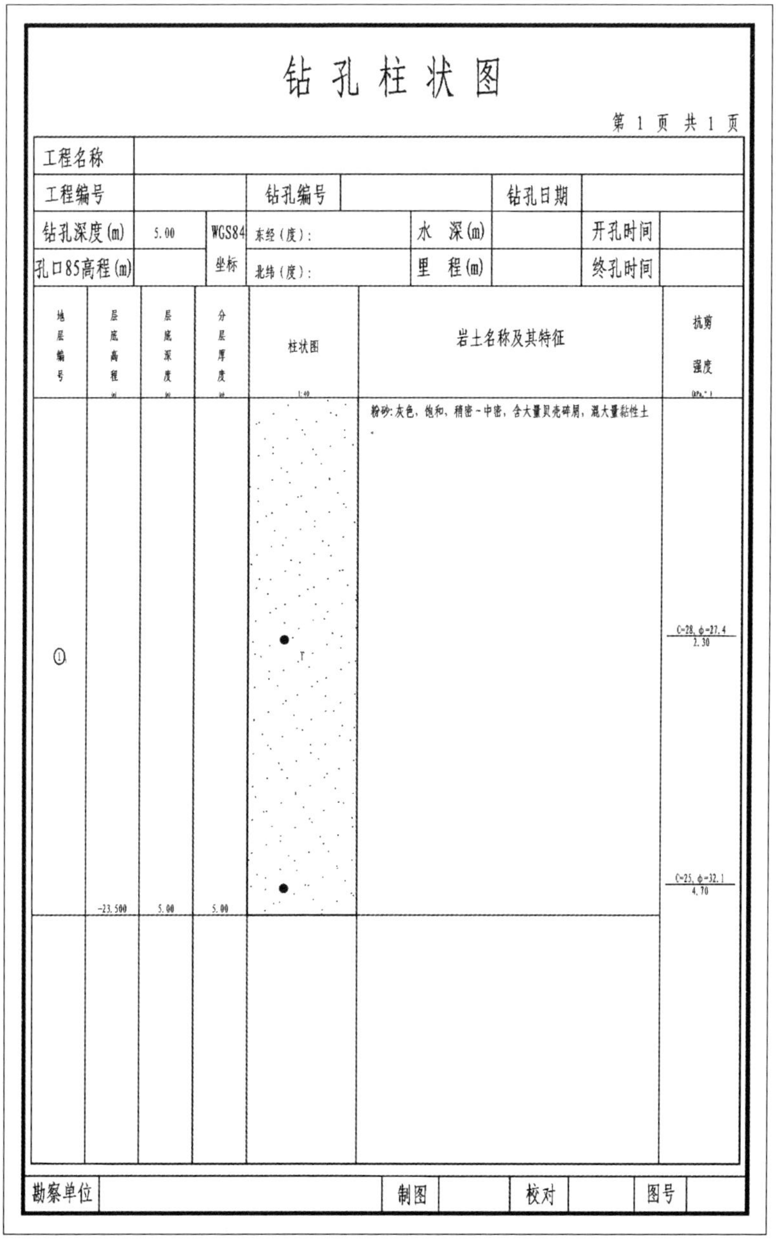

# 钻 孔 柱 状 图

第 1 页 共 1 页

| 工程名称 | | | | | | | | | |
|---|---|---|---|---|---|---|---|---|---|
| 工程编号 | | | 钻孔编号 | | | 钻孔日期 | | | |
| 钻孔深度(m) | 5.00 | WGS84 坐标 | 东经(度): | | 水 深(m) | | 开孔时间 | | |
| 孔口85高程(m) | | | 北纬(度): | | 里 程(m) | | 终孔时间 | | |

| 地层编号 | 层底高程(m) | 层底深度(m) | 分层厚度(m) | 柱状图 1:40 | 岩土名称及其特征 | 抗剪强度(kPa) |
|---|---|---|---|---|---|---|
| ① | | | | | 粉砂: 灰色, 饱和, 稍密～中密, 含大量贝壳碎屑, 混大量黏性土 | $\frac{C=28, \phi=27.4}{2.30}$ |
| | -23.500 | 5.00 | 5.00 | | | $\frac{C=25, \phi=32.1}{4.70}$ |

| 勘察单位 | | 制图 | | 校对 | | 图号 | |
|---|---|---|---|---|---|---|---|

图 12-6 钻孔柱状图

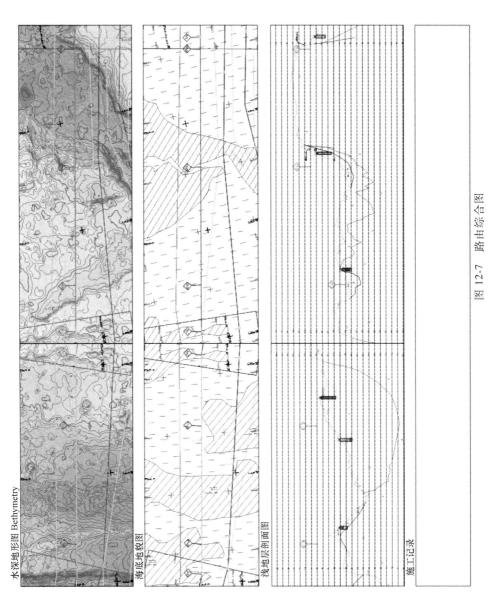

图 12-7　路由综合图

# 参 考 文 献

[1] 徐家声. 海底光缆事业的回眸与眺望 [J]. 科技促进发展, 2010, (11)：67-68.

[2] 叶银灿, 姜新民, 潘国富, 等. 海底光缆工程 [M]. 北京：海洋出版社, 2015.

[3] 郭琨, 艾万铸. 海洋工作者手册 [M]. 北京：海洋出版社, 2016.

[4] 刘保华, 丁继胜, 裴彦良, 等. 海洋地球物理探测技术及其在近海工程中的应用 [J]. 海洋科学进展, 2005 (03)：374-384.

[5] 张文轩, 姬可理, 陆奎. 海底光缆技术发展研究 [J]. 中国电子科学研究院学报, 2010 (01)：40-45.

[6] 慕成斌, 等. 中国光纤光缆 30 年 [M]. 北京：电子工业出版社, 2007.

[7] 张春安. 全球海底光缆市场现状及发展趋势 [J]. 光纤光缆传输技术, 2002 (1)：21-25.

[8] 蔡运龙. 地理 [M]. 北京：商务印书馆, 2007.

[9] 刘朔岐. 海缆通信发展历程及趋势 [C]. 首届全国海底光缆通信技术研讨会论文集, 武汉, 2006：90-100.

[10] 王培刚, 等. 海洋高新技术装备选购指南——海底探测类 [M]. 北京：海洋出版社, 2013.

[11] 黄明泉. 水下机器人 ROV 在海底管线检测中的应用 [J]. 海洋地质前沿, 2012 (02)：52-57.

[12] 李岳明, 李晔, 盛明伟, 等. AUV 搭载多波束声呐进行地形测量的现状及展望 [J]. 海洋测绘, 2016 (04)：7-11.

[13] 李德仁, 李明. 无人机遥感系统的研究进展与应用前景 [J]. 武汉大学学报：信息科学版, 2014 (05)：505-513, 540.

[14] 刘基余, 孙红星. 导航卫星在海洋测绘中的应用及其展望 [J]. 海洋测绘, 2011, (04)：70-74.

[15] 中华人民共和国国务院新闻办公室. 中国北斗卫星导航系统 [M]. 北京：人民出版社, 2016.

[16] 吴永亭, 陈义兰. 多波束系统及其在海洋工程勘察中的应用 [J]. 海洋测绘, 2002 (03)：26-28.

[17] 李海森, 周天, 徐超. 多波束测深声呐技术研究新进展 [J]. 声学技术, 2013 (02)：73-80.

[18] 丁继胜, 周兴华, 刘忠臣, 等. 多波束测深声呐系统的工作原理 [J]. 海洋测绘, 1999 (03)：15-22.

[19] 赵建虎, 张红梅. 水下地形测量技术探讨 [J]. 测绘信息与工程, 1999 (04)：22-26.

[20] 李全兴, 潘国富, 钱万民. 水深测量与海底面状况声探测技术的进展 [J]. 海洋测绘, 1996 (01)：6-11.

[21] 赵钢, 王冬梅, 黄俊友, 等. 多波束与单波束测深技术在水下工程中的应用比较研究 [J]. 长江科学院院报, 2010 (02)：20-23.

[22] 杨梦云. 影响单波束测深仪测量精度的因素及消除措施 [J]. 人民长江, 2012 (21)：42-44.

[23] 李家彪, 郑玉龙, 王小波, 等. 多波束测深及影响精度的主要因素 [J]. 海洋测绘, 2001 (01)：26-32.

[24] 赵建华, 刘经南. 多波束测深及图像数据处理 [M]. 武汉：武汉大学出版社, 2008.

[25] 李军, 霍国正, 郑一鸣. 合成孔径声呐新进展 [J]. 舰船电子工程, 2000 (6)：46-50.

[26] 牟健, 贺惠忠, 姜峰. SHADOWS 合成孔径声呐系统及性能测试 [J]. 中国海洋大学学报：自然科学版, 2011 (Z2)：159-163.

[27] 杨敏, 宋士林, 徐栋, 等. 合成孔径声呐技术以及在海底探测中的应用研究 [J]. 海洋技术学报, 2016 (02)：51-55.

[28] 张春华，刘纪元. 第二讲 合成孔径声呐成像及其研究进展 [J]. 物理，2006 (05)：408-413.

[29] 马建林，金菁，刘勤，等. 多波束与侧扫声呐海底目标探测的比较分析 [J]. 海洋测绘，2006，26 (3)：10-12.

[30] 许枫，魏建江. 第七讲 侧扫声呐 [J]. 物理，2006 (12)：1034-1037.

[31] 滕惠忠. 海底地貌声呐图像处理方法的研究 [D]. 郑州：解放军测绘学院，1998.

[32] 奚民伟. 海底面状况分析与资料处理实践 [J]. 海洋测绘，2002 (05)：48-50，53.

[33] 李平，杜军. 浅地层剖面探测综述 [J]. 海洋通报，2001，30 (3)：344-350.

[34] 王舒畋. 浅层物探技术在近海灾害地质与工程地质调查中的应用 [J]. 海洋石油，2008 (01)：6-12.

[35] 李增林. 剖面仪工作原理及仪器介绍 [R]. 国家海洋局第一海洋研究所.

[36] 刘保华，丁继胜，裴彦良，等. 海洋地球物理探测技术及其在近海工程中的应用 [J]. 海洋科学进展，2005，23 (3)：374-384.

[37] 臧卓，马云龙，刘勇，等. Bathy2010P 浅地层剖面仪在海洋工程中的应用 [J]. 仪器仪表用户，2009，16 (3)：51-53.

[38] 年永吉. SeaSPY 磁力仪在南海海底光缆检测中的应用 [J]. 工程地球物理学报，2010，7 (5)：566-573.

[39] 张文轩，姬可理，陆奎. 海底光缆技术发展研究 [J]. 中国电子科学研究院学报，2010，5 (1)：40-45.

[40] 刘胜旋. 光泵磁力仪在光缆路由调查中的应用 [J]. 海洋测绘，2002，22 (1)：26-27.

[41] 吴水根，谭勇华，周建平. 铯光泵磁力仪 (G880) 在海洋工程勘察方面的应用 [J]. 海洋科学，2006，30 (5)：6-8.

[42] 任来平，黄谟涛，翟国君，等. 海底管线磁场计算模型 [J]. 海洋测绘，2007，27 (1)：1-6.

[43] 于波，刘雁春，边刚，等. 海洋工程测量中海底电缆的磁探测法 [J]. 武汉大学学报：信息科学版，2006，31 (5)：454-457.

[44] 国家海洋局. 海底电缆管道路由勘察规范 [S]. 北京：中国标准出版社，2009.

[45] 钟献盛，裴彦良. 应用磁力仪探测海底电缆方法的探讨 [J]. 海洋科学，2001，29 (3)：4-8.

[46] 王传雷，曲赞，沈博. 水介质对水下目标体磁场的影响 [J]. 地球物理学进展，2005，20 (1)：235-238.

[47] 马胜中，陈炎标，陈太浩. 近岸海底管线路由调查与管线的探测 [J]. 南海地质研究，2005，1：101-108.

[48] 戚玉红，冯百全. 声学探测技术在海底管线调查中的应用 [J]. 港工技术，2015，52 (1)：146-160.

[49] 侯保荣，等. 海洋腐蚀环境理论及其应用 [M]. 北京：科学出版社，1999.

[50] 段继周，马士德，黄彦良. 区域性海底沉积物腐蚀研究进展 [J]. 腐蚀科学与防护技术，2001，13 (1)：37-41.

[51] 李祥云，陈虹勋，古森昌，等. 南海珠江口东部海底沉积物腐蚀性研究 [J]. 热带海洋，1997，16 (3)：90-98.

[52] 孙永福，宋玉鹏，董立峰. 海底土的电阻率特征及其腐蚀性分级评价 [C]. 渤海湾油气勘探开发工程技术论文集，2005.

[53] 黄衍宽. 海底沉积物腐蚀性的工程环境意义分析 [J]. 亚热带资源与环境学报，2009，4 (1)：53-58.

［54］ 张效龙，徐家声.北海-临高海底光缆路由区海底土中几种腐蚀因子的调查［J］.海洋环境科学，2007，26（2）：175-178.

［55］ 藏启运，官晨钟.利用重力活塞取样管在极浅水域采取柱状样的一种简单方法［J］.海岸工程，1996，15（4）：37-40.

［56］ 补家武，鄢泰宁，昌志军.海底取样技术发展现状及工作原理概述［J］.探矿工程（岩土钻掘工程），2001，（2）：44-48.

［57］ 阮锐.海底重力取样技术的探讨［J］.海洋测绘，2009，29（1）：66-69.

［58］ 李民刚，王廷和，程振波，等.深海重力活塞取样器贯入深度影响因素分析［J］.中国海洋大学学报，2013，43（7）：94-98.

［59］ 杜星，孙永福，胡光海，等.重力活塞取样器贯入深度研究［J］.海洋工程，2016，34（3）：133-139.

［60］ GB/T 12763.8—2007 海洋调查规范　第8部分：海洋地质地球物理调查［S］.北京：中国标准出版社，2007.

［61］ GB/T 12763.11—2007 海洋调查规范　第11部分：海洋工程地质调查［S］.北京：中国标准出版社，2007.

［62］ 陈仁兰.近岸海上钻探施工方法的探讨［J］.西部探矿工程，2008（9）：134-136.

［63］ 闵桂生.水域岩土工程勘察技术与施工工艺［J］.工程勘察，1998（5）：22-24.

［64］ 叶银灿，姜新民，潘国富，等.海底光缆工程［M］.北京：海洋出版社，2015，97-127.

［65］ 王钟琦.我国的静力触探及动静触探的发展前景［J］.岩土工程学报，2000，22（5）：517-522.

［66］ 陆凤慈，曲延大，廖明辉，等.海上静力触探（CPT）测试技术的发展现状和应用［J］.海洋技术，2004，23（4）：32-35.

［67］ 郭绍曾，刘润.静力触探测试技术在海洋工程中的应用［J］.岩土工程学报，2015，37（增刊1）：207-211.

［68］ 蒋衍洋.海上静力触探测试方法研究及工程应用［D］.天津：天津大学，2011.

［69］ 陆凤慈.静力触探技术在海洋岩土工程中的应用研究［D］.天津：天津大学，2005.

［70］ 刘松玉，蔡国军，邹海峰.基于CPTU的中国实用土分类方法研究［J］.岩土工程学报，2013，35（10）：1765-1776.

［71］ 李学鹏，蔡国军，刘松玉，等.基于CPTU的福建海相黏土不排水抗剪强度研究［J］.工程勘察，2016，（增刊2）：104-107.

［72］ 吴波鸿，王贵和，刘宝林，等.静力触探在海底土层工程性质评价中的应用研究［J］.科学技术与工程，2016，16（23）：123-128.

［73］ 胡增辉，李家奇，李晓昭，等.利用标准贯入试验确定粘性土的不排水抗剪强度［J］.地下空间与工程学报，2011，7（增刊2）：1577-1588.

［74］ GB 50021—2009　岩土工程勘察规范［S］.北京：中国标准出版社，2009.

［75］ DD2012-01 海洋多波束测量规程.中国地质调查局地质调查技术标准.

［76］ 海域使用论证技术导则［S］.国家海洋局，2010.

［77］ 海域管理培训教材编委会.海域管理概论［M］.北京：海洋出版社，2014.

［78］ 全国海洋功能区划（2011-2020年）［R］.国家海洋局，2012.

［79］ 广东省海洋功能区划（2011-2020年）［R］.国家海洋局，2012.

［80］ 海南省海洋功能区划（2011-2020年）［R］.国家海洋局，2012.

［81］ 亚非欧国际海底光缆系统（AAE-1）中国南海段路由勘察报告（报批稿）［R］.广州三海海洋工程

勘察设计中心，2015.

［82］ 太平洋国际光缆系统（PLCN）中国段预选路由桌面研究报告（报批稿）［R］. 广州三海海洋工程勘察设计中心，2016.

［83］ Adam C，Vincent G，Everett A. Unmanned Aircraft Systems in Remote Sensing and Scientific Research：Classification and Cosiderations of Use［J］. Remote Sensing，2012（4）：1671-1 692.

［84］ I Walterscheid，J H G Ender，A R Brenner，et al. Bistatic SAR Processing Using an Omega-k Type Algorithm［C］. International Geoscience and Remote Sensing Symposium，2005，2：1064.

［85］ S Banks，S Charles，A Willcox. FPGA Based Real Time Synthetic Aperture Sonar Processing for AUVs［C］. Proceedings of the Institute of Acoustics，2006，28（Pt5）：217-224.

［86］ Bruce M P. A Processing Requirement and Resolution Capability Comparison of Side-Scan and Synthetic-Aperture Sonars［J］. IEEE Journal of Oceanic Engineering，1992，17（1）：106-117.

［87］ Curlander J C，Mcdonough R N. Synthetic Aperture Radar-Systems and Signal Processing［M］. New York：John Wiley & Sons，Inc，1991.

［88］ Langli B，Gac J C L. The First Results with a New Multibeam Subbottom Profiler［C］. Oceans. IEEE，2004，（2）：1147-1153.

［89］ Y. Shirasaki，K. Asakawa，J. Kojima，H. Homma. Deep sea ROV MARCAS-2500 for cable maintenance and repair works［C］. Proc og ROV 88，1988.

［90］ N. Kato，Y. Ito，J. Kojima，et al. Guidance and Control of Autonormous Underwater Vehicle AQUA EXOLORER 1000 for Insrection of Underwater Cables Submersible Technology［J］. 1993（4）：195-211.